함혜리 지음

프랑스, 예술로 여행하기

함혜리 지음

예술의 나라 프랑스를
더욱 예술적으로 여행하는 방법

세 개의 역마살과 아트노마디즘

"사주를 믿으십니까?"라고 내게 묻는다면 나는 사주를 "믿는 편"이라고 답한다. 사주는 통계에 불과한데 그걸 어떻게 믿느냐고 하는 사람들도 있지만, 통계이기 때문에 믿는다. 아무리 별나게 살아도 사람 사는 게 다 거기서 거기이고 마지막 목적지는 똑같다. 물론 사주를 신봉하는 것은 아니고 믿을 것만 믿는다. 내 사주에는 역마살이 세 개나 있다. 그래서 사주를 볼 때마다 종종 "'발복'이 있다", "멀리 가는 게 좋다"는 소리를 듣는다. 트리플 역마살. 그렇게 나는 노마드의 팔자를 타고났다.

그렇게 태어나서인지 여기저기 돌아다니는 걸 참 좋아한다. 글쓰는 일을 업으로 삼았고, 예술을 좋아하고 문화 활동에 관심이 있으니 이것을 여행과 접목해봤다. '아트노마드'가 되었다. 삶이 곧 여행이라고 하지만 내게는 삶, 여행, 예술이 하나다. 여기에 '삼위일체'를 가져다 붙이면 욕먹을지도 모르겠다. 어찌 됐든 나는 그런 삶을 계속 살고 싶다. 글을 쓰면서.

여행에는 목적이 있을 수도 있고, 없을 수도 있다. 목적 없이 하는 여행은 소요(逍遙)라고 할 수 있다. 슬슬 거닐며 돌아다니는 것이다. 직업상 취재를 위해 여행을 하는 경우가 많았던 터라 언젠가 나도 아무 생각 없이 한가롭게 힐링하는 여행을 즐기고 싶다는 생각을 하곤 했지만 (아마도 직업병일 것이다) 목적 없이 노니는 게 내게는 참 어려웠다. 「야망 없이 살겠다는 야망」이라는 찰스 부코스키(Charles Bukowski)의 시 제목처럼 말도 안 되는 욕구였다.

목적이 있는 여행이 늘 생산적인 것은 아니지만, 뭔가 주제가 있는 여행이 나는 좋다. 언제부터인가 내 여행의 주제는 '예술'이 됐다. 물론 예술이 다른 모든 것보다 우월하고 대체 불가능하다고 주장하는 것은 아니다. 유식한 척하거나 교양인 행세를 하려는 것도 물론 아니다. 단지 내가 좋아하고, 예술을 감상하는 것이 나를 행복하게 해주기 때문이다. 예술에는 나를 감동하게 하고, 특히 나를 자유롭게 해주는 무엇이 있어서 좋다. 그래서 예술에 대해, 예술가에 대해 공부도 하고 여행지에 대한 자료를 찾아보면서 여행을 준비한다.

나는 미술사학자나 미학을 전공하는 사람도 아니다. 단지 예술을 특별히 좋아하는 저널리스트로서 공부하며 여행을 하고 글을 쓴다. 글을 쓴다는 것은 여행을 기억하는 좋은 방법이다. 여행에서 남는 건 사진뿐이라고들 하지만 사진을 곁들여 글을 쓰면 그 순간의 감동이 더욱 오래간다. 여행을 떠나기 전 여정을 짜면서 봐야 할 것들의 목록을 만들 때 1차 자료 조사를 하고, 여행을 다니면서는 사진기에 담고 매일 저녁 다녀온 장소를 기록하면서 그 순간의 느낌을 기억한다. 자료도 가능한 한 많이 챙긴다. 그리고 여행을 다녀와서 글로 정리하면서 예술가에 대해서, 도시의 역사와 문화에 대해서 다시 공부하고 가져온 자료와 책을 찾아보게 된다. 이렇게 글로 마무리되기 때문에 여행에 깊이가 생기고, 기억에 남는 여행이 된다. 그리하여 내게 여행기를 쓰는 것은 또 다른 여행을 하는 것과 같다.

공부하면 할수록 볼 것이 많이 생기고, 다녀오고 나서 자료를 찾다 보면 꼭 들러봐야 하는데 빼먹은 곳이 있다. '아는 만큼 보인다'는 것을 여행하면서 매번 느끼지만, 여행기를 쓸 때도 실감하게 된다. 그래서 또 다음 여행을 계획하게 된다.

바람이 분다… 떠나야겠다!

한낱 '기침·감기'가 그렇게 오래갈 줄 아무도 예상하지 못했다. 코로나19 팬데믹이 3년여를 지나면서 엔데믹으로 전환될 즈음이었다. 한여름 열기도 가라앉고 찬 바람이 불기 시작하던 2022년 9월 어느 날, 참을 만큼 참았다는 생각이 들었다.

폴 발레리의 시 「해변의 공동묘지」에는 이런 구절이 나온다. '바람이 분다… 살아야겠다!' 언감생심이지만, 나라면 '바람이 분다… 떠나야겠다!'라고 썼을 것이다.

나의 삶에서 가장 큰 위안을 주는 것은 여행이다. 팬데믹 때문에 억눌렸던 트리플 역마살을 풀어야 했다. 그동안 방구석에서 인터넷을 검색하면서 적어놓았던 '가볼 곳' 리스트를 살펴봤다. 지금까지 내가 한국을 제외하고 가장 많은 시간을 머물렀던 프랑스에 있는 장소가 많았다. 오랜만에 떠나는 여행이니 이곳저곳 바쁘게 다니기보다는 프랑스에 집중하기로 하고 여행계획을 세웠다.

설렘과 기대를 품었던 만큼 오랜만의 여행은 가뭄의 단비, 아니 내 영혼에 주는 보약 같았다. 파리에서 열흘 동안 있으면서 많은 미술관과 박물관을 다녔다. 물론 예전에 한 번 이상 다 가본 곳들이지만, 또 가야 하는 이유는 기획전을 보기 위해서였다. 기획전에서는 특정 주제에 맞춰 전 세계 유명 미술관과 박물관에 있는 작품들, 그리고 개인 컬렉터들의 소장작품을 한자리에 모아 보여주기 때문에 그 작가와 주제를 한눈에 파악할 수 있다.

프랑스 파리는 자타공인 문화의 수도다. 당연히 최고 수준의 기획력과 뮤지엄 파워를 보여주는 전시들이 종합선물 보따리처럼 나를 기다리고 있었다. 친구와 함께 산책하는 날을 제외하고는 거의 매일 아침 미술관으로 출근했다. 마침 여름 시즌을 마무리하고 가을-겨울 시즌 전시를 막 오픈한 참이었다. 파리의 박물관 3종 기본 세트인 루브르 박물관, 오르세 미술관, 퐁피두 센터를 비롯해 오랑주리 미술관, 파리 시립현대미술관, 마르모탕 모네 미술관 등. 명품 브랜드의 문화 사랑 수준을 자랑하는 루이뷔통 재단, 피노 컬렉션, 카르티에 재단 미술관을 두루 방문했다.

그리고 열흘은 한국에서 온 동반자들과 남프랑스를 여행했다. 코로나 이전에 길게 남프랑스 여행을 했지만, 다시 또 가도 좋은 곳은 남프랑스다. 가본 곳은 또 가서 좋고, 안 가본 곳은 새로워서 좋은, 파리처럼 생각만 해도 가슴이 두근거리게 했던 여행지가 남프랑스 프로방스다. 풍광도 좋고 볼거리도 많고, 먹을 것도 풍부하고…. 세잔의 도시 엑상프로방스, 빈센트 반고흐의 도시 아를, 마티스 채플이 있는 방스, 샤갈의 도시 생폴드방스, 폴 발레리의 고향 세트, 툴루즈-로트레크의 고향 알비 등 현대미술에서 중요한 인물들과 많은 관련이 있는 도시들이 포진해 예술기행을 하기에 너무나 좋은 여행지다.

2018년 남프랑스 여행은 보르도에서 출발했는데 이번에는 리옹에서 출발했다. 2022년 여행을 짜면서 르코르뷔지에의 롱샹 성당과 라투레트 수도원을 꼭 가보고 싶은 곳으로 꼽았는데, 동반자들이 나의 요구를 너그럽게 받아들여준 덕분이었다. 라투레트 수도원이 리옹 근교에 자리하고 있다. 이번 여행은 롱샹 성당의 감동과 함께 마무리했다. 르코르뷔지에의 건축물 답사는 이번 여행의 중요한 주제였기 때문에 별도의 챕터로 묶었다.

이 책은 몇 년에 걸친 나의 예술적 여행을 기록한 것이다. 중요도나 역사적 연대기 순도 아니고, 그렇다고 여행을 했던 순서도 아니다. 예술 애호가라면 이 정도는 알아야 한다고 생각하는 도시에서 대표적인 미술관과 유적지, 작품들을 보러 가고, 그곳에서 느꼈던 것들, 마주쳤던 순간의 기록이다. 특히 각 도시가 자랑하는 주요 문화유산인 건축물과 미술관을 중심으로 예술의 역사를 둘러보는 것이 책의 특징이다. 책장을 넘기면서 자연스럽게 도시를 이루는 문화와 역사 전반을 건축과 예술, 예술가들을 통해 만나게 될 것이다.

책은 크게 세 부분으로 나뉘는데 파리와 남프랑스, 그리고 르코르뷔지에의 건축물들로 구성된다. 코로나 시절을 보내면서 남프랑스 여행을 언젠가 책으로 엮어낼 것에 대비해 아카이브로 남기고자 글을 정리해두었다. 여기에 코로나 이후에 마음먹고 떠났던 여행을 추가했다. 간간이 오래전 프랑스 유학 시절, 파리 특파원 시절의 추억도 끼어들어 있다. 시간은 이렇게 섞여 있지만, 장소는 그대로이고 머릿속의 기억과 감동은 한 덩어리로 담겨 있으니 글을 읽는 데는 큰 무리가 없을 것이다.

프랑스 여행을 떠날 핑계는 언제나 찾을 수 있다. 마침 2024년 파리에서는 하계올림픽이 열렸다. 개막식이 열린 센강과 에펠탑, 그리고 경기가 열렸던 앵발리드, 그랑팔레 등 파리의 유명한 랜드마크와 문화유적지들을 돌아보며 올림픽의 감동을 되새겨 보는 것도 좋을 것이다. 또한 2024년은 인상파가 세상에 나온 지 150년이 되는 해다. 파리의 미술관들을 찾아다니며 인상파 화가들이 남긴 걸작들을 감상한 뒤, 그들의 발자취를 따라가보는 것도 좋은 추억거리가 될 것이다.

내가 원하는 것은 더도 덜도 아니고 다정한 여행의 동반자가 되는 것이다. 멋진 장소에 대해, 그리고 어느 도시에 무엇이 있는지, 그것은 어떻게 만들어졌는지 배경을 얘기해주고, 어떤 예술가들이 그곳에서 영감을 얻었는지, 그리고 어떤 걸작을 남겼는지. 그래서 이왕이면 좀 더 예술적으로 풍부한 여행을 하는 방법을 공유하고 싶다. 내가 느꼈던 감동과 여유와 낭만을 함께 나누고 싶다. 여행은 각자의 방식으로 하는 것이고 감동 또한 다를 것이지만, 이 책이 프랑스의 아름다움을 재발견하고, 여행의 즐거움을 더해주는 데 좋은 길잡이가 되길 바란다. 책 출간을 위해 힘 써 주신 파람북의 정해종 대표님과 편집팀, 그리고 북디자이너 박준기 님에게 감사의 인사를 전한다.

Bon Voyage!!

차례

1장

LOUVRE MUSEUM

Cafe de Flore Les Deux Mago

FRANK GEHRY
FONDATION LOUIS VUITTON
ARCHITECT

Bourse de Commerce-
Pinault Collection

Opéra national de Paris
Marc Zakharovich Chagall

파리,
아름다움으로
가득 찬 도시

살아 있는 미술 교과서,
파리의 박물관과 미술관들

예술을 위한, 예술에 의한, 예술의 도시

예술의 나라, 하면 떠오르는 나라가 프랑스다. 프랑스의 수도 파리는
그 핵심이다. 코로나가 잠잠해지고 여행길이 자유로워지면서 오랜만
에 찾은 파리에서 그걸 제대로 실감했다. 오랜 세월 공들여 가꾼 도시
파리는 아름답다. 잘 정비된 도로변으로 아름다운 건물들이 줄지어
있고, 그 모든 길이 만나고 헤어지며 만들어지는 지점에는 광장이나
분수, 조각 같은 역사적 기념물이 있다. 겉만 조형적으로 아름답다고
하면 파리가 아니다. 파리에 있는 수많은 미술관이 소장한 다양한 미
술품은 인류가 지금까지 이뤄놓은 문화와 정신의 빛나는 결정체들이
다. 세계의 문화수도라는 자부심 또한 무리가 아니다.

지금의 파리는 나폴레옹 3세 집권 시절(1852~1870)에 조르주-외
젠 오스만 남작을 파리 행정 책임자로 기용해 대개조 작업을 한 결과
다. 에투알 개선문이 있는 드골 광장을 중심으로 12개의 대로가 방사
형으로 퍼져나가고 길과 길이 만나는 곳마다 광장과 교차로를 만들고

대로변으로 나란히 아파트들이 비슷한 모양을 갖춰 건설됐다. 도로를 따라 상하수도 정비도 이때 이뤄졌다. 그 이전의 파리는 루이 13세가 만든 성벽으로 둘러싸인 좁고 지저분한 골목과 무허가 주택이 들어찬 도시였다. 대개조 작업을 하면서 2만 채가 넘는 낡은 주택을 허물었고, 10년 동안 그보다 2배가 넘는 건물을 새로 지었다. 19세기 말 이미 파리는 유럽에서 가장 아름다운 도시가 되었다.

진귀한 보석을 품은 광산과도 같은 미술관은 아름다움이 무엇인지를 배우기에 가장 좋은 장소다. 미술관과 박물관 등 문화자산이 빼곡한 파리는 아름다움을 찾는 사람들이 최고로 치는 도시다. 가볼 곳이 너무 많아서 어디부터 가야 할지 모르겠다면 가장 핵심부터 공략하는 것이 방법이다. 파리에서 가장 중요한 미술관과 박물관 세 곳을 꼽아보자면 루브르 박물관, 오르세 미술관 그리고 퐁피두 센터다. 고대부터 근대이전까지 다양한 미술품과 조각, 유물을 지닌 루브르 박물관, 근대 이후 20세기 초까지 예술품을 소장한 오르세 미술관 그리고 근현대 미술품을 전시하는 퐁피두 센터를 돌아보면, 미술사와 미술 이론의 전반적인 흐름을 종으로, 횡으로 훑어볼 수 있다. 책에서만 봐온 걸작들을 눈에 질리게 볼 수 있다. 그리고 마르모탕 모네 미술관, 피카소 미술관, 로댕 미술관, 부르델 미술관 등 중요한 아티스트의 작품을 한데 모아놓은 곳도 가봐야 한다. 명품 브랜드들이 문화재단을 만들고 현대미술을 중심으로 설립한 미술관들도 빼놓을 수 없다. 카르티에 재단 미술관, 루이뷔통 재단 미술관, 피노 재단 미술관 등이 현대미술의 최전선에서 각 브랜드의 이미지 마케팅을 펼치고 있다. 건축가의 작품을 찾아가보는 것도 좋은 테마 여행이다. 예컨대 스위스 출신이지만 프랑스에 귀화한 모더니즘 건축의 구루 르코르뷔지에의 건축물을 본다든지, 프랑스의 국보급 건축가 장 누벨의 작품을 본다든지 하는 것이다. 어떻게든 파리는 당신에게 감동과 더불어 아름다운 추억을 안겨줄 것이다.

루브르 박물관 Louvre Museum
파리의 심장, 파리의 배꼽

파리의 면적은 서울특별시의 6분의 1 정도이고 인구는 2022년 기준 214만 명이다. 파리는 도시를 동서로 흐르는 센강을 중심으로 형성된 도시로 센강의 중심에 있는 생루이섬이 그 시초로 알려져 있다. 13세기 말쯤 센강 좌안에 대학들이 들어섰고 우안에는 시장이 형성되어 시테섬을 중심으로 좌안(리브 고슈, rive gauche)의 라탱 지구와 우안(리브 드루아트, rive droite)의 레알 지구가 결합한 형태로 도시가 자리 잡기 시작했다. 행정구역은 파리의 시작인 생루이섬이 있는 지역에서 시작해 달팽이 모양으로 구획되어 1~20구(區, arrondissement)까지 나눈다.

파리의 가장 중심부인 1구에 자리한 루브르 박물관은 원래 왕궁이었다. 13세기에 지어진 루브르궁은 루이 14세가 베르사유궁을 짓고 이전한 이후 왕실의 소장품을 전시하는 갤러리로 쓰였다. 프랑스 혁명으로 왕실 소유 문화재가 모두 국가로 귀속되었고, 이어 집권한 나폴레옹이 공화국 국민의 미술과 교양 교육을 위해 루브르궁을 박물관으로 바꿔 미술품과 함께 일반에 개방했다. 유럽 최초 근대적 박물관의 탄생이다. 대혁명과 함께 시작된 루브르 박물관은 혁명 200주년을 맞아 대대적인 리뉴얼을 단행했다.

사회당 소속의 프랑수아 미테랑 대통령은 프랑스의 문화 르네상스를 위한 인프라 구축을 기본 방향으로 '그랑 프로제(Grand Projets, 대형 프로젝트'를 추진했다. 그 대표적인 프로젝트는 루브르궁을 세계에서 가장 크고 위대한 박물관으로 바꾸는 것이었다. 국제설계공모에서 당선한 중국계 미국인 건축가 이오 밍 페이(I. M. Pei)가 프로젝트를 맡아 1983년부터 10년 동안 공사를 진행했다. 하지만 루브르궁 안마당을 파헤치고 유리 피라미드를 세운다는 이오 밍 페이의 계획은 초기에 엄청난 논쟁을 불러왔다. 이집트 파라오의 무덤인 피라미드를 공화국 안마당에 들여놓는 것에 대해 좌·우파 구분 없이 반대했다. 우파는 '프랑스의 역사를 상징하는 절대불변의 유물인 루브르궁에 변화를 주는 것 자체가 신성모독'이라고, 좌파는 "사회주의자들의 무덤을 세웠다"고 맹비난했다. 사회당 정부는 그랑 프로제가 미래를 위한 큰 그림을 그리는 것이라고 국민을 설득했다. 역사적 유물을 훼손하지 않는 투명성과 가벼움을 지닌 유리 피라미드를 세워 더욱 많은 사람이 박물관을 이용할 수 있도록 한다는 설명과 프로젝트의 콘셉트와 로드맵을 보여주는 전시회를 공사 기간 내내 열었다.

　1993년 11월 18일 유리 피라미드를 가진 그랑 루브르(Grand Louvre)가 공개됐다. 이오 밍 페이는 안마당(나폴레옹 뜰)에 높이 22미터, 정삼각형의 밑변이 35미터인 유리 피라미드와 그 주변에 세 개의 작은 유리 피라미드를 세웠다. 피라미드 형태는 가장 작은 크기로 최대의 평면을 연결해 준다. 여기에 유리 덮개를 씌워 빛을 지하 공간에 가져올 수 있게 했다. 루브르의 나폴레옹 뜰에 만들어진 페이의 유리 피라미드는 반대하던 사람들조차도 찬사를 보냈을 정도로 아름다웠다. 인류가 만들어낸 기하학의 완성체인 피라미드와 그 주변의 작은 피라미드 세 개를 유리로 만들고 작은 피라미드 주변으로 삼각형의 분수를 만든다는 것은 그 누구도 상상하지 못했다. 사막의 모래 위에 있던 피라미드가 수면에 떠 있는 듯했다. 곧 유리 피라미드는 루브르의 상징이 되었다.

루브르 박물관 안마당. 중앙에 유리 피라미드가 있다.

유리 피라미드를 통해 지하로 들어가면 거꾸로 박힌 꼭짓점을 볼 수 있다.

86톤의 유리로 만들어진 유리 피라미드는 강철 틀 속에 603개의 마름모꼴 유리와 60개의 세모꼴 유리로 이루어져 있다. 형태는 이집트의 것이지만 현대적 자재를 사용했으며, 피라미드를 중심으로 기능이 월등하게 확장된 박물관이 완성됐다. 개축을 통해 박물관은 6만 제곱미터의 전시공간을 추가로 확보했으며 세계에서 가장 아름다운 출입구를 갖게 됐다.

마당의 유리 피라미드 입구로 들어와 에스컬레이터를 타고 내려가면 자연광이 쏟아지는 지하에 거대한 나폴레옹 홀이 나온다. 궁전이었던 건물을 박물관으로 개조해 사용했던 루브르의 가장 큰 문제점은 동선이었다. 양쪽 날개를 전시장으로 사용했기 때문에 복도 끝까지 갔다가 다른 날개로 가려면 다시 시작점으로 돌아와야만 했다. 개축 이후에는 나폴레옹 홀에서 리슐리외, 쉴리, 드농 등 세 개의 전시관으로 갈 수 있게 됐다. 동선 문제를 해결하고 많은 관람객을 수용할 수 있는 홀이 완공된 이후 관람객 수는 이전보다 두 배 이상 늘었다.

루브르 박물관은 200개가 넘는 전시실에 고대 이집트와 메소포타미아, 고대 그리스와 로마, 왕정 시대의 보물, 중세와 근대의 회화와 조각까지 40여만 점이나 되는 예술품을 소장하고 있다. 미술사적으로 대표적인 작품만 보는 것도 사실 벅차다. 정신을 가다듬고 동선을 잘 짜야 피로를 줄이면서 인류가 남긴 문명의 보석들을 감상할 수 있다.

나폴레옹 홀을 중심으로 왼쪽이 리슐리외, 가운데가 쉴리, 오른쪽이 드농 관이다. 루브르를 대표하는 작품은 많지만 가장 유명한 걸작인 레오나르도 다빈치의 〈모나리자〉는 드농 관 2층 모나리자 전시실에 있다. 어떻게 레오나르도 다빈치의 〈모나리자〉가 루브르 박물관에 있는지는 모두 아는 얘기일 수 있지만, 다시 한번 짚고 넘어가자.

과학저널 《네이처》지 선정 인류 역사를 바꾼 10명의 천재 중에 가장 창의적인 인물 1위를 차지한 인물, 살아서도 천재, 죽어서도 천재인 레오나르도 다빈치(1452~1519). 그는 피렌체 인근 안치아노의 빈치 마을에서 태어나 밀라노에서 활동하다 노년에 이르러 로마까지 흘러갔다가 프랑스의 앙부아즈에서 생을 마감했다. 말년이던 1516년 프랑스 왕 프랑수아 1세의 초청으로 프랑스로 이주해 앙부아즈의 클로 뤼세 성(Château du Clos Lucé)에 아틀리에를 차리고 작업했다. 그가 이탈리아에서 올 때 들고 온 짐 속에는 〈모나리자〉, 〈성 안나와 성모자〉, 〈세례자 요한〉이 들어 있었고 마지막까지 소장하고 있었다. 이 세 작품을 현재 루브르에서 볼 수 있는 이유다. 〈모나리자〉는 드농 관 2층 〈모나리자〉 전시실, 〈성 안나와 성모자〉, 〈세례요한〉은 드농 관에 전시되어 있다.

프랑수아 1세는 레오나르도 다빈치 외에 이탈리아의 화가들을 초대해 이탈리아 르네상스의 아름다움을 프랑스에서 꽃피게 했다. 루브르 박물관의 리슐리외 관과 쉴리 관 사이에 있는 퐁텐블로파 전시실에서는 프랑스에 초청된 이탈리아 화가들의 작품을 볼 수 있다. 이탈리아 미술을 바탕으로 프랑스 궁정의 취향을 가미한 회화를 남긴 퐁텐블로파는 1, 2차로 나뉘는데 1차는 16세기 전반 프랑수아 1세의 후원을 받은 화가들이다. 루카 펜니의 〈사냥하는 디아나〉, 장 쿠쟁의 〈에바 프리마 판도라〉가 유명하다. 2차 퐁텐블로파는 16세기 후반 앙리 4세(신앙의 자유를 보장하는 '낭트칙령'을 선포한 왕, 여왕 마고의 남편)의 후원을 받은 화가들이다. 이들이 그린 그림 중 이름이 알려지지 않은 '퐁텐블로파 장인'이 그린 〈가브리엘 데스트레와 그 자매 빌라르 공작 부인〉(1594)도 꼭 봐야 할 작품으로 꼽힌다.

르네상스에서 매너리즘으로 넘어가 바로크로 이어진다. 바로크는 일그러진 진주라는 데서 따왔다. 화려하고 역동적인 카라바조의 작품부터 루벤스, 렘브란트 등 17세기 바로크 시대의 걸작을 볼 수 있다. 리슐리외 관 3층에서 쉴리 관으로 이동하면 프랑스 회화의 다양성을 볼 수 있다. '밤의 화가' 조르주 드 라투르의 작품 〈목수 성 요셉〉은 외부의 빛을 어떻게 표현할지가 관건이었던 당시 화풍을 깨고 빛을 중심에 놓고 성스러운 분위기를 강조했다.

대상을 명확하게 관찰하고 분명하게 표현한 17세기 프랑스 회화의 정수 니콜라 푸생의 작품을 감상하고 18세기로 넘어오면 장식성과 인공적으로 조형된 아름다움이 특징인 프랑스의 로코코 시기를 만난다. 프랑스 미술은 드디어 갈고 닦아 완성한 아름다움을 자랑하는 로코코 미술에 이르러 서양미술의 주류로 부상한다. 쉴리 관 3층에서 프랑스 로코코를 상징하는 프랑수아 부셰, 샤르댕, 프라고나르 등의 화려하고 귀족적인 작품들을 접한다. 모리스-캉탱 드 라투르의 〈퐁파두르 후작 부인〉, 장 앙투안 와토의 〈피에로 질〉이 눈길을 끈다. 화려한 삶의 환희와 인간의 욕망을 긍정적으로 표현하는 로코코 시대를 지나면서 이에 대한 저항으로 더욱 다양한 미술이 대두한다. 신고전주의, 낭만주의, 사실주의에 이어 인상주의가 차례로 등장하는 19세기는 낡은 것과 새로운 것이 충돌하며 앞으로 나아가는 신구 대항의 역사로 기록된다. 이 시기의 작품들은 드농 관 1층과 2층에서 볼 수 있다.

신고전주의는 역사를 주제로 고전과 고대의 일화를 영웅적으로 묘사하거나 고전적 취향을 화폭에 드러내는데 자크-루이 다비드와 장-오귀스트-도미니크 앵그르가 프랑스 신고전주의를 대표하는 화가로 꼽힌다. 다비드는 고전적 화법으로 가로 9.3미터, 세로 6.1미터의 대작 〈나폴레옹의 대관식〉(1805~1807)을 그렸다. 드농 관 1층에 있는 이 그림은 역사화의 대표적인 작품으로 대관식 주인공인 나폴레옹은 이미 월계관을 쓰고 있고 아내 조제핀이 왕관을 받는 모습을 그렸다.

나폴레옹은 키가 아주 작았는데 이를 감추기 위해 다비드는 나폴레옹 주위의 사람들을 앉히거나 멀리 떨어져 있게 하고 대부분 사람을 단상 아래에 배치해 주인공을 부각했으며 조제핀은 나폴레옹보다 6살 연상임에도 젊고 아름답게 그려졌다.

다비드 문하의 화가 앵그르는 천재적인 소묘 실력을 지녔는데 로마에 유학해 이탈리아 고대미술과 르네상스 회화를 연구하면서 고전풍의 세련미를 유감없이 발휘했다. 특히 여체 묘사에 뛰어났던 앵그르의 〈그랑 오달리스크〉(1814)가 드농 관에 전시되어 있다. 색채로 낭만과 열정을 표현하는 낭만주의 화가로 외젠 들라크루아(1798~1863)를 들 수 있다. 드농 관 2층으로 올라가 테오도르 제리코의 역동성 넘치는 〈메두사호의 뗏목〉(1823)을 감상하고 나면 현대 표현주의의 선구자 외젠 들라크루아의 예술이 우리 앞에 나타난다. 그의 대표작 〈민중을 이끄는 자유의 여신〉(1830)은 왕정복고에 반대하며 봉기한 시민들이 시가전 끝에 부르봉 왕가를 무너뜨리고 루이 필리프를 국왕으로 세운 7월 혁명을 주제로 하고 있다. 1831년 살롱전에서 호평을 받았고 루이 필리프가 사들였으며 파리 만국박람회에 전시되기도 했다. 들라크루아 사후 루브르에 소장된 작품은 혁명의 나라 프랑스를 상징하고 있다. 문학적이고 장엄한 작품을 많이 남긴 그는 파리 생쉴피스 성당 벽화와 뤽상부르 성 천장화도 그렸다.

사실주의는 쿠르베, 코로, 밀레가 대표작가로 꼽힌다. 쿠르베는 천사를 그리지 않는 이유를 '존재하지 않기 때문'이라고 했을 정도로 대상을 사실적으로 묘사하고 현실 세계를 바탕으로 한 리얼리즘의 화가다. 코로는 이탈리아 유학파로 파리 교외 바르비종과 퐁텐블로에서 자연을 그렸다. 루브르는 19세기 중반까지 회화 작품들을 소장하고 있다. 대표작만 나열해서 이 정도다.

19세기 낭만주의 예술을 대표하는 외젠 들라크루아의 〈민중을 이끄는 자유의 여신〉
(1830, 유화, 260x325cm, 루브르 박물관).
2024년 복원작업을 마치고 산뜻해진 모습으로 관람객을 맞는다. '1830년 7월 28일'이라는
부제를 단 이 작품은 200년 동안 프랑스 공화국을 상징하는 작품으로 여겨졌다.

회화 작품 외에도 메소포타미아, 이집트, 그리스, 로마의 유물도 상당히 많이 소장하고 있다. 고대 메소포타미아의 유물(리슐리외관), 고대 이집트의 〈앉아 있는 서기관〉과 미라(쉴리관), 고대 그리스의 조각과 도자기(드농관, 쉴리관), 클래식 헬레니즘의 대표작인 밀로의 비너스(쉴리관), 사모트라케의 니케 조각상(드농관), 아프리카·아시아·오세아니아·아메리카 미술(드농관) 등 볼거리가 너무나 많다. 세계 최고의 박물관인 만큼 소장 작품과 해외 유수의 박물관과 연계한 기획전도 볼 만하다. 지난 2022년 가을에 갔을 때 '세상의 사물들'이라는 주제로 정물화 특별전을 했다. 고대 메소포타미아에서 현대까지 물건을 표현하는 인간의 심리와 기법을 다 모아놓았던 전시였다. 세상의 모든 물건을 한자리에 모아놓은 진풍경이었다.

루브르 박물관은 브랜드화에 앞장서 프랑스 국내와 해외로 확장하고 있다. 노르파드칼레 지역(Nord-Pas de Calais)의 랑스(Lens)에 '루브르 랑스(Le Louvre-Lens)'를 2012년 개관했으며 2017년에는 아랍에미리트의 수도 아부다비에 '루브르 아부다비'를 개관했다. 아랍에미리트의 아부다비 해변에 있는 사디야트 문화예술지구의 핵심 시설인 루브르 아부다비 미술관은 2007년 3월 6일 프랑스 정부와 아랍에미리트 정부가 체결한 '아부다비 유니버셜 뮤지엄 설립협약'에 따른 것이다. 루브르 아부다비는 '오일머니에 프랑스 문화를 팔았다'라는 비난과 함께 프랑스 문화계의 지식인들과 학예사 그리고 프랑스 정부 사이의 논쟁을 불러일으켰다. 하지만 프랑스 건축가 장 누벨이 설계한 아름다운 건축물의 완공과 함께 논란은 순식간에 사그라들고 사막의 문화적 상징물로 자리 잡았다. 우산을 편 형상의 지붕에서 빛이 통과하고 코발트블루 색깔의 물에서 반사하며 환상적인 분위기를 연출한다. 밤에는 아랍 전통문양인 마슈라비야(mashrabiya)에서 디자인 모티브를

루브르 아부다비.

가져온 조명이 영롱하게 빛난다.

    프랑스 대표박물관인 루브르 박물관의 아부다비 분관 개설은 문화교류를 바탕으로 한 문화 외교의 성격을 강하게 띠고 있다. 오랜 시간 동안 축적된 프랑스의 박물관 노하우와 루브르라는 브랜드 가치, 소장품 대여를 위해 아랍에미리트는 프랑스 정부에 매년 약 10억 유로(한화 약 1,200억 원)를 30년간 제공하기로 했다. 그 내용을 살펴보면 4억 유로는 루브르 이름 대여 비용, 2,100만 유로는 루브르의 메세나, 1억 9,000만 유로가 소장품 대여 비용, 1억 9,500만 유로는 박물관 전시와 운영 전문지식교육과 컨설팅 비용으로 구성되어 있다. 루브르의 소장품과 브랜드 가치가 엄청난 경제적 이익을 창출한 것이다.

오르세 미술관 Musée d'Orsay
인상주의, 후기 인상주의, 19세기 미술의 보고

오르세 미술관(Musée d'Orsay)은 1848년부터 1차대전 발발 시기인 1914년까지의 작품을 소장하고 있다. 회화 외에 조각, 판화 등 3,300점이 소장되어 있으며 이 가운데 440점의 인상주의 작품과 900여 점의 후기 인상주의 작품이 있으니 명실상부한 '인상주의 성지'라 할 수 있다. 1848년 혁명, 또는 국민국가들의 봄(Spring of Nations)은 프랑스 2월 혁명을 비롯하여 빈 체제에 대한 자유주의와 전 유럽적인 반항운동을 모두 일컫는 표현이다.

    미술 사조로 치면 19세기 후반 신고전주의를 상징하는 앵그르의 〈샘〉에서 시작해 낭만주의(외젠 들라크루아 등), 사실주의(귀스타브 쿠르베와 밀레)를 거쳐 인상파에 이르면 마네, 모네, 르누아르, 드가 등의 작품이

파리의 상징 센강과 오르세 미술관.

가득하다. 이어 후기 인상파에 속하는 세잔, 고흐, 고갱을 거쳐 야수파 화가 마티스까지 다양한 작품을 볼 수 있다.

　오르세 미술관은 원래 철도역이었다. 국제박람회에 맞춰 철도 역의 기능은 물론 박람회 참관인들이 묵을 호텔 테르미누스까지 갖춘 도심형 역으로 지어졌다. 건축가 빅토르 랄루(Victor Laloux)는 거대한 기관차 홀의 쇠 박공을 비롯해 모든 구조와 장식이 주변의 우아한 건물들과 조화를 이루도록 세심하게 설계했다. 2년 만에 세워진 건물의 홀은 유리로 덮이고 측창은 아치 형태를 이뤘으며 여행자들의 신 메르퀴르(머큐리, 그리스 신화의 헤르메스)가 기관차 홀의 쇠 박공 꼭대기를 장식했다. 하지만 자동차가 보급되면서 철도역은 곧 운영난을 맞았고, 장거리 노선은 1939년 중단됐다. 1945년에는 포로로 잡혔다가 귀

향하는 군인들을 위한 임시 숙소로 쓰이기도 했으며, 1962년에는 오슨 웰스의 영화 〈심판〉의 배경이 되기도 했으나 결국은 철거를 고려하게 된다. 조르주 퐁피두 대통령 시절 이곳을 박물관으로 개조하는 계획이 세워졌고, 지스카르 데스탱을 거쳐 프랑수아 미테랑 대통령 임기 중 개축이 마무리됐다. 공모전에서 당선한 이탈리아 건축가 가에 아울렌티(Gae Aulenti)가 개조공사를 맡았다. 가에는 여성 특유의 감수성으로 기차역을 4,000여 점의 전시품을 위한 장소로 만들었다.

가에는 건축가 빅토르 랄루가 만든 유리와 강철로 된 골조, 중앙통로를 그대로 두고 양쪽으로 옛날 선로가 놓인 자리를 따라 테라스에 홀들을 덧붙이는 방식으로 공간을 추가했다. 홀과 테라스는 두 개 층으로 이뤄진 방들과 연결된다. 중앙통로를 따라 센강 쪽으로 펼쳐지는 방들에는 3만 5,000제곱미터의 유리 벽과 천창을 통해 들어오는 자연광이 부드럽게 비친다. 주로 야외에서 작업했던 인상주의 화가들의 작품을 감상하기에 더없이 좋은 환경이다. 파스텔화나 연필 드로잉처럼 빛에 민감한 작품들은 빛을 차단하고 은은한 인공조명으로 해를 입지 않도록 조치했다. 옛날 철도역 시절 사용된 쇠로 만들어진 기둥과 받침대들, 석고 장식들이 보수되거나 밖으로 드러났다. 센강 쪽에 설치되었던 커다란 시계는 그대로 남겨두어 오르세의 상징이 되었다.

오르세 미술관에는 서구의 근대가 시작된 19세기 후반부터 낭만주의, 사실주의를 거쳐 인상주의와 20세기 초 후기 인상주의, 즉 큐비즘 직전까지 회화와 조각 작품이 소장되어 있다. 루브르에 있던 회화 작품 중에서 1848년 이후의 작품을 이곳으로 가져왔다. 프랑스에서는 왕정이 무너지고 제2공화국이 세워진 1848년 2월 혁명이 일어났던 해이다. 같은 작가의 작품이라도 1848년을 기점으로 그 이전은 루

옛 철도역에 걸려 있던 시계는 과거의 시간을 품고 새로 태어난 현재의 오르세 미술관을 상징한다.

철도역을 개조해 만든 오르세 미술관 내부.

브르에 남고 이후에 완성된 작품은 오르세로 왔다. 신고전주의 화가 장 도미니크 앵그르의 작품 중 〈그랑 오달리스크〉는 루브르에 있지만, 〈샘〉은 오르세에 있는 이유다. 사실주의 화가 귀스타브 쿠르베의 작품도 초기 작품은 루브르에, 〈세상의 기원〉 등 후기 작품은 오르세에 소장되어 있다. 그리고 화가가 주인공이 되어 자신의 감정을 캔버스에 담았던 인상주의 미술의 대표적인 작품들을 오르세에서 만날 수 있다. 마네의 〈풀밭 위의 식사〉, 르누아르의 〈물랭 드 라 갈레트의 무도회〉 등 익숙한 작품들을 지나다 보면 근육질의 남자들이 마루를 대패질하는 그림이 눈길을 사로잡는다. 귀스타브 카유보트의 〈마루 깎는 사람들(Les raboteurs de parquet)〉이다. 이 작품을 그린 화가 카유보트는 인상주의 화가들의 작품을 좋아한다면 고마움을 표시해야 할 인물이다. 그는 가난한 인상주의 화가들의 친구이자 후원자로 오늘날 오르세 미술관이 인상주의 전문 미술관으로 세계적 명성을 얻는 데 큰 역할을 했기 때문이다.

카유보트는 세심하게 관찰하고 공을 들여 근대화 과정에서 소외된 계층들의 일상생활 모습을 화폭에 담았다. 등에 흘러내리는 땀, 대패질로 밀려나와 동그랗게 말린 나무, 그리고 매끈해지는 마루까지 현장의 모습을 생생하게 표현했다. 일하지 않아도 평생을 쓰고도 남을 재산을 가진 '부잣집 도련님'이었던 그는 미술품 컬렉터에서 출발했다. 당시로선 드물게 인상주의 화가들의 작품성을 알아보고 그들의 경제적 후원자인 동시에 인상주의 작품의 최초 수집가가 되었다. 처음으로 르누아르의 작품을 구입했고 이후 피사로, 모네, 모리조 등의 작품을 사들였다. 그러다 모네의 격려로 본격적으로 그림을 그리기 시작해 살롱전에 도전했다. 엄청난 부자가 가난의 상징인 화가의 길을 선택하고, 인간의 노동에 대한 찬사를 보내는 작품을 그린 것은

인상주의가 세상에 나온 150년을 기념해 오르세 미술관에서 '파리 1874, 인상주의의
발명(Paris 1874 : Inventer l'impressionnisme, 2024년 3월 26일~ 7월 14일)'전이 열렸다.

당시 부유층이나 미술계의 주류였던 에콜 데 보자르 교수들의 눈에
도 고깝게 보였을 것이다. 이 작품은 1875년 살롱전에서 '상스럽다'라
는 이유로 퇴짜를 맞았다. 카유보트는 인상주의자들의 초대로 이 작
품을 이듬해 열린 제2회 인상주의 전에 출품했다. 비교적 어두운 색
조와 꼼꼼한 마무리, 견고한 데생에서 전통 기법을 따른 작품은 인상
주의와는 거리가 멀어 너무 일상적이며 평범한 주제를 선택했다는 비
평을 듣기도 했다. 이 작품 외에도 오르세가 소장한 르누아르의 〈물랭
드 라 갈레트의 무도회〉, 마네의 〈발코니〉 등 오르세에 있는 인상주의
작품 38점이 귀스타브 카유보트가 국가에 유증한 작품들이다.

오르세의 인상주의 컬렉션은 뤽상부르 미술관에서 온 것이 많다.

뤽상부르 미술관은 살롱파의 고전적인 작품이 주를 이뤘지만 19세기 말부터 인상주의 작품들을 조금씩 받아들이기 시작했다. 에두아르 마네의 〈올랭피아〉는 마네 사후인 1890년 화가들이 십시일반으로 구입해 뤽상부르 미술관에 기증했고 마네의 대작 〈풀밭 위의 식사〉는 1906년 화상 에티엔 모로-넬라통이 뤽상부르 미술관에 기증한 것이다. 〈풀밭 위의 식사〉는 인상주의의 효시로 알려진 중요한 작품이다. 1863년 살롱전에 출품했다가 낙선한 작품으로 같은 해 나폴레옹 3세가 개최한 '낙선전'에 소개되어 파란을 일으켰다. 나체의 여인이 전면에 앉아 있고 옷을 입은 남성 두 명을 배치하는 구상은 이탈리아 화가 조르조네의 〈전원의 주악〉에서 아이디어를 얻었다고 한다. 나체여인을 이렇게 노골적으로 다룬 예가 그때까지 없었다. 고전주의적 주제를 현대화하면서 나체 여인 피부의 톤과 남성들의 어두운 양복색을 극단적으로 대비시킨 작품도 없었다. 작품의 대담성은 전통적 회화에 익숙했던 당대 사람들에게 매우 자극적이었다. 카페의 가수이자 무용수 빅토린 뫼랑을 모델로 그린 나체 여인의 당돌한 눈빛도 남성 관람객들의 불쾌감을 샀다. 주류 화단인 살롱전에서는 거부당했고 대중을 불쾌하게 했지만, 마네를 추종하는 젊고 혁신적인 화가들은 이 작품에 대해 흥분을 감추지 못했다. 장차 인상주의 주역이 될 베르트 모리조, 오귀스트 르누아르, 장-프레데리크 바지유, 클로드 모네, 에드가르 드가 등은 이 작품에 감명받아 마음껏 붓을 휘두를 용기를 얻었다. 〈풀밭 위의 식사〉를 인상주의의 시작으로 꼽는 이유다.

1911년 카몽도 백작의 기증으로 뤽상부르 미술관의 인상주의 작품은 급격히 늘어났다. 카몽도 백작이 기증한 작품 중에는 드가의 〈압생트〉, 〈다림질하는 여인〉, 마네의 〈피리 부는 소년〉, 모네의 〈루앙 대성당〉, 시슬레의 〈마를리 항의 홍수〉, 세잔의 〈목 맨 사람의 집〉 등이

모네, 〈파라솔을 든 여인〉(1886, 오르세 미술관).

포함되어 있었다. 뤽상부르 미술관은 1936년 문을 닫고, 인상주의 미술작품은 루브르와 팔레 드 도쿄 미술관 등에 분산되었다가 2차 대전 후인 1947년 죄드폼 국립미술관의 인상주의 갤러리로 모여졌다. 수집가들의 기증이 이어지면서 작품은 훨씬 풍성해졌다. 1986년 오르세 미술관 개관과 함께 인상주의 작품들은 오르세로 총집결하게 된다.

파리의 많은 미술관과 박물관 중 파리에 올 때면 반드시 한 번은 들르는 곳이 오르세 미술관이다. 지난 2022년 여행에선 두 차례 오르세 미술관을 찾았다. 여러 가지 이유가 있는데 우선 파리에 비교적 오래 머물다 보니 시간적 여유가 있었고, 지난번에 너무 늦은 시간에 와서 잘 보지 못했던 에드바르 뭉크 전을 좀 더 자세히 보고 싶었다. 또한 동물 그림으로 유명한 여류화가 로사 보뇌르 전시도 챙겨보고 싶었다.

뭉크 전은 오르세 미술관이 오슬로의 뭉크 박물관과 협력해서 개최하는 전시다. 〈절규〉로 너무나 유명한 노르웨이 화가 에드바르 뭉크(Edvard Munch)의 다양한 작업을 볼 수 있는 귀한 전시여서 프랑스에서도 화제가 되고 있었다. 회화 외에 드로잉, 판화 등 100여 점이 전시됐다. 그래서인지 처음 왔을 때보다 더 사람이 많아서 작품 감상하기가 어려울 정도였다. 하지만 그래도 훌륭한 걸작들에 둘러싸여 있으니 다시 오길 잘했다는 생각이 절로 들었다.

전시장을 알려주는 입간판을 보니 뭉크 전에는 '삶, 사랑, 그리고 죽음의 시'라고 표제가 달려있다. 포스터에 있는 작품은 뭉크의 〈뱀파이어〉. 사랑하면 이토록 피를 빨릴 각오를 해야 한다는 것인가? 겁이 많은 사람은 감히 사랑할 엄두를 못 낼 것만 같다.

이번 전시는 뭉크의 작품세계 전반을 통해 그가 왜 이런 주제에 몰입하게 됐는지, 같은 주제를 놓고도 어떻게 독창적이고 새로운 표현을 고민했는지 회화적 사고의 흐름을 따라가도록 기획되어 있다. 전시회장에서 가장 먼저 만나는 작품은 뭉크의 자화상이다. 담배를 든 젊은 뭉크의 모습은 상징주의적 색채가 매우 강한 그림이다. 19세기 후반에 태어나 각 학문 분야에서 벌어진 새로운 변화를 매우 민감하게 받아들이며 주제와 기법을 탐구했던 그를 상징적으로 보여준다. 그는 생애 내내 동일한 주제를 계속 순환하며 변형을 하면서 작품을 그렸다. 순환의 개념은 뭉크의 사상과 예술에서 핵심적인 역할을 하는데 인간과 자연 모두가 삶과 죽음, 재생의 순환을 거듭하는 것이리라 생각했다.

뭉크의 작품들.

뭉크는 프리드리히 니체와 앙리 베르그손의 철학에 영감을 받았고 이를 도상학으로 연결하려 했다. 그리고 그의 작품 배경에 등장하는 다리는 아마도 삶과 죽음을 연결하는 상징 같은 것은 아닐까 생각해 본다. 다리 위의 소녀들을 그린 작품을 개인적으로 가장 좋아하는데 그 의미를 이번에 어렴풋이 느낄 수 있었다. 얼굴을 알 수 없는 소녀들은 각자 다른 운명을 지니고 있으며 언젠가 헤어질 것을 아는 듯 무심하게 흘러가는 물을 바라보고 있다. 작품마다 여러 가지 버전이 있다는 것도 이번에 알게 됐다. 전시에는 〈가족의 죽음〉, 〈다리 위의 사람들〉, 〈키스〉, 〈뱀파이어〉 등 다른 시기에, 다른 스타일로 그린 것들이 소개되어 있다. 이처럼 그는 평생의 작업을 특정 주제에 매달렸다. 자화상도 마찬가지였다. 세월이 흐르면서 변화하는 자신을 놓고 분석하며 표현하는 화가의 손길이 느껴지는 것 같았다. 가슴 뭉클하다.

뭉크는 외로움과 슬픔, 죽음을 주로 다뤘다. 그의 아버지가 의사였기 때문에 어릴 때부터 병원에서 아픈 환자들, 특히 어린 환자들과 부모의 고통을 익숙하게 봐왔다. 어린 환자를 보며 고통스러워하는 어머니를 위로하는 듯한 눈빛을 보내는 어린 소녀의 모습이 담긴 작품은 참 애절하다. 실제로 그의 누이도 어렸을 때 세상을 떠나 죽음에 대한 상실감을 표현하고자 했다. 누이의 죽음을 슬퍼하는 가족들의 모습은 여러 차례 다른 방식으로, 더 불안하고 더 우울하게 표현되곤 한다.

뭉크의 작품에는 사랑의 감정이 자주 표현되고 있다. 두 남녀의 얼굴이 뭉개져 합쳐지는 〈키스〉, 여인에게 피를 빨리는 〈뱀파이어〉는 사랑의 정열이나 달콤함이 느껴지기보다 고통스러운 사랑이라는 느낌이 더 강하다. 평생 독신으로 살았지만, 남녀의 사랑에 대해, 질투에 대해, 소유욕에 대한 고민이 많았던 것은 왜였을까. 사랑의 감정은 인간의 기본적 감정이고, 사랑에 대한 욕심도 결국은 근본적 외로움과 통하지 않을까. 그 유명한 작품 〈절규〉는 없었지만, 그 작품의 첫 번째 버전인 석판화를 볼 수 있다. 배경이 된 다리가 그려진 작품들이 전시되어 있는데 어딘지 부유하는 고독한 인간들의 모습을 보는 듯하다. 렘브란트의 자화상만큼이나 뭉크의 자화상도 많은 이야기를 담고 있다. 젊은 뭉크의 자화상부터 어딘가 외출하려는지, 외출에서 돌아오는 건지 모르지만 삶에 지친 자화상이 있고, 불타는 듯한 표정의 자화상도 인상적이다. 머리가 다 빠지고 마치 해골만 남은 것 같은 얼굴이지만 벽의 그림자는 조용히 성찰하는 그 자화상이 가장 나중의 작품이다. 나의 모습은 과연 어떻게 될까. 그가 세상을 떠난 지 어느덧 78년이 지났다. 우리는 지금 그의 작품을 통해 삶을 돌아보게 된다.

카유보트 컬렉션

귀스타브 카유보트(Gustave Caillebotte, 1848~1894)는 엄청난 부자였다. 지방 판사였던 아버지가 섬유회사 지분을 매입해 기업을 수백 배로 키웠고, 그 이익으로 국채와 주식, 부동산을 매입해 재산을 불렸다. 귀스타브는 평생 쓰고도 남을 재산을 상속받았다. 그는 법학을 전공했고 변호사 자격증을 땄지만, 그림을 배우기 위해 1873년 파리 국립미술학교(Ecole des Beaux-Arts)에 들어갔다. 그곳에서 인상파 화가들과 친분을 쌓았다. 관대한 성격에 재산가였던 그는 아직 인정받지 못한 인상주의 화가들의 작품을 수집했고, 가난한 화가들의 아틀리에 임대료를 내주거나 자신의 아틀리에에서 그림을 그리도록 했고 그림 재료비를 지원하는 등 예술가들을 후원했다. 1876년 2회 인상주의 작가전에 공식 초청을 받은 것도 그가 인상주의 화가들을 후원했고, 전시회 비용도 적잖게 부담했기 때문이다.

　카유보트는 자신의 소장품을 국가에 유증했는데 오늘날 그 작품들이 오르세 미술관 인상주의 컬렉션의 핵심을 형성하게 된다. 그가 소장하고 있던 그림들을 국가에 남긴다는 내용의 유서 초안은 1876년 11월 3일에 작성되었다. 그해 가을 동생 르네가 26세의 나이로 갑작스럽게 세상을 떠난 지 이틀 뒤였다.

귀스타브 카유보트, 〈비 오는 날, 파리의 거리〉(1877, 시카고 미술관).

귀스타브 카유보트, 〈마루 벗기는 사람들〉(1875, 오르세 미술관).

그 충격이 컸던 만큼 귀스타브는 만약의 사태에 대비해 유언장을 작성했다. 당시 그림들의 목록은 아직 작성되지 않았었지만 1883년 11월 20일 유언장 변경 시 추가한 부분에서 그가 어떤 작가에게 관심을 두었는지를 알 수 있다. 드가, 모네, 피사로, 르누아르, 세잔, 시슬레, 모리소였다. 그는 유언장에서 자신의 소장품이 다락방이나 지방 박물관에 가지 않고 뤽상부르 미술관이나 루브르에 가기를 희망했으며 르누아르를 유산 집행자로 지목했다. 카유보트는 자신이 우려했던 대로 1894년 2월 21일 준빌리에(Gennevilliers)의 자택에서 정원 일을 하던 중 뇌혈관 이상으로 사망했다. 그의 나이 45세였다.

르누아르는 1894년 3월 11일 앙리 루종에게 보낸 편지에서 "1894년 2월 21일 사망한 귀스타브 카유보트의 유언장에 따라 국가에 기증 의사를 밝힌 '내가 소유한 다른 화가들의 그림(la peinture des autres que je possède)'은 67점으로 드가, 세잔, 마네, 모네, 피사로, 시슬리의 작품을 포함한다"라고 밝혔다. 실제로 유증 대상은 67점 외에 밀레의 작품 2점과 폴 가바르니의 수채화 1점을 포함해 총 70점이었다.

그러나 유증 과정은 순탄치 않았다. 살롱전을 주도하는 에콜 데 보자르 출신 작가들의 반대에 부딪혔기 때문이었다. 이들은 주류에서 벗어나 있는 인상주의 작가들의 작품이 뤽상부르 미술관에 소장되는 것 자체가 '아카데미즘의 존엄성에 대한 모욕'이라며 맹비난하며 항의했다. 화가 장-레옹 제롬은 예술가 저널에 "우리는 타락과 미련의 시대에 있다. 눈앞에서 수준이 낮아지는 사회를 목도한다. 국가가 이런 쓰레기를 받아들이려면 도덕적 해이가 훨씬 더 필요하다"라는 내용의 글을 쓰기도

했다.

1894년 3월 19일 유증 작품을 심사하기 위한 위원회가 르누아르와 귀스타브의 동생 마르시알 카유보트가 참석한 가운데 클리시 대로 11번가의 작업장에서 열렸다. 3월 20일 자문위원회 회의록에는 "뤽상부르 전시장의 경우 귀스타브 카유보트가 기증한 작품 전체를 전시할 공간이 부족한 관계로 작가당 3점만을 전시하고, 루브르에는 사망 후 10년이 지난 다음 제출할 수 있다고 통보한다"라는 내용이 적혀 있다. 이튿날 자문위원단은 투표를 거쳐 국립미술관 기증을 수락했고, 카유보트의 작품 〈마루 깎는 사람들〉(1875, 오르세 미술관 소장)도 소장하기로 결정했다.

그러나 1895년 1월 17일 국립미술학교의 미술부장은 그의 집무실에서 행정관 및 공증인들과 회의를 열었다. 마르시알 카유보트, 오귀스트 르누아르가 참석한 가운데 장소가 부족한 관계로 모든 작품을 받아들일 수 없으며, 행정관이 전시를 원하는 작품을 선택하고, 나머지 작품은 마르시알의 소유로 결정했다. 그 제안은 마침내 1895년 1월에 채택되었다. 1896년 2월 25일 각료령으로 작품선정이 승인됐고, 뤽상부르 박물관에 이 작품들을 걸기 위해 부속 건물을 지었다. 1896년 11월 23일 카유보트의 소장품 중 40점은 공식적으로 국가에 귀속됐다. 카유보트가 유언장을 작성한 지 20년이 지난 뒤였다. 축소된 컬렉션은 1897년 초에 인상파와 카유보트의 유증 작품을 위해 뤽상부르 미술관 테라스에 새로 지어진 3개의 별실에서 대중에게 공개됐다.

작가별 소장작품과 국가가 채택한 작품 수(괄호 안)는 다음과 같다. 폴 세잔 5점(2점 채택), 에드가르 드가 7점(7점 모두 채택),

폴 가바르니 1점, 에두아르 마네 4점(2점 채택), 장 프랑수아 밀레 2점(2점 채택), 클로드 모네 16점(8점 채택), 카미유 피사로 18점(7점 채택), 알프레드 시슬레 9점(6점 채택)으로 총 70점 중 40점을 채택했다. 굴러들어온 복을 발로 찬 것이나 마찬가지였다.

1921년 가을 살롱에서 카유보트 회고전이 열렸다. 이 작품들은 1929년 루브르 박물관으로 이전됐다. 카유보트 컬렉션은 전쟁이 끝난 후 죄드폼 국립미술관 인상주의 갤러리로 옮겨졌고 1986년 개관과 함께 38점이 오르세 미술관에서 관람객을 맞고 있다.

국가에 의해 받아들여지지 않은 작품 30점은 공식적으로 마르시알 카유보트의 소유가 되었다. 사진작가이며 작곡가이기도 했던 마르샬이 1910년 5월 28일 사망 후 그의 수장고에서 발견된 작품은 형이 남겨준 작품 외에도 가족 초상화를 포함한 6점의 르누아르 그림, 마르시알과 그의 아버지의 초상화를 포함한 장 베로 작품 2점 등이 있었다. 그리고 카유보트의 유화와 스케치 등 175점도 소장하고 있었다. 이들 작품은 모두 그의 두 자녀(장, 준비에브 카유보트)가 상속받았다. 일부는 상속인에 의해 점차 판매되어 다양한 글로벌 컬렉션으로 분산되었다.

오랑주리 미술관 Musée de l'Orangerie
자연광 아래서 감상하는 모네의 〈수련〉

오르세의 강 건너편에 있는 오랑주리 미술관은 인상파 거장 클로드 모네의 〈수련〉 연작을 볼 수 있는 곳이다. 타원형 공간에 길게 그려진

오랑주리 미술관 외관.

수련을 자연광 아래에서 감상할 수 있는 곳이니 꼭 가볼 것을 권한다. 오랑주리 미술관은 미술사적 순서로 보면 오르세를 보고 나서 보는 것이 좋지만 위치로는 루브르에서 더 가깝다.

　루브르 박물관에서 나와 나폴레옹이 1808년 세운 카루젤 개선문을 지나면 튀일리 정원이 나온다. 원래 앙리 2세의 부인 카트린 드 메디시스가 기거하던 튀일리(과거 흔히 튈르리라고 표기) 궁전이 있던 곳인데 1871년 혁명 때 일어난 조직적인 방화로 불타 없어지고 지금은 궁전의 정원만 남아있다. 이곳 정원에는 앙리 4세를 위해 조성한 온실이 있었다. 이 온실에서 오렌지를 키웠기 때문에 오랑주리(orangerie)라고 했다. 프랑스어로 오랑주는 오렌지를 가리킨다. 오랑주리 미술관에는 모네가 생애의 30년을 바쳐 가꾼 물의 정원을 화폭에 담아낸 〈수련〉 연작에 헌정된 전시관이 있다. 2개의 타원형 공간에 전시된 작품들은 하루, 그리고 사계절이 끊임없이 이어져 흐르는 듯한 느낌을 주는 환상적인 공간이다.

클로드 모네는 파리 교외의 작은 마을 지베르니(Giverny)에 43년 간 거주했다. 화가일 뿐 아니라 정원가이기도 했던 모네는 예술적 감 각을 발휘해 꽃이 만발한 정원을 가꾸었고, 일본식 연못이 있는 물의 정원을 만들었다. 물의 정원은 당시 유럽에서 유행했던 일본 스타일 을 좋아한 모네가 각별한 정성을 들여 조성한 연못이 딸린 정원이다. 작은 녹색 다리를 설치하고 작약과 대나무를 심어 일본 분위기를 내 려 했다. 연못 주변으로는 가지를 길게 늘어뜨린 버드나무를 심고 연 못에는 다양한 색의 꽃이 피는 수련을 키웠다. 모네는 자연광 아래에 서 꽃과 나무, 물 위로 반사되는 풍경이 어우러지는 이 연못의 모습을 화폭에 담기를 즐겨 했다. 모네는 이 연못을 바라보며 〈수련〉 연작을 완성했다.

모네는 제1차 세계대전 휴전 기념일의 이튿날, 평화를 기리는 마 음으로 대형 〈수련〉 연작을 국가에 기증했다. 모네의 작품을 전시할 최적의 공간으로 튀일리 궁전의 온실이었던 오랑주리가 선정됐다. 모 네는 전시관이 대중에게 공개된 1927년 5월 이전에 숨을 거두어 오랑 주리의 〈수련〉을 볼 수 없었지만, 자연광 아래에서 작품을 감상할 수 있는 〈수련〉 전시관은 오늘날 전 세계인들에게 가장 인기 있는 전시관 으로 사랑받고 있다.

오랑주리 미술관 지하층에 상설전시실이 있는데 작품 중에는 마 리 로랑생과 앙리 루소의 작품이 특히 많다. 마리 로랑생은 시인 아폴 리네르의 연인으로 유명한 여류화가인데 후기 인상파 화가들과 교류 하긴 했지만, 그들과는 다르게 파스텔톤에 창백한 낯빛을 한 인물화 등 독창적인 화풍을 고수했다.

앙리 루소의 작품도 오랑주리에서 만날 수 있다. 세관원으로 일

오랑주리 미술관의 〈수련〉.

하면서 독학으로 그림을 그린 화가로 '두아니에 루소'라고도 불린다. 두아니에(douanier)는 세관원의 프랑스어다. 아이 같은 천진한 화풍에 '일요화가'였던 그의 그림을 화상들은 거들떠보지도 않다가 파블로 피카소가 루소의 작품을 높이 평가하면서 관심을 끌기 시작했다. 그의 작품은 강렬한 색상과 함께 원초적인 풍경을 담아 몽환적이면서도 상상력을 자극하는 힘이 있는데 뉴욕 현대미술관에 있는 〈잠자는 집시〉와 〈꿈〉, 오르세 미술관에 있는 〈뱀을 부리는 여인〉 등이 대표적이다. 오랑주리 미술관에서는 〈공원을 산책하는 사람들〉, 〈쥐니에 신부의 마차〉, 〈축구선수들〉 등 좀 더 폭넓게 그의 작품세계를 접할 수 있다. 오랑주리 미술관의 기획 전시실에서도 좋은 전시들이 열린다.

마르모탕 모네 미술관 Musée Marmottan Monet paris
모네의 작품을 가장 많이 소장한 미술관

파리 16구, 부르고뉴 숲 부근에 있는 마르모탕 모네 미술관은 클로드 모네의 작품을 만날 수 있는 보석 같은 곳이다. 파리에서 그 근처에 살았던 시절이 있어 자주 방문하곤 했는데, 관광객들에게 잘 알려지지 않아서 갈 때마다 한가롭게 작품을 감상할 수 있어 좋았다.

마르모탕 모네 미술관의 역사는 1882년 쥘 마르모탕이 파리의 부르주아들이 모여 살던 북서쪽에 저택 한 채를 구입하면서 시작된다. 쥘의 아들 폴은 미술사가였는데 기존 건물 옆에 다른 건물을 세워 자신의 컬렉션을 보관했다. 폴은 말년에 자신의 저택과 작품을 프랑스 예술아카데미에 기증했다. 나폴레옹 시대의 신고전주의 예술에 관심이 많았던 만큼 앵그르, 다비드의 회화와 고전적인 조각 작품이 대

클로드 모네의 작품 〈인상, 해돋이〉(c. 1872~1873, 마르모탕 모네 미술관).
'인상주의'라는 명칭의 기원이 된 이 작품은 르아브르의 아침 풍경을 담고 있다.

부분이었다. 폴 마르모탕의 저택에 그의 컬렉션을 전시하는 장소가
된 마르모탕 모네 미술관에 인상주의 화가들의 주치의였던 조르주 드
벨리오의 딸 빅토린이 아버지의 수집품을 기증했고, 모네 작품을 수
집하던 도노 드 모시 부인이 모네의 초기작 20여 점을 기증했다. 이
어 1966년 모네의 유족이 모네의 작품 60여 점을 프랑스 예술아카데
미에 기증하면서 마르모탕 모네 미술관은 세계 최고의 모네 컬렉션을
확보하게 됐다.

　　마르모탕 모네 미술관에서 가장 중요한 작품은 역시 모네의 작품
〈인상, 해돋이〉이다. 미술사가들은 모네를 인상주의를 연 선구적 작가
로 평가하고 있으며, 이 작품명에서 인상주의가 유래했기 때문이다.
모네는 1872년 르아브르 항을 배경으로 해가 막 솟아오르기 시작하
는 순간의 인상을 그렸다. 희뿌연 아침 안개와 오렌지빛 빛이 감도는
대기와 바다에 비치는 불그스름한 빛이 퍼지는 순간의 느낌을 포착한
작품이다. 모네는 이 작품을 1874년 4월 살롱전에서 독립한 작가들의
작품전에 출품했다. 대부분 무명이었던 화가 30명의 작품 165점이 전
시된 이 전시를 본 비평가 루이 르르와는 모네의 그림 제목에 빗대어
"벽지도 이보다는 나을 것이다. 쉽게 가려는 이들의 정신에 '인상'을
받았다, 이것이 그림인가?"라고 힐난했다. 비평가의 냉소적인 논평에
서 비롯된 '인상주의'라는 용어는 이 전시에 출품한 작가들의 화풍을
대표하는 미술 사조가 된다.

　　〈인상, 해돋이〉는 전시가 끝난 후 파리에서 백화점을 경영하던
에른스트 오슈데가 800프랑에 사 갔다. 그러나 오슈데가 몇 년 후 파
산하면서 작품은 압류됐고 경매에서 1878년 조르주 벨리오 박사가
210프랑에 낙찰받았다. 벨리오 박사가 사망한 1894년 그의 딸 빅토린
이 이 그림을 물려받았고 1940년 마르모탕 모네 미술관에 기증했다.

〈인상, 해돋이〉는 크지 않다. 세로 48센티미터, 가로 63센티미터 크기의 작품은 품 안에 넣고 가기 딱 좋은 사이즈다. 그래서 이 작품은 한 차례 도난당한 적이 있다. 1985년 10월 27일 10시 무장괴한이 〈인상, 해돋이〉 등 9점을 훔쳐 갔다. 행방을 찾을 길이 없이 5년이 지난 1990년, 코르시카섬에서 다른 도난품을 추적하던 경찰이 찾아내 미술관으로 돌아왔다.

마르모탕 모네 미술관에 있는
카유보트 〈비 오는 날, 파리의 거리〉 습작.

마르모탕 모네 미술관에 소장된 작품 중 모네의 작품 가운데 수련을 그린 훌륭한 습작들이 많이 있는데 이는 화가 자신이 끝까지 소장하고 있다가 그의 아들이 물려받은 것이기 때문이다. 2022년 가을 루이뷔통 재단 미술관에서 클로드 모네와 미국의 여류화가 조안 미첼의 표현주의적 화풍을 연계시킨 '모네-미첼' 전시에 출품된 많은 작품이 마르모탕 모네 미술관 소장품이었다.

마르모탕 모네 미술관은 이름 그대로 모네의 작품을 많이 소장하고 있지만 다른 유명 인상주의 화가 작품들도 다수 소장하고 있다. 귀스타브 카유보트가 그린 〈비 오는 날, 파리의 거리〉 습작(1877)이 눈길을 끈다. 완성된 작품은 시카고 아트 인스티튜트에 있고, 여기서는 좀 크기가 작고 얼굴의 디테일이 없는 습작을 볼 수 있다. 19세기 중반 나폴레옹 3세 시절 오스만 남작이 지휘한 파리 대개조 사업의 결과로 아름답게 다듬어진 파리의 분위기를 제대로 담고 있는 작품이다.

인상주의 화가 중 유일한 여성이었던 베르트 모리조의 정감 넘치

는 작품, 카미유 코로와 외젠 부댕의 아름다움 풍경화를 볼 수 있는 곳
도 마르모탕 모네 미술관이다. 특히 베르트 모리조의 작품은 모리조의
딸 쥘리 마네(에두아르 마네의 조카)와 그녀의 아들 드니 루아르가 작품을
기증하고, 루오의 아들 쥘리앵(모리조의 증손자)이 또다시 기증한 덕분에
다양한 컬렉션을 만날 수 있다. 마르모탕은 모리조의 유화, 파스텔화,
수채화, 데생 등 81점을 소장하고 있다. 모리조는 에두아르 마네의 동
생 외젠 마네와 1874년 결혼해 쥘리 마네를 낳았다. 존경하는 선배이
자 시아주버니인 마네를 위해 그의 사후에도 모리조는 마네 회고전을
기획하고 문제작 〈올랭피아〉를 프랑스 정부가 구입하도록 주선하기
도 했다. 마르모탕 모네 미술관에서는 〈부지발에서 딸과 함께 있는 외
젠 마네〉, 〈쥘리 마네와 애견 그레이하운드 라에르트〉 등을 볼 수 있다.

퐁피두 센터 Centre Pompidou
건축의 개념을 전복시킨 현대미술의 산실

1971년 런던 우체국 마당에 주저앉은 두 젊은 건축가가 마감에 쫓기면
서 국제공모전 응모작을 파리에 보내기 위해 진땀을 흘리고 있었다.
이탈리아 제노바 출신의 렌초 피아노와 영국인 건축가 리처드 로저스
였다. 한 해 전 정보교환을 위해 만났다가 의기투합해 '피아노와 로저
스 사무소'를 만든 이들은 당시 건축계를 들썩이게 했던 프랑스 문화
부 주관의 국제공모에 작품을 제출했다. 총 681편의 응모작이 제출한
퐁피두 센터 공모전에서 당선작으로 뽑힌 이들의 기획은 간단했다.
　'건축물을 유연하고 변화 가능한 틀로 여기며, 건축은 안팎으로
완전하게 자유를 주도록 설계한다. 건물의 외피와 구조, 내부 설비는

퐁피두 센터 로비.

퐁피두 센터 외관.

명료하게 드러나야 한다. 질서와 즐거움을 주기 위해서, 그리고 기술의 무게감을 덜어내기 위해서 강렬한 색상을 사용한다.'

파리에서 가장 오래된 거주 구역인 보부르 지역의 집들이 철거되고 난 뒤 주차장으로 이용되던 부지에 건물이 들어섰다. 1971년 착공해 여러 색깔이 칠해진 파이프들이 밖으로 노출돼있는 우주선 같은 기이한 모습의 퐁피두 센터가 모습을 드러낸 것은 1977년이다. 거대한 기계설비를 연상하게 하는 이 문화공장은 그야말로 센세이셔널했다. 지금 봐도 독특한데 50년 전에 이것을 본 파리 사람들은 얼마나 놀랐을지 짐작이 간다. 진보적 사고와 기술의 아이콘, 하이테크 건축의 모범사례로 꼽히며 상대적으로 무명이던 두 건축가를 단번에 세계적 스타로 만들었다. 이름은 당시 프랑스 대통령 조르주 퐁피두의 이름에서 따왔다. 경사진 앞마당은 아프리카의 북을 두드리며 노래하는 젊은이들, 마임 공연을 하는 거리의 광대들, 음악을 연주하는 젊은이들이 있고 이들을 구경하는 여행자들로 늘 북적인다.

이 건물의 특징은 투명성, 기능성, 유연성으로 요약할 수 있다. 경사진 커다란 광장 위에 들어선 건물의 전면은 너무나 미래적이다. 생마르탱, 보부르, 랑뷔토 등 주변의 오래된 구역과는 어울리지 않는 기계설비 같은 외관을 한 거대한 문화공간은 내용 측면에서도 도전 그 자체였다. 공조 기능을 지닌 여러 가지 색깔의 파이프들이 밖으로 드러나 있는데 통풍은 푸른색, 물은 녹색, 전기는 노란색, 승강기는 빨간색을 주색으로 선택해 도발적으로 기술의 우월성을 드러내면서도 합리적이고 기능적인 측면을 담고 있다. 정면 파사드는 유리를 사용해 내부와 외부가 투명하게 연결되며 정면부에 단계를 이루는 에스컬레이터가 설치된 유리 통로가 있다. 오르는 동안 아름다운 도시의 전망이 눈 앞에 펼쳐진다. 전체 구조물은 확장이나 해체가 가능하도록 디

바실리 칸딘스키, 〈노랑-빨강-파랑〉 (1925, 캔버스에 유채, 퐁피두 센터).

자인됐다.

퐁피두 센터는 문화센터, 현대미술관과 현대미술 전시공간, 행사 공간, 대규모 개가식 도서관, 카페와 레스토랑을 갖추고 있다. 특히 국립현대미술관(Musée National d'Art Moderne Pompidou)은 프랑스가 자랑하는 세계적인 미술관이다. 20세기 초반의 큐비즘부터 다다이즘, 추상주의까지 미술사를 수놓은 근대와 현대 거장들의 미술작품을 망라하고 있다. 20세기 초 현대미술을 대표하는 미술 사조인 큐비즘(입체주의)의 시조 파블로 피카소와 조르주 브라크를 비롯해 후기의 마티스, 미로, 칸딘스키, 샤갈, 술라주, 백남준 등의 작품을 이곳에서 볼 수 있다. 도쿄 국립서양미술관에서는 파리의 퐁피두 센터 현대미술관과 협력하여 "큐비즘 전-미의 혁명"(2023.10.3~2024.1.28)이 열리기도 했다. 훌륭한 컬렉션을 가진 미술관들끼리 작품을 주고받으며 기획전을 풍요롭게 만든다. 주는 만큼 받을 수 있으니 퐁피두 센터의 현대미술기획 전시가 미술 애호가 사이에서 시즌별로 반드시 봐야 할 전시 목록에 오르는 이유다.

오는 2025년부터 퐁피두 센터가 개관 후 처음으로 리노베이션을 위해 장기 휴관에 들어갈 예정이다. 원래 더 앞서 휴관을 할 예정이었지만 2024년 파리올림픽을 계기로 파리를 찾을 관광객들이 더욱 늘어날 것을 감안해 시기를 늦췄다. 2030년까지 기다려야 하니 그 전에 파리 여행을 가게 되면 반드시 방문해볼 것을 권한다.

퐁피두 센터 메츠

프랑스 정부의 문화 분권화 정책과 유명 미술관·박물관의 브랜드화 트렌드가 맞물리면서 퐁피두 센터도 꾸준히 외연을 확장해 왔다. 2010년 프랑스 동부 로렌지방의 도시 메츠(Metz)에 퐁피두 센터 메츠(Centre Pompidou-Metz)를 세운 데 이어 2016년부터는 해외 분관 사업을 시작해 중국 상하이에 개관했고, 한국 서울 여의도에도 2025년 퐁피두 센터 서울이 개관할 예정이다.

퐁피두 센터 메츠는 파리의 본관 못지않게 혁신적인 건축 디자인으로 유명하다. 밀림의 거대한 나무가 번성하는 듯한 모양을 한 현대적인 건축물의 설계는 일본인 건축가 반 시게루(Ban Shigeru)와 프랑스의 장 드가스틴(Jean de Gastines)이 맡았다. 2003년 공모에 당선한 이들의 디자인은 육각형 나무 모듈로

퐁피두 센터 메츠 전경.

퐁피두 센터 메츠 지붕과 내부에서 본 모습.
반 시게루가 구사하는 유기적 건축의 특징이 잘 드러난다.

이뤄진 유선형의 지붕, 중앙 공간인 르 포롬(Le forum), 그랑드 네프(grande nef)가 만들어내는 놀라운 볼륨, 전시공간의 다양성과 유연성 등 뛰어난 창의성이 감탄을 자아내게 한다.

건물은 3개의 갤러리가 교차하는 육각형 평면을 기반으로 한 광대한 구조이다. 이 건물은 파리에 퐁피두 센터가 개관한 연도(1977)를 기념하여 높이 77미터의 중앙 첨탑을 만들고 이 첨탑을 중심으로 곡선과 역곡선이 교차하는 텐트 모양의 지붕을 덮었다. 퐁피두 센터 메츠를 상징할 정도로 건축학적 역작으로 꼽히는 지붕은 폭 90미터의 육각형을 이루고 있다. 전체 표면적은 8,000제곱미터로 접착 적층 목재로 만든 지붕 구조는 모두 육각형 모듈로 구성되어 있다. 프랙탈 같은 이런 구조를 통해 넓은 공간으로 확장할 수 있다. 꽃 모양 같다고 해서 '튤립 기둥'이라고 불리는 몇 개의 지지대 위에 얹힌 지붕은 곡선과 역곡선이 있는 불규칙한 기하학적 구조를 하고 있다. 지붕은 흰색의 유리섬유와 테프론(PTFE 또는 폴리테트라플루오로에틸렌)으로 만든 방수 멤브레인으로 덮여 있어 자연광을 부드럽게 내부로 비추는 효과를 낸다. 프레임은 독일산 가문비나무로 만들었고 튤립 기둥은 독일산 낙엽송으로 만들었다고 특별히 강조한다. 지리적으로 가깝기도 하지만 독일과 오랫동안 국경을 사이에 두고 다투어온 갈등의 역사를 문화로 화합한다는 의미가 읽히는 대목이다.

퐁피두 센터 메츠는 북쪽과 남쪽에 각각 위치한 2개의 정원과 앞마당으로 둘러싸여 있다. 약간 경사진 앞마당은 메츠 기차역과 퐁피두 센터 메츠와 사이의 보행자 공간으로 연결되는데 파리의 퐁피두 센터 앞 광장과 같은 면적이라고 한다. 방문했을 때 드넓은 광장 바닥에 사람들이 쓰러져 있는 그림이 그려져 있었다. 자세히 보니 러시아군에 의해 희생된 우크라이나 어린이들 숫자를 상징하는 이미지였다.

풍피두 센터 메츠 전체 건물의 면적은 1만 제곱미터가 넘는다. 전시공간이 절반을 차지하며 정원과 아트리움 기능을 하는 르 포럼, 갤러리 테라스가 있다. 내부공간은 외부공간으로 확장되도록 설계되어서 여름에는 1층 파사드를 오픈해서 훨씬 개방적인 공간이 된다. 커다란 지붕 아래 1층 르 포럼에서 접근할 수 있는 층고가 높은 전시장 그랑드 네프에서는 기념비적 작품을 전시할 수 있다. 지붕에서 튀어나온 커다란 직사각형의 창이 독특한 풍경을 만든다. 건축의 마무리는 조경이라고 하는데 프랑스의 미술관 등 공공공간은 조경에 특히 신경을 많이 쓴다. 당장에 멋있게 보이는 것보다는 먼 미래를 내다보고 변화를 예측하고 최대한 자연스러운 환경 조성을 고려해 디자인한다. 2023년 봄에는 유명한 조경가 질 클레망(Gilles Clément)과 그의 제자 크리스토프 퐁소(Christophe Ponceau)가 자작나무, 풀, 덩굴식물 등으로 남쪽 정원을 꾸몄다.

메츠의 생테티엔 대성당은 내부의 스테인드글라스 창이 압도적이다. 성당 입구에서 왼쪽에 있는 스테인드글라스는 마르크 샤갈의 작품이다. 샤갈은 빨강, 파랑, 노랑의 단색으로 십계명을 받는 모세, 하프를 연주하는 다윗왕, 인간의 창조 등 구약 성서의 위대한 사건들을 표현했다. 샤갈은 유대인이라는 이유로 전 세계를 떠돌아다녀야 했던 자신의 삶을 반영해 등장하는 인물들이 모두 공중에 뜬 모습으로 표현했다. (샤갈은 여기저기에 많은 작품을 남겼다. 이 책에도 자주 등장하는 이유다. 언젠가 샤갈 작품만 따라가는 여행을 해도 좋을 것 같다.)

　　로렌(Lorraine)주의 대표적인 도시인 메츠는 파리에서 TGV
로 1시간 30분이면 도착한다. 독일, 벨기에, 룩셈부르크와 같은
주변국과도 매우 인접해 있는 도시라는 지리적 장점이 메츠에
현대 예술의 상징과도 같은 퐁피두 센터가 들어서는 데 큰 역할
을 했다. 미술관 앞에서 시내까지 운행하는 진한 연두색의 무료
셔틀도 있어서 구시가지의 시장과 성당을 둘러보면서 하루를
알차게 보낼 수 있다.

퐁피두센터는 2024 파리올림픽 패럴림픽 기간중 외벽을 새롭게 치장하고
앞 광장에 롤러블레이드장을 설치했다.

파리의 상징들은 얼마나 예술적인지

오페라 가르니에 Opéra national de Paris
네오바로크 양식의 세계적으로 손꼽히는 오페라, 발레의 전당

파리에 처음 도착한 사람들이 약속장소를 정할 때 가장 많이 꼽히는 곳이 '오페라 앞 계단'일 것이다. 물론 여유가 있다면 오페라 바로 옆에 있는 '카페 드 라 페(Café de la Paix)', 일명 '평화다방'에서 만나는 것도 나쁘지 않지만, 그냥 만나서 일을 보러 가기엔 오페라 앞 계단이 최고다. 파리의 중심부에 위치해 여러 지하철 노선(3, 7, 8호선과 RER A선)이 겹쳐지는 역이고, 버스도 많이 다니고, 적당한 폭의 계단이 건물 앞에 일직선으로 있어서 사람을 찾기도 쉽다. 무엇보다 기억하기도 쉽다는 것이 최대 장점이다.

오페라, 정확히 말하면 오페라 가르니에(Opéra Garnier)는 화려한 외관과 함께 예술의 도시 파리를 상징하는 중요한 랜드마크다. 이곳은 1862년 나폴레옹 3세 때 착공해 1875년 시민들의 대대적인 관심 속에 개관했다. 에콜 데 보자르에서 건축을 전공하고, 로마에 유학했던 건축가 샤를 가르니에(Jean Louis charles Garnier)가 설계했다. 그의 이름을 따서 가르니에 궁전(Palais Garnier)이라고도 부른다. 바로크와 로코코 양식을 집대성해 아름다움의 극치를 보여주는 보자르 양식의 대표적인 건물이다. 금박을 두른 건물의 외부장식은 세계에서 가장 아름다운 것으로 정평이 나 있다. 오페라 가르니에 정면 상단에는 베토벤, 모차르트 등 음악가들의 얼굴 동상이 있다. 안으로 들어가면 더욱 화려함의 극치를 보여준다. 부드러운 곡선 모양의 웅장한 대리석 계

오페라 가르니에 외관.

오페라 가르니에 극장 내부와 샤갈의 천장화.

1장. 파리, 아름다움으로 가득 찬 도시

단과 화려하게 장식된 천장, 환상적인 샹들리에가 빛나는 아름다운 로비가 건물의 전면부 대부분을 차지한다. 화려함의 이면(후면)은 각종 무대장치를 위한 공간에 할애하고 있다. 2,000명 수용 가능한 공연장의 돔형 천장에는 마르크 샤갈(Marc Zakharovich Chagall)의 천장화가 그려져 있으며 네오바로크 양식의 샹들리에가 화려함을 뽐내고 있다.

오페라 가르니에는 프랑스 소설가 가스통 르루가 1910년 집필한 소설『오페라의 유령』의 배경으로도 유명하다. 앤드류 로이드 웨버의 뮤지컬 〈오페라의 유령〉은 이 소설을 원작으로 한 것이다. 오페라 극장을 무대로 천사의 목소리를 타고났지만 흉측하고 기형적인 얼굴을 가면으로 가린 오페라의 유령이 아름답고 젊은 프리마돈나인 크리스틴을 짝사랑하는 이야기다. 주인공 '오페라의 유령'은 오페라극장의 어두운 지하에서 살다가 크리스틴이 무대에 서는 날은 오페라극장의 5번 박스 석에 자리한다.

에펠탑 Tour Eiffel

사진으로 너무 많이 보고, 머릿속에 이미지가 각인된 파리의 상징 에펠탑. 파리의 트로카데로 광장에서 실물을 바라보면 생각했던 것보다 훨씬 더 웅장하고 아름답다. 에펠탑이 서 있는 샹드마르스 공원에서 올려다보면 거대하고 강인한 구조물에 더욱 압도당한다. 철탑일 뿐이건만, 밤에 조명으로 반짝반짝 빛나는 에펠탑의 모습을 보며 평생 잊지 못할 추억을 새길 수 있을 것이다. 에펠탑은 프랑스 독립기념일과 같은 중요한 행사가 있을 때 특별히 디자인된 조명이 빛나기도 한다.

자타공인 파리의 상징 에펠탑은 1889년 프랑스 혁명 100주년을 에펠탑.

맞아 개최한 파리만국박람회를 상징할 기념물로 지어졌다. 과연 기대했던 대로 320만 명의 인파가 몰려든 파리만국박람회에서 가장 눈길을 끈 구조물이었다. 수많은 교량을 설계한 바 있는 구조공학자 귀스타브 에펠(Gustave Eiffel, 1832~1923)이 공모전을 통해 선정돼 새로운 건축 재료였던 철을 재료로 물리학의 법칙에 도전하는 구조물을 설계했다. 하지만 건립계획이 알려지자 파리 시민들은 거세게 반발했다. 에펠탑이 위치할 샹드마르스 지역 주민들은 주거환경을 해칠 것을 우려하며 소송을 제기하기도 했다. 파리는 5, 6층짜리 고풍스러운 고딕 양식의 석조 건물로 이루어진 도시인데, 당시로는 보지도 못했던 81층 건물 높이의 철탑은 흉측하며 어울리지 않을 것이라는 이유로 반대했다.

완공 후에도 기 드 모파상, 알렉상드르 뒤마 등 예술가와 지식인들을 비롯한 많은 이들은 철골 구조물이 예술의 도시 파리와 어울리지 않고, 도시의 미관을 해친다는 이유로 비판했다. 1887년 2월 14일 파리의 작가, 화가, 조각가, 건축가들은 일간지 《르탕(Le Temps)》에 '예술가의 항의'라는 글을 발표해 공식적으로 배척하기도 했다. 파리시는 '20년 후 철거'라는 타협 카드를 내밀고서야 건설을 진행할 수 있었다. 이 약속에 따라 20년 계약이 만료된 1909년 철거될 뻔한 위기를 맞았지만 이미 파리의 상징물로 자리 잡았으니 두고 보자는 여론이 강했고, 통신시설물을 설치해 활용 가능하다는 사실이 증명되면서 해체 여론은 수그러들었다. 에펠탑은 1920년대 들어선 근대화와 아방가르드의 상징으로 거듭났고 지금까지 견고한 자태를 뽐내며 그 자리를 지키고 있다. 처음에는 흉물로 비난받던 에펠탑도 계속해서 마주치니 친근해지고 나중에는 호감을 갖게 된다는 뜻에서 '에펠탑 효과'라는 마케팅 용어도 만들어졌다. 소비자에게 지속적으로, 반복해

2024 파리 올림픽-패럴림픽 기간 중 상징적인 랜드마크인 에펠탑에 오륜마크가 부착됐다.

보여줌으로써 브랜드의 인지도 및 호감도를 높일 수 있다는 뜻으로 광고에서 활용하곤 한다.

높이 324미터인 에펠탑은 기단 바닥에 4개의 철제 기둥을 세운 다음 콘크리트로 봉하고 그 위에 철탑의 본체를 얹는 방식으로 공사가 진행됐다. 프랑스에서 제조된 7,300톤의 연철이 철탑의 재료로 사용됐으며 300여 명의 작업자가 1만 8,038개의 조각을 250만 개의 조인트로 조립해 세웠다. 에펠탑은 1985년과 1990년 사이 각 기둥마다 4개의 엘리베이터를 새로이 설치하고 1,343톤의 중량을 덜어냈다. 초창기의 비판과 달리 현재는 역학적 구조가 그대로 건축미에 도입된

우아하고 아름다운 건축물이라는 평을 받고 있으며 영화의 배경 화면으로 자주 사용되면서 파리의 대표적 랜드마크가 됐다. 에펠탑은 1991년 세계문화유산에 등재됐다.

엘리베이터를 타거나 1,665개의 계단을 올라 도착하는 에펠탑 3층(지상 276미터)에서는 360도로 돌면서 파리 전경을 감상할 수 있다. 2층에는 『80일간의 세계 일주』, 『해저 2만 리』 같은 과학소설을 쓴 소설가 쥘 베른의 이름을 딴 '르 쥘 베른 레스토랑(Restaurant Le Jules Verne)'이 있다. 1층(지상 57미터)에는 유리 바닥이 설치되어 있어 역시나 아찔한 경험을 할 수 있다.

에투알 개선문 Arc de triomphe de l'Étoile

파리에는 3개의 개선문이 있다. 루브르 앞에 있는 카루젤 뒤 루브르, 샹젤리제에 있는 개선문, 그리고 라데팡스의 신 개선문이다. 시대순으로 나열할 것이고, 위치상으로 보면 개선문, 카루젤 개선문, 라데팡스 신 개선문이 일직선에 있다. 그중 가장 유명한 것은 물론 샹젤리제 거리 위편 에투알 광장 가운데 있는 개선문(Arc de Triomphe)이다.

개선문 건축은 나폴레옹 1세의 명에 따라 1806년 시작해 1836년 완공됐다. 루이 필립 왕(roi Louis-Philippe)은 새롭게 지어진 개선문의 영광을 나폴레옹 제국과 그를 따른 군대에 돌렸다. 1921년에는 개선문 아래 무명용사들의 묘지가 안장됐다. 매일 저녁 6시 30분에 점화되는 '추모의 불꽃'이 이들의 묘지를 밝힌다. 파리의 상징적 기념물 개선문은 프랑스에서 국가적인 행사가 있을 때마다 그 무대가 되는 곳이다.

프랑스 역사를 대표하는 상징적 건축물인 개선문이 2020년 가을

에투알 개선문.

개선문을 중심으로 된 파리의 방사형 도로.

설치미술가 크리스토(Christo, 1935~2019)의 '포장된 개선문'으로 세계적인 주목을 받았다. 파리의 개선문이 거대한 천으로 감싸지는 크리스토의 거대한 프로젝트가 완성돼 9월 18일부터 공개된다는 소식을 접했다. 코로나-19가 기승을 부릴 때여서 직접 가볼 수는 없었지만, 인터넷으로 중계되는 현지의 모습을 보면서 파리 생각에 가슴이 설렜다.

아주 오래전 처음 파리에 도착했던 날의 느낌은 아직 생생하다. 사진으로만 보던 노트르담 대성당, 센강과 퐁뇌프, 그리고 샹젤리제와 개선문을 둘러보면서 '내가 정말 파리에 왔구나!'를 실감했다. 파리에 살면 수없이 지나치게 되는 파리의 랜드마크들이다. 기억의 한편에 늘 자리하고 있는 파리. 파리를 생각하면 늘 가슴이 뛴다. 추억이 있는 도시의 랜드마크를 떠올리면 가슴이 설레는 것이 일반적인 반응일 텐데 상징적인 랜드마크를 보면 무엇이든 뒤집어씌우고 싶어 하는 사람이 대지예술가 크리스토 부부였다.

크리스토 블라디미로프 야바체프는 1935년 6월 13일 불가리아에서 태어나 소피아 미술아카데미에서 공부한 뒤 오스트리아 빈 예술아카데미를 거쳐 예술의 본고장 파리에 도착했다. 1958년 파리에서 평생의 동반자 잔 클로드를 만났다. 홍보 담당자 겸 사업 매니저였던 잔 클로드는 크리스토와 생년월일이 똑같았다. 두 사람은 결혼해 부부가 되었고 예술적 동지로 평생을 함께했다. 크리스토와 잔 클로드 부부가 세계 미술계의 주목을 받은 것은 1962년 독일 베를린 장벽에 대한 저항의 표현으로 204개의 휘발유 통을 쌓아 거리를 막으면서다. 이후 그들 작업의 트레이드 마크가 된 '포장' 프로젝트가 시작된다.

크리스토의 포장방식은 사회주의 국가에서 성장한 배경과 밀접하게 연결된다. 크리스토는 불가리아의 사회주의 체제에서 미술교육을 받았다. 예술 전공자들은 당의 사업에 동원되곤 했는데 그중 기억

2021년 9월 18일부터 10월 3일까지 프랑스 파리 개선문에 설치된
크리스토와 잔 클로드의 작품 〈개선문, 포장〉

에 남는 것이 유럽횡단 철도 주변의 지저분한 것을 잘 가리면서 풍경
과 지평선의 조화를 이루도록 하는 작업이었다. 사회주의 경제의 진
실을 은폐하도록 감싸는 방법은 크리스토에게 예술적 영감을 자극했
다. 크리스토는 잔 클로드와 함께 그 기억을 조형적으로 전개시켜 나
갔다. 작은 오브제를 완전히 감싸는 것부터 시작해 점점 대상물의 크
기를 키워나갔다. 1969년 오스트레일리아 시드니 근처의 해안지대
2.4킬로미터를 천으로 씌우면서 주목받기 시작한 뒤 '크리스토와 잔
클로드'의 이름으로 그들은 전 세계의 유명 랜드마크를 천으로 씌우
는 포장 기법으로 독특한 대지예술(land art)을 펼쳤다.

분홍색 천으로 마이애미의 섬들을 둘러싼 〈둘러싸인 섬〉을 비롯해 1985년의 파리 퐁뇌프 프로젝트, 1991년 일본 사토 강 계곡의 우산 설치작업, 1995년 베를린 제국의회 청사 래핑 작업 등으로 이어졌다. 작업이 순탄하지는 않았다. 이들을 세계적 예술가 반열에 올린 베를린 의회 청사 래핑 작업을 동독 국회에 처음 제안한 것은 1971년이었다. 분단 시절이라 단번에 거절당했고 이후에도 여러 번 제안했지만, 거절당했다. 1989년 11월 9일 베를린 장벽이 무너진 뒤 다시 용기를 내 1990년부터 662명의 국회의원에게 개별 편지를 보내기 시작한다. 프로젝트의 허가 여부가 국회 회의 안건으로 채택될 정도로 관심을 모았고 1995년 2월 25일 드디어 프로젝트 허가를 받아 진행할 수 있었다. 처음 제안한 지 24년 만이었다. 이들은 10만 제곱미터에 이르는 내화 폴리프로필렌으로 의사당 건물을 둘러싸고 15킬로미터의 밧줄을 사용해 이것을 고정했다. 7월 7일 철수될 때까지 50만 명이 이 프로젝트 현장을 방문했다. 2005년에는 뉴욕 센트럴파크에 오렌지색 천으로 감싼 철문 7,503개를 설치해 세계적 관심을 끌었다.

이들의 작업이 주목을 끄는 이유는 여러 가지다. 우선 규모 면에서 엄청난 대지미술이라는 점도 독특하고 방식도 독특하다. 또한 예술 작업에 대한 이들의 철학이 독특했다. 이들은 관람객의 경험을 중요시한다. 눈으로 감상하는 예술이 아니라 실제 만져보고 바람과 햇빛을 느끼고 그 위를 걸어볼 것을 제안한다. 관람자가 방문할 수 없는 장소의 작품은 제작 과정을 기록한 하나의 다큐멘터리로 감상할 수 있다.

마지막으로 이들은 예술이란 존재 그 자체에 의미를 두며, 자유로운 예술 구현을 목적으로 한다. 예술이란 어떤 압박이나 권력, 이데올로기에서도 자유로워야 한다는 신념을 지키기 위해 이들은 작업을 위해 시간이 얼마나 소요되든 작업 구현을 위한 자금은 스스로 마련한다는 철칙을 세웠다. 기업이나 정부의 후원을 받지 않고 독립적으로 작업하기 위해 직접 제작한 드로잉이나 콜라주 작품, 입체 모형 등을 팔아 제작비를 마련했다. 독일 의사당 래핑 작업처럼 길게는 구상부터 실현까지 20년 이상이 걸리는 작업도 일정 기간 전시한 뒤 철수한다. 기록으로만 남긴다. 예술이란 소유하기 위한 것이 아니라 경험하기 위한 것이라는 생각에서다.

이 멋진 예술적 동지를 갈라놓은 것은 죽음이었다. 잔 클로드는 지난 2009년 74세로 먼저 타계했다. 그러나 그들의 예술은 이어졌다. 크리스토는 아내가 세상을 떠난 후에도 '크리스토와 잔 클로드의 예술은 계속된다'는 약속을 지키기 위해 활동을 이어갔다. 2016년 이탈리아 이세오 호수에 노란색 인공 부유물들을 띄우는 '떠 있는 부두'를 선보였고 2018년에는 영국 런던 서펜타인 호수에 7,000개 이상의 석유 드럼통을 설치해 만든 〈런던 마스타바〉를 선보였다. 크리스토는 2020년 5월 31일 뉴욕 자택에서 84세를 일기로 세상을 떠나 아내 곁으로 갔다. 파리 개선문을 포장하는 숙원 프로젝트를 준비하던 중이었다.

크리스토는 1960년대 개선문 주변에 아파트를 마련하고 개선문을 씌우는 프로젝트를 구성하기 시작했다. 그동안 파리 퐁뇌프, 베를린 의사당 건물 등 생애 중 많은 프로젝트를 성사시켰지만, 개선문 프로젝트는 실현하지 못했다. 비용 조달, 허가 등 장애물이 많아 미뤄지던 프로젝트는 조카 블라디미르 야바체프가 퐁피두 박물관 및 프랑스 문화재위원회 당국과 협력해 성사됐다. 2만 5,000제곱미터 이상의 직물로 개선문을 둘러싸는 작업은 신속하고 주도면밀하게 진행됐다. 앞서 나폴레옹이 군사 작전 중 전사한 군인을 기념하기 위해 세운 이 기념비의 석조물과 조각품을 보호하기 위해 비계와 보호 장비를 설치하는 데에도 몇 주간 소요됐다. 크리스토의 유작 〈포장된 개선문〉은 2021년 9월 18일부터 10월 3일까지 감상할 수 있었다.

산책자들의 천국, 파리

프랑스 파리의 독특한 문화를 보여주는 '플라뇌르(flâneur)'라는 단어가 있다. 산책자, 활보자, 배회자, 어슬렁거리며 돌아다니는 사람이라는 뜻의 명사이다. 근대 도시의 풍요로움과 모더니티를 상징하며, 산업화된 현대사회의 관찰자로 이해된다. 플라뇌르들은 목적 없이 유유자적 걸어 다니며 우연히 경험하는 특정한 디자인에 영향을 받기 때문에 플라뇌르의 개념은 건축과 도시계획 분야의 심리지리학(psychogeography)에서 비중 있게 다뤄지곤 한다.

이 개념을 분석 도구와 삶의 방식으로 여기며 분석한 사람은 발터 벤야민이다. 벤야민은 플라뇌르가 현대 생활의 산물이라 여겼으며, 관광객의 출현과 유사한 현상이라고 분석했다. 벤야민의 플라뇌르는 '무관심하지만, 매우 예민한 부르주아 지식인'으로 묘사된다. 그는 산책을 통해 파리를 사회학적, 미학적으로 관찰하고 기록했다. 벤야민의 미완성작 『아케이드 프로젝트』 역시 상점가에 대한 그의 애착에서 비롯됐다.

잘 정비되고, 구획되고, 아름다운 상점들이 즐비한 파리의 거리는 플라뇌르에게 최적의 도시다. 목적 없이 배회하는 것도 좋겠지만 취향에 따라 주제를 정해서 산책을 하면 더욱 기억에 남는 여행이 될 수 있다. 문학작품이나 그림에 등장하는 파리 시내의 정원들을 찾아서 돌아다녀도 좋고, 역사에 이름을 남긴 유명인들이 잠들어 있는 페르 라셰즈 공동묘지나 몽파르나스 공동묘지를 찾아보는 것도 나쁘지 않다. 물건을 사지 않더라도 아름다운 건물에 아름다운 물건들이 가득한 백화점들, 골목의 아기자기한 상점들을 다녀도 마음이 풍요해진다. 헤밍웨이가 즐겨 찾았다는 생미셸 노트르담 근처의 서점 '셰익스

파리 튀일리 정원을 걸으며 만나는 풍경들.

센강 야경.
2024 파리올림픽 개막식은 근대올림픽 사상 처음으로 센강에서 진행돼 화제를 모았다.

피어 앤 컴퍼니'처럼 스토리가 있는 서점을 골라서 다녀도 좋다.

프랑스 국립도서관 BNF, Biblio-thèque nationale de France

좀 더 학구적인 산책을 원한다면 프랑스 국립도서관(BNF, Biblio-thèque nationale de France)을 방문해 보는 것도 좋을 것이다. 문화의 나라답게 도서관도 정말 멋지다. 파리에는 현대식 건물인 미테랑 도서관과 우아하고 고풍스러운 리슐리외 도서관 등 2곳의 국립도서관이 있다. 미테랑 도서관은 미테랑 대통령의 대업인 '그랑 프로제(Grands Projets)' 중 하나로 건립되어 1995년 개관했다. 현존하는 가장 오래된 금속활자 인쇄본 '직지심체요절'이 보관되어 있는 곳이다. 국제적인 설계 공모에서 우승한 도미니크 페로(Dominique Perrault)의 설계로 지어진 거대하고, 미니멀한 건축물은 현대의 프랑스를 대표하는 건축물로 꼽힌다. 펼쳐서 세운 책을 형상화한 'ㄱ'자 모양의 4개 동과 중정에 자리 잡은 인공의 숲, 숲을 둘러싼 지하 열람실로 구성되어 있다. 단순히 도서관을 넘어 전시회, 연주회 및 콘퍼런스 등 학술과 문화의 중심지 역할을 한다. 13구 톨비아크 둑에 위치하며 베르시 공원과 연결된다.

미테랑 도서관이 지어지기 전 프랑스 국립도서관으로 오랜 세월 사랑받아 온 리슐리외(Richelieu) 도서관은 타원형의 열람실 '오벌 룸(La Salle Ovale)'으로 유명한 곳이다. 라이너 마리아 릴케의 소설 『말테의 수기』에도 등장하고, 발터 벤야민이 수많은 메모를 적으며 파리의 아케이드와 도시문화를 탐구했던 곳도 리슐리외 국립도서관이었다. 고색창연한 분위기가 가득한 이곳은 현대적이고 미니멀한 분위기의 미테랑 도서관과는 비교할 수 없는 아름다움이 있는 곳으로 리노베이션 공사를 위해 12년간 문을 닫았다가 2022년 여름 재개관했다. 루브르박물관에서 멀지 않은 곳에 있으니 한 번쯤 꼭 가볼 것을 추천한다.

프랑스 국립도서관 리슐리외(국립도서관의 공식적인 표현) 사이트는

리노베이션을 마치고 12년만인 2022년 다시 문을 연
프랑스 국립도서관 리슐리외의 타원형 방.
미술사, 문화사 등 2만 권의 장서를 갖추고 있으며 누구나 자유롭게 이용할 수 있다.

17세기 마자랭 추기경의 거처로 지어졌다가 왕의 도서관이 이전한 후, 1994년 법령으로 통합 국립도서관이 탄생하기 이전까지 프랑스 지성의 상징적인 장소였다. 하지만 점점 노후화된 도서관은 대중의 편의와 도서관의 기술적, 공간적 개선이 필요해졌다. 수 세기 만에 처음으로 개조하는 만큼 공을 들이고 많은 전문가가 참여한 가운데 장장 12년간에 걸쳐 리노베이션 공사를 진행했다. 개조 작업은 건축가 브뤼노 고댕(Bruno Gaudin)과 비르지니 브레갈(Virginie Brégal)이 맡아 나선형 중앙 계단을 갖춘 아름다운 도서관으로 르네상스를 맞았다. 리슐리외 도서관을 상징하는 타원형 방(오벌 룸)은 1897년 장 루이 파스칼(Jean-Louis Pascal)의 설계로 지어지기 시작해 1932년에야 완성됐다. 원래의 모습 그대로 복원된 오벌 룸은 미술사, 문화사, 만화책 등 2만 권의 장서를 갖추고 모든 사람에게 개방되고 있다. 시간이 허락한다면 박물관도 방문해 보면 좋다. 박물관에서는 고대부터 현대까지의 진귀한 도서들과 친필본, 메달, 희귀본 등을 관람할 수 있다.

생제르맹의 카페들

파리에는 유명인사들과 예술가들이 자주 다니던 유명한 카페들이 많아서 산책의 좋은 주제가 된다. 생제르맹 지역 문학 카페의 양대 산맥이라고 할 수 있는 카페 드 플로르(Café de Flore)와 레되 마고(Les Deux Magot)를 빼놓으면 섭섭할 것이다. 두 곳 모두 파리에서 가장 오래된 역사를 지닌 곳인데 장 폴 사르트르와 시몬 드 보부아르, 알베르 카뮈, 롤랑 바르트, 아르튀르 랭보, 앙드레 지드, 기욤 아폴리네르 등 유명한 작가들과 철학자들이 이곳에서 문학과 철학, 예술을 논했다. 지금

프랑스 국립도서관 리슐리외에 있는 박물관에는 희귀본, 유명 작가들의 친필 원고,
유명 작곡가들의 친필 악보 등 진귀한 물건들로 가득하다.

은 문학인보다는 관광객이 그 자리를 차지하고 있다. 21세기의 젊은 문학인들이 많이 찾는 카페로는 오데옹 근처에 있는 카페 '레제디퇴르(Les Editeur)'가 유명하다. 편집장들이라는 뜻의 카페는 작가들과 출판사 편집자들의 단골이다. 1층은 카페와 레스토랑을 겸하는 곳이고 2층은 출판기념회나 기자회견, 세미나 등 각종 행사를 할 수 있는 공간이 마련돼 있다.

젊은 시절의 헤밍웨이는 거트루드 스타인, 스콧 피츠제럴드, 에즈라 파운드 등 쟁쟁한 문인들과 어울리며 파리의 카페에서 즐겁고 행복한 시간을 누렸다. 생제르맹데프레 지역의 레되 마고나 카페 드 플로르 외에 몽파르나스 지역의 카페 르돔(le Dome), 라쿠폴(la Coupole), 라로통드(la Rotonde), 르셀레크(le Select), 뤽상부르 공원 정문 맞은편에 있는 라클로즈리 데 릴라(La Closerie des Lilas) 등을 즐겨 찾았다. 헤밍웨이는 파리 시절의 추억을 담은 회고록 『파리는 날마다 축제』에 이들 카페의 분위기와 맛 품평 등을 늘어놓기도 했다. 팡테옹과 소르본 뒷골목을 헤매다 생미셸 광장의 카페에 앉아 문을 열고 들어오는 사람들을 보며 소설 속 인물들의 힌트를 얻기도 했다.

프랑스의 카페는 커피를 팔기도 하지만 레스토랑을 겸하는 곳이 많다. 작가들, 철학자들은 카페에서 커피를 마시고 식사도 하고, 신문을 보고 생각하고 글을 쓰고 토론하기 때문에 카페는 이들의 생활에서 빼놓을 수 없는 공간이다. 사교와 담론의 공간으로 파리 문학세계의 중심이었던 카페의 명성은 여전히 이어지고 있다. 하지만 숫자는 점차 감소세다. 20세기 초 카페 전성기에는 전국적으로 약 60만 개의 카페가 있었다고 하는데 현재는 5만 개 수준이라고 한다. 오래전 미국의 스타벅스가 파리에 첫 매장을 열 때가 기억난다. 파리의 중심가인 오페라 근처였는데 한참 동안 가림막을 가리고 안에서 공사를 하기에

카페 드 플로르.

카페 레되 마고.

무엇인가 궁금해했는데 나중에 보니 스타벅스였다. 카페의 주인도 주인이지만 웨이터인 가르송(Garçon)들의 반발이 신경 쓰였기 때문이었다고 했다. 지금은 프랑스에서도 쉽게 '별다방'을 찾을 수 있지만, 그때는 카페의 나라 프랑스에 미국 시애틀에 본사를 둔 스타벅스가 매장을 연다는 것 자체가 화제였다.

파리의 예술 산책코스

센강 좌안 : 생제르맹데프레, 오데옹, 라텡 지구, 뤽상부르 공원, 노트르담대성당(850년의 역사를 지닌 상징적인 장소. 2019년 화재 후 5년간의 복원작업을 마치고 2024년 12월 재개방).

센강 우안 : 오페라, 루브르, 튀일리 정원 남동쪽에 오랑주리 미술관, 북서쪽에 죄드폼 국립미술관, 죄드폼 국립미술관(근현대 사진, 미디어를 위한 미술관으로 개조, 다양한 형식의 사진과 비디오 전시 및 프로그램).

마레 지구 : 피카소 미술관, 퐁피두 센터, 페로탕 갤러리, 이봉랑베르 운영 서점. 서점 Orf. 소품점 Merci. 티 전문점 Mariage Frere, 마리안 굿맨 갤러리, 호텔 드 몽모르(17세기 재무장관의 저택. 몰리에르가 운문희곡 타르튀프를 처음 낭독한 장소, 1925년 역사적 기념물로 지정).

뤽상부르 공원 부근 : 생쉴피스 성당, 뤽상부르 박물관, 카르티에 현대미술재단(Fondation Cartier pour l'art contemporain).

아르튀르 랭보의 시 「술취한 배」가 쓰여 있는 벽.

댄 브라운의 소설 『다빈치 코드』의 무대가 된 생쉴피스 성당.

인상파 화가들의
발길을 따라서

1874년 4월 15일 파리의 카퓌신 대로(Boulevard des Capucines) 35번지에 있는 사진가 나다르(Nadar)의 스튜디오에서 전시회가 개막했다. 모네, 르누아르, 피사로, 시슬리 등 살롱전에서 배척당한 젊은 예술가들이 1873년 12월 27일 말 조직한 '무명 화가, 조각가, 판화가 모임(Société anonyme des Artistes Peintres, sculpteurs et Graveurs)'의 회원전이었다. 아카데미의 고루한 미술을 떨쳐버리겠다는 일념으로 모인 젊은 예술가들이었다.

모네가 출품한 작품 제목 〈인상, 해돋이〉(46페이지 도판)에서 그룹의 이름이 만들어졌다. 평론가이자 화가이자 극작가였던 루이 르루아(Louis Leroy)는 풍자신문 《르샤리바리(Le Charivari)》 4월 25일 자에 최악의 평을 실었다. '인상파 화가들의 전시회'라는 칼럼에서 그는 특히 동틀녘의 르아브르 항을 그린 모네의 작품에 대해 "정말 제멋대로이고 편리한 양식"이라며 "유치한 벽지도 이 바다 풍경보다는 완성도가 높을 것"이라고 비꼬았다. 모네를 비롯해 이 전시에 참여했던 30여 명의 화가는 이후 '인상주의' 혹은 '인상파' 화가들로 불리며 서서히 주목받기 시작한다. 한 달간 열린 이 전시는 인상파 예술운동의 역사적인 출발이 된다.

칙칙한 화실에서 신화를 주제로 그림을 그리는 아카데믹한 살롱파 화가들과 달리 인상파 화가들은 자연으로 나가 태양 빛에 따라 수시로 변화하는 풍경, 생동감 넘치는 터치로 시민들의 여유로운 생활을 포착해 화폭에 담아냈다. 인상주의가 꽃핀 시기는 1870년대 말부터 1900년 사이였다. 산업혁명의 결실이 만개해 새로운 발명품이

사진가 나다르(Nadar)가 촬영한 1870년경 카퓌신 대로 35번지 모습. 이 건물 2층 나다르의 스튜디오에서 1874년 4월 15일부터 5월 15일까지 제1회 인상파 전시회가 열렸다.

쏟아져 나오고 나폴레옹 3세가 파리의 지사로 기용한 오스만 남작 주도하에 파리 시내가 17년간에 걸친 대대적인 정비로 아름답고 근대화된 도시로 탈바꿈한 시대였다. 여전히 아카데믹한 살롱풍의 작품들이 주류를 이루던 시기에 등장한 급진적이며 획기적인 인상파 운동은 이런 사회적 변화 속에서 새로운 화풍을 원하는 사람들에게 받아들여지기 시작했다.

2024년은 인상파 탄생 150년이 되는 해인 만큼 프랑스를 여행한다면 인상파 화가들의 발자취를 따라가 보는 것도 의미가 클 것이다. 인상파 화가들의 주요 작품은 오르세 미술관, 마르모탕 모네 미술관, 오랑주리 미술관 등에서 감상할 수 있다. 특히 인상주의 컬렉션을 가장 많이 보유한 오르세 미술관은 "파리 1874: 인상주의의 발명"(2024.3.26.~7.14)이라는 제목의 전시회를 기획했다. 인상파 탄생

150주년을 기념하는 이 전시는 클로드 모네, 베르트 모리조, 오귀스트 르누아르 등 인상주의 운동을 주도한 화가들의 작품 130여 점을 보여주면서 종교적이고 역사적인 그림을 선호했던 당시 아카데미즘의 관습을 깨고 일상을 묘사하게 된 인상주의 회화 형식의 정치적, 문화적 환경을 살펴본다. 이 전시회는 워싱턴DC 국립미술관 전시(2024.9.8~2025.1.20)로 이어진다.

미술관을 나와 파리의 몽마르트르 지역을 걸으며 150년 전 그들의 흔적을 밟아보고, 파리에서 조금 벗어나 자연 속으로 들어가 인상파 화가들의 체취가 남아있는 장소, 그들이 이젤을 펴고 그림을 그렸던 장소를 찾아 가본다면 더욱 특별한 여행이 될 수 있을 것이다.

몽마르트르 Montmartre
산책로에서 만나는 인상파의 거장들

몽마르트르의 상징 사크레쾨르 성당을 바라보면서 왼쪽에 있는 클리시 대로에서 시작해 몽마르트르 언덕으로 이어지는 르픽 가에는 당시 드가, 르누아르, 호주에서 온 화가 존 러셀, 코르몽, 쇠라, 시냐크 등이 살았다. 몽마르트르의 역사와 툴루즈-로트레크가 제작한 카바레 공연 포스터 등을 볼 수 있는 곳이 몽마르트르 박물관이다. 정원을 가운데 두고 있는 두 개의 건물이 있는데, 이 중 생 빈센트가 17번지에 화가 오귀스트 르누아르가 살았다. 1870년대 중반 지붕 밑 방에 세 들어 살았는데 이곳에서 작품 〈그네(La Balançoire)〉를 완성했다. 나무 발판 위에 수줍게 서 있는 여인과 그녀에게 말을 거는 신사가 있는 여름날의 풍경을 그린 작품이다. 자신의 정원에서 담소를 나누는 친구들

물랑루즈 야경.

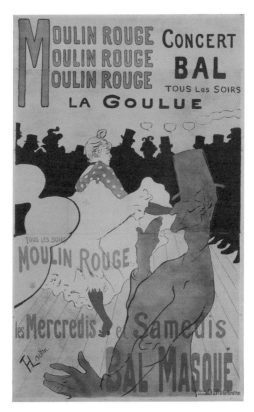

툴루즈-로트레크의 포스터 작품 〈물랭루즈-라굴뤼〉(1891).
라굴뤼는 당대 물랭루즈 최고의 댄서이다.

의 모습을 보며 그린 것인데 부드러운 빛 아래서 행복에 넘치는 연인들의 일상을 표현했다. 르누아르는 이 그림을 1877년 인상파 전에 출품했고, 화가이자 컬렉터였던 귀스타브 카유보트가 구입했다. 부드럽고 사랑스러운 인물과 행복한 느낌을 주는 르누아르의 그림 스타일은 부르주아들의 취향에 딱 맞아서 1878년엔 그의 출세작 〈샤르팡티에 부인과 아이들〉을 그리게 된다. 부유한 출판인의 아내이자 사교계의 꽃이었던 샤르팡티에 부인을 가운데에 두고 그녀의 두 자녀를 귀엽고 사랑스럽게 표현한 이 그림은 졸라, 플로베르, 모파상, 말라르메 등 쟁쟁한 문인들의 호평을 받았고 이후 르누아르에게 초상화 의뢰가 이어졌고 다락방 신세도 면하게 된다.

빛으로 가득한 아름다운 정원의 이름은 '르누아르의 정원'이고, 이 정원의 큰 나무에는 르누아르의 작품에서 본 것처럼 그네가 걸려 있다. 류머티즘으로 고생하던 르누아르는 햇볕이 좋은 남프랑스의 카뉴쉬르메르(Cagnes sur Mer)로 이사해 이 정원보다 훨씬 큰 정원을 누리며 조용한 말년을 보냈다.

정원을 바라보는 건물(코르토 가 12번지)은 17세기에 지어진 것으로 몽마르트르 지역에서 가장 오래된 주택 건물 중 하나다. 이를 1959년 개축해서 몽마르트르 박물관으로 사용하고 있다. 이곳에서 '몽마르트르의 여인' 수잔 발라동이 1906년부터 1909년까지 지내며 그림을 그렸다. 수잔 발라동은 몽마르트르 지역 세탁부의 딸로 태어나 드가, 로트레크 등 화가들의 모델을 하며 그림을 어깨너머로 배웠다. 인상주의적 음악 〈짐노페디〉의 작곡가 에리크 사티의 연인이기도 했으나 결별을 선언하고 화가로 전업했다. 버림받은 에리크 사티는 평생 독신으로 지냈을 뿐 아니라 수잔이 떠나간 그의 집에 누구도 들이지 않았다. 수잔 발라동은 아들 모리스 위트리요와 이 코르토(cortot)가의 집에

몽마르트 박물관 내부 사진.

몽마르트르 박물관이 된 건물 2층에 있는 수잔 발라동의 아틀리에.

서 살았고 동거인 앙드레 위테(Andre Utter)는 수잔 발라동과 아들이 사망한 후에도 계속 이 집에서 살다가 생을 마쳤다. 수잔 발라동의 아틀리에는 예전 모습대로 보존되어 공개되고 있다.

몽마르트르 곳곳에서 인상파 화가들의 흔적을 볼 수 있다. 클리시 불르바르 6번지에 드가가 살았고, 길 건너에는 폴 고갱이 살았다. 노트르담드로레트(Notre-Dame-de-Lorette de paris) 성당 쪽으로 내려오면 모네가 태어난 곳(라피트가 45번지)과 드가의 생가(생조르주 가 8번지)를 만난다. 빈센트 반고흐는 남쪽으로 떠나기 전 파리에서 2년을 살았다. 대부분 미술상을 하는 테오와 함께 몽마르트르의 르픽 가 54번지 아파트 2층, 거리가 내려다보이는 집이었다. 지금도 이 건물에는 '1886~1888년, 이곳에서 빈센트 반고흐가 동생 테오의 집에 머물렀다'라는 명판이 붙어 있다.

르피크 가 83번지에 르누아르의 대표작 〈물랭 드 라 갈레트의 무도회〉의 무대가 되었던 유명한 카바레 '물랭 드 라 갈레트'가 있었다. 즐겁게 춤을 추고, 담소를 나누는 파리지앵의 모습을 담은 이 그림을 르누아르가 그린 지 10년 뒤인 1886년 파리에 도착한 반고흐도 〈물랭 드 라 갈레트〉를 남겼다. 지금은 작은 풍차(물랭, moulin)가 설치되어 있다.

피갈 광장 9번지는 인상파 화가들의 아지트였던 카페 '누벨 아테네'가 있었던 자리다. 마네와 그의 추종자 그룹(모네, 드가, 시슬리 등)이 회화의 새로운 바람을 일으키며 열띤 토론을 벌이던 곳이다. 광장 뒤편으로 가면 만나는 크로젤 가 14번지에는 '페르 탕기(탕기 영감)'가 운영하는 화구 가게가 있었다. 에드가르 드가, 오귀스트 르누아르, 폴 세잔, 폴 고갱, 반고흐, 툴루즈-로트레크 등이 이곳에서 마주치곤 했다. 마주치기만 했을까. 화구를 사 들고 카페에 들러 커피를 마시거나 압생트 한잔을 마시고 카페의 손님들을 스케치북에 담기도 했을 것이

빈센트 반고흐, 〈물랭 드 라 갈레트〉(1886, 부에노스아이레스 국립미술관).

물랭 드 라 갈레트.

몽마르트르의 인기 사교장이던 물랭 드 라 갈레트가 있던 자리.

몽마르트르 박물관의 일부가 된 쉬잔 발라동의 아파트에서
관람객이 작품을 보고 있다.

관람객이 보고 있는
수잔 발라동의 자화상.

몽마르트르 박물관 르누아르의 정원,
큰 나무에 르누아르의 작품 소재가 된 그네가 걸려 있다.

르누아르, 〈그네〉(1876, 몽마르트르 박물관).

다. 카페 '누벨 아테네'에서 그린 드가의 걸작 〈압생트 한잔(l'Absinthe)〉
은 그렇게 탄생했다. 그림 속에 멍한 눈으로 앉아 있는 여인은 인상파
화가들의 작품에 자주 등장하는 모델 엘렌 앙드레(Ellen Andre)이고, 그
옆의 딴청 피우는 남자는 판화가 마르슬랭 데부탱(Marcellin Desboutin)
이다. 아주 빠르게 스케치하는 재주가 뛰어났던 드가는 이 작품을 순
식간에 완성해 1876년 발표하지만 엄청난 비판을 듣는다. 그가 이 그
림을 다시 공개한 것은 1892년. 영국의 전시회에 보냈는데 역시 혹평
을 받는다. 그림이 압생트 때문에 피폐해진 여인을 너무나 생생하게
나타내고 있었기 때문인지도 모른다. 이 작품은 정신을 혼미하게 하
는 독주 압생트가 유럽에서 판매 금지되는 데 결정적인 역할을 했다.

　가난하지만 열정에 넘쳤던 인상파 화가들이 누비고 다닌 몽마르
트르, 지금은 이들의 흔적을 찾아볼 수 없고 관광객만 가득하다. 그림
에도 그 골목들을 걸으며 시간 여행을 해보는 것도 무의미하진 않을
것이다.

드가, 〈압생트 한잔〉(1875~1876, 오르세 미술관).

지베르니 Giverny

모네의 정원

파리와 르아브르의 중간 지점에 자리한 작은 마을 지베르니(Giverny)에는 인상파 거장 모네가 43년간 거주한 집과 그가 가꾼 정원이 있다. 봄비 내리던 날 처음 방문했던 기억이 생생하다.

모네는 지베르니에 거주하며 〈수련〉 연작을 비롯한 여러 대표작을 완성하고, 꽃이 만발한 정원을 가꾸었다. 그가 지베르니에서 완성한 작품은 300여 점에 이른다.

꽃과 나무로 장식하고 분홍색을 칠한 벽으로 이루어진 클로드 모네의 집은 넘치는 매력을 뽐낸다. 모네가 1883년부터 1926년 눈을 감을 때까지 실제 거주했던 집안 곳곳은 모네의 취향과 손때 묻은 물건을 그대로 간직하고 있다. 알록달록 색감이 넘쳐나는 벽 장식과 모네가 아끼던 일본 판화 수집품, 모네의 작품을 빼곡히 재현해놓은 공간 등 볼거리가 가득하다. 이곳에서 완성한 작품들은 파리 오르세 미술관, 오랑주리 미술관을 비롯한 전 세계 유명 미술관에 가 있어서 볼 수 없고 복제품만 걸려 있다. 하지만 그가 정성 들여 가꾸던 정원과 물의 정원을 볼 수 있다.

모네에게 낙원이었던 이곳은 그가 세상을 떠난 뒤 둘째 아들 미셸이 상속받았다. 하지만 그는 아프리카 여행을 하느라 집을 돌볼 틈이 없었고 모네의 두 번째 부인인 알리스 오슈데의 딸이자 모네의 첫째 아들 장의 미망인 블랑슈 오슈데가 집과 정원을 관리했다. 하지만 블랑슈가 1947년 죽고 나서 거의 방치되다시피 했다. 1966년 미셸도 교통사고로 사망했고, 이후 지베르니에 있던 모네의 작품과 판화 컬렉션은 국가에 유증됐다. 모네의 작품을 사랑하는 프랑스와 미국의

지베르니 물의 정원.

지베르니 모네의 집.

예술보호단체들이 나서서 정원을 복원하기 시작했고 1980년 모네 재단(Fondation Claude Monet)이 설립되면서 정원과 집이 일반에 공개되게 됐다. 모네의 낙원을 찾는 방문객은 1년에 60만 명이 넘는다.

모네는 인상주의 전시가 더 이상 진전이 없고, 인상파 화가들의 맏형격인 에두아르 마네마저 세상을 떠나자 전원생활을 하기로 마음먹고 1883년 파리에서 80킬로미터 떨어진 지베르니의 농가를 구했다. 1890년엔 더 넓은 저택을 구입해 정원사와 함께 정원 가꾸기에 전념했다. 주택 근처의 냇물에서 물을 끌어와 연못을 만들고 주변에 버드나무, 삼나무, 작약, 붓꽃, 대나무 등을 심고 연못에서는 수련을 가꿨다. 작은 아치형의 일본식 다리도 설치했다. 당시 일본을 동경했던 모네의 열정을 보여주는 물의 정원은 다양한 색채와 빛, 물 위로 반사되는 풍경이 어우러진다. 모네는 공들여 완성한 진정한 작은 천국인 이 연못의 모습을 캔버스에 담기를 즐겨했다. 모네는 이 연못을 바라보며 자신의 대표작 중 하나인 〈수련〉 연작을 완성했다.

오베르쉬르우아즈 Aubert sur Oise
반고흐의 마지막 흔적

자동차로 1시간 정도 파리 북쪽으로 달려가면 '우아즈 강가의 오베르(Aubert sur Oise)'라는 마을을 만난다. 반고흐가 삶의 마지막 몇 개월을 보낸 곳이다. 최후의 삶의 흔적이 오롯이 숨 쉬는 그곳에는 그림을 그리던 장소, 그가 살던 공간도 있고 스스로에게 권총을 쏜 밀밭도 있다. 그리고 고흐와 동생 테오가 나란히 묻힌 무덤도 있다.

2023년은 반고흐가 태어난 지 170년이 되는 해였다. 이를 기

빈센트 반고흐, 〈까마귀가 나는 밀밭〉(1890, 암스테르담 반고흐 미술관).

빈센트 반고흐, 〈오베르쉬르우아즈 교회〉(1890, 오르세 미술관).

넘하기 위해 오르세 미술관에서는 "오베르쉬르우아즈의 반고흐"(2023.10.3.~2024.2.4.)라는 제목으로 전시를 기획했다. 암스테르담에 있는 반고흐 미술관의 협조로 이 시기에 그가 그린 작품들이 처음으로 한자리에서 모였다. 반고흐를 보살폈던 폴 가셰 박사의 초상화를 비롯해 〈오베르쉬르우아즈 교회〉, 〈까마귀가 나는 밀밭〉 등이 포함되며 이 밖에 많은 데생 작품이 전시됐다. 17세기에 지어진 고풍스런 오베르 성(Le château d'Auvers)에서는 "반고흐의 마지막 여행"(2023.10.7.~2024.9.24.)이라는 제목으로 그의 마지막 여정을 따라가는 전시가 열리고 있다. 전시는 반고흐의 생애 마지막 기간인 1886년부터 1890년까지 프랑스에서 자취를 따라가 본다. 파리에서 시작해 아를(Arles), 생레미드프로방스(Saint-Rémy-de-Provence), 그리고 오베르쉬르우아즈에서의 마지막 몇 달 동안을 디지털 기술과 역사적인 작품 및 동료 예술가의 원본 작품을 결합해 만든 작품으로 불행했던 천재 화가의 삶을 기린다.

루앙과 노르망디
인상파 화가의 지붕 없는 아틀리에

인상파 화가들은 '자연'이라는 아틀리에를 사랑했다. 파리에서 기차로 20분 정도 거리에 있는 센강의 지류 아르장퇴유(Argenteuil)는 '인상주의 회화의 요람'이라는 별명이 붙을 정도로 인상주의 화가들이 자주 찾아 그림을 그린 마을이다. 화가들은 야외에 이젤을 펴고 시시각각 변화하는 색채를 느끼고 하늘의 구름과 퍼지는 햇살, 반짝이는 수면을 캔버스에 담았다.

Claude Monet 77

클로드 모네의 〈생라자르역〉(1877, 오르세 미술관).

시골에 별장이나 작업실이 있는 집을 갖고 있다면 더할 나위 없지만 그렇지 못한 화가들은 개량된 이젤과 주석으로 된 튜브 물감을 챙겨 들고 생 라자르 역에서 노르망디 방향의 기차에 올라탔다. 기차 여행은 근대의 시민들이 누리는 특권이었다. 당시 산업혁명으로 증기기관차가 만들어지고 선로가 놓이면서 파리 사람들이 가장 빠르게 바다로 갈 수 있는 노르망디 해변이 최고로 인기였다. 클로드 모네는 〈노르망디 행 열차의 도착, 생 라자르 역〉을 그리기도 했다. 생 라자르 역은 파리에서 가장 오래된 역으로 원래 1837년 건설됐으나 6년 만에 이전했고 1867년 파리 만국박람회를 맞아 철과 유리로 된 근대 건축으로 새 단장을 마쳤다.

프랑스 북서쪽에 있는 노르망디는 인상파 예술가들의 무한한 사랑을 받은 지역이다. 도시 곳곳에 예술가들의 흔적이 묻어 있는 노르망디에서 그들의 발자취를 따라 여행해보는 것도 좋을 것이다.

루앙(Rouen)은 파리 북서쪽으로 약 100킬로미터 떨어진 센강 하구에 있는 북부 노르망디의 중심도시다. 잔 다르크가 화형당한 역사를 지닌 도시, 루앙의 중심에 자리한 루앙 대성당(Cathédrale Notre-Dame)은 10세기에 처음 지어진 후기고딕 양식의 성당이다. 노르망디 공작의 묘비가 있고, 잉글랜드의 왕이자 노르망디 공작이기도 한 사자왕 리처드 1세의 심장이 있다고도 한다. 루앙 대성당이 세계적으로 유명해진 것은 모네의 〈루앙 대성당〉 연작 덕분이다.

루앙은 인상파 화가들에게 지붕이 없는 아틀리에이자 무한한 영감의 원천이다. 화가들은 이곳의 항구, 센강 위를 떠다니는 돛단배, 좁은 골목길, 그리고 산업혁명 이후 생겨난 도시 노동자들의 삶을 그렸다. 피사로, 고갱, 시슬레 등 많은 작가가 이곳에 머물렀고, 모네는 특유의 집요함으로 루앙 대성당 연작을 그리면서 시시각각 변화하는 공

클로드 모네, 〈동틀녘의 루앙 대성당 정문〉(1894, J. 폴 게티 미술관).

기의 색채를 표현했다. 모네는 빛의 작용에 따라 달라지는 풍경을 다른 분위기로 그려보고자 했다. 건초더미를 수없이 그렸고, 루앙 대성당도 수없이 그리며 새로운 매력을 찾아내려 했다.

모네는 정면에서, 혹은 비스듬히 옆에서 그림을 그렸다. 또 흐린 날, 갠 날을 달리하며 다른 분위기로 그림을 그렸다. 인상파 이전의 회화는 물체나 사람의 완벽한 윤곽이 중시됐다. 그러나 모네는 빛에 주안점을 두고 그림을 그렸기 때문에, 그의 작품에서는 형태가 빛에 용해된다. 성당의 창이나 조각, 종탑은 모네의 붓에 의해 윤곽이 사라지고 마치 레이스 무늬처럼 보인다. 어두운 회색의 석조건축도 다시 모네의 손에 의해서 새로운 색으로 표현된다. 그렇게 28개의 루앙 대성당의 모습이 완성됐다.

루앙 대성당과 마주 보고 있는 루앙 재무청(Bureau des Finances) 건물은 16세기 초에 지어졌으며 현재는 루앙 관광안내소로 쓰이고 있다. 르네상스 초기의 특징을 보여주는 이 건물의 2층에 클로드 모네의 〈루앙 대성당〉 연작 중 한 작품이 전시되어 있다. 루앙 미술관(Musée des Beaux-Arts de ROUEN)에는 카라바조, 벨라스케스, 들라크루아, 제리코 등 고전 작품 외에 인상파 화가인 모네, 시슬리의 작품들도 전시되어 있다. 루앙은 파리-생 라자르 역에서 1시간 10분 거리에 있어서 당일 나들이로 충분히 다녀올 수 있다.

루앙 미술관.

르아브르^{Le Havre}, 에트르타, 옹플뢰르

인상파 화가의 도시

노르망디 쪽으로 가는 기차를 타면 항구도시 르아브르(Le Havre)에 갈 수 있다. 프랑스의 유명한 상업항이고 아시아에서 가는 컨테이너선도 대부분 르아브르에 도착한다. 모네의 그림 〈인상, 해돋이〉의 배경이 되는 곳인데 그 작품 속에 어슴푸레 보이는 분위기는 지금은 사라지고 없다. 르아브르에서 유년 시절을 보낸 클로드 모네는 붉은 태양 빛이 반사되는 센 만의 풍경에 압도됐고 그 감동을 〈인상, 해돋이〉에 담았다. 모네의 대표작이며 인상주의라는 이름의 유래가 된 작품이다.

루앙과 지베르니가 오롯이 모네의 도시라면 에트르타와 옹플뢰르는 인상파 화가 모두의 도시라 해도 과언이 아니다. 인상파 여행에서 이 두 도시를 빼놓으면 섭섭하다.

에트르타는 석회석의 풍화작용이 만들어내는 기묘한 바위들이 있는 노르망디의 상징적인 해변이다. 모네는 1864년부터 1886년까지 일곱 차례나 에트르타를 방문해 〈에트르타의 거친 바다〉라는 걸작을 완성했다. 상류 절벽, 하류 절벽(Falaise d'Aval, Falaise d'Amont)은 모파상이 코끼리라고도 하고, 거인의 발이라고도 묘사한 기이한 모습의 흰 절벽과 바다의 풍경이 어우러진 에트르타의 절경이다. 시가지를 굽어보며 양쪽에 서 있는 이들 절벽을 오르면 모네가 그렸던 인상적인 작품들의 모습이 눈 앞에 펼쳐진다. 에트르타의 절벽 위에 서서 대서양에서 불어오는 바람을 맞으며 바라보는 풍광은 압권이다. 모네가 마주했던 바람, 바라봤던 그 풍경이다.

옹플뢰르는 아기자기한 항구도시로 많은 예술가가 사랑했다. 지금도 예술가들의 아틀리에와 화랑들을 골목에서 만날 수 있다. 옹플뢰

에트르타를 배경으로 한 모네의 작품.

르는 150년 전 인상파 화가들이 이젤을 펼치고 그림을 그리던 아기자기한 항구의 모습을 그대로 간직하고 있다. 항구에서는 이젤을 펴놓고 아름다운 풍경을 담는 화가들의 모습을 어렵지 않게 만날 수 있다.

옹플뢰르의 생트카트린 성당(Église Ste-Catherine)는 서유럽에서는 보기 드문 목조 건축물로, 백년전쟁이 끝난 데 감사하는 의미로 15세기에 시민들이 당시의 궁핍한 형편 속에서 재료들을 모아 만들었다. 모네는 옹플뢰르를 여러 번 오가며 1867년에 이 교회를 담은 〈성 카트린 교회〉를 그렸다. 옹플뢰르에서 태어나 모네의 스승으로 초기 인상주의의 탄생에 큰 영향을 미쳤던 화가인 외젠 부댕을 기리는 외젠 부댕 미술관(Musée Eugène Boudin)이 있다. 부댕뿐만 아니라 노르망디의 인상파 화가들의 작품을 볼 수 있다. 옹플뢰르는 에리크 사티가 태어난 곳이기도 한데 시내 중심부에 그가 태어난 집이 있다. 그 집은 현재 에리크 사티 박물관으로 운영되고 있다.

규모가 작은 두 도시 내에서는 천천히 걸어 다니면서 중요한 곳은 다 볼 수 있다. 에트르타와 옹플뢰르에서 가장 가까운 기차역은 르아브르에 있다. 르아브르에서 두 도시로 하루 몇 차례 버스가 다닌다. 에트르타까지는 카르 프리에(Cars Perier)의 24번 노선으로 1시간, 옹플뢰르까지는 뷔스 베르(Bus Verts) 20번 노선으로 30분이 걸린다.

옹플뢰르에서 멀지 않은 노르망디의 트루빌(Trouville)과 도빌(Deauville) 해변은 19세기에 '프랑스에서 가장 아름다운 해변'의 명성을 누렸던 곳이다. 외젠 부댕, 클로드 모네, 귀스타브 카유보트를 비롯한 수많은 화가가 이곳을 찾아 눈부신 모래사장에서 음식을 먹거나 해수욕을 즐기는 사람들의 모습을 담았다.

노르망디의 해변을 포함해 노르망디 전역에서는 2년마다 인상파 축제가 열려 인상파를 주제로 한 엄청난 문화 예술 행사들이 펼쳐

옹플뢰르의 선착장 풍경.

옹플뢰르 시내에 있는 에릭 사티의 집 외관과 내부.

트루빌 해변의 모습을 그린 외젠 부댕의 작품들.

진다. 2024년 3월 22일부터 9월 22일까지 노르망디 전역에서 열리는 5회 인상파 축제에서는 인상파 운동 150주년을 맞아 다양한 각도에서 분석해 보는 프로그램들이 펼쳐진다. 모네, 르누아르, 드가 등 당대 예술가들은 빛과 색깔, 감정을 포착하기 위해 그들이 살았던 시대의 예술관을 뒤흔들었다. 자연, 풍경, 창의성의 역할을 탐구하면서 19세기 그들의 혁신적인 정신을 생각해보고 신선한 자극을 받는다면 바로 그것이 여행의 진짜 묘미일 것이다.

파리에서 만나는
럭셔리 브랜드의 예술 마케팅

예술과 패션은 이제 떼려야 뗄 수 없는 관계가 됐다. 명품 브랜드들은 브랜드 가치를 높이기 위해 예술을 활용한다. 세계적인 럭셔리 브랜드들은 미술관을 짓거나 예술재단을 만들어 예술작품을 컬렉션하고, 예술가를 후원하기도 하며, 문화재 보수에 거액을 희사하기도 한다. 최근 들어 명품 브랜드들은 유명 건축가의 디자인으로 미술관을 만들고 보다 적극적으로 예술에 개입하며 주도적으로 아트 신(Scene)을 만들어가고 있다. 세계 최고의 패션 도시이자 예술수도인 파리에서는 카르티에 현대미술재단, 루이뷔통 재단, 피노 컬렉션 등 럭셔리 브랜드들이 세운 미술관들과 예술을 입은 백화점, 매장들을 만날 수 있다.

카르티에 현대미술재단 Fondation Cartier pour l'art contemporain

날것의 자연을 품은 미술관

보석 디자인에서 출발한 카르티에가 설립한 카르티에 재단은 럭셔리 브랜드뿐 아니라 기업후원의 독창적인 문화를 개척하는데 선도적 역할을 했다. 카르티에 재단(Fondation Cartier)으로 더 잘 알려진 카르티에 현대미술재단(Fondation Cartier pour l'art contemporain)은 1984년 당시 카르티에 인터내셔널 회장이었던 알랭 도미니크 페랭(Alain Dominique Perrin)이 예술가 세자르(César)의 제안을 받아들이면서 시작됐다. 2024년이면 설립 40주년이 된다. 에르베 샹데스(Hervé Chandès)가 디렉터가 되어 프로그램을 구성한 카르티에 현대미술재단은 프랑스 기업 자선 활동의 독특한 예로 꼽힌다. 베르사유 인근에서 10년을 보낸 재단은 1994년 건축가 장 누벨(Jean Nouvel)이 디자인한 건축물로 이전을 계기로 예술가들을 위한 창의적인 공간이며 예술이 일반 대중과 만나는 장소로 확고하게 자리 잡았다. 투명한 유리와 금속 프레임으로 만들어져 늘 빛으로 가득 찬 공간에서는 이에 걸맞은 현대미술 전시회와 콘퍼런스가 펼쳐진다. 또한 카르티에 재단은 예술가들에게 작품을 의뢰하여 컬렉션을 풍성하게 구성해 왔다. 카르티에 재단이 다루는 예술은 디자인, 사진, 회화, 비디오 아트, 패션, 공연에 이르기까지 현대미술의 모든 창의적인 분야와 장르를 포괄하며 지역 또한 초월한다. 시각 예술과 다른 형태의 표현예술 사이의 연관성을 탐구하는 노매딕 나이트(Nomadic Nights)를 진행하기도 한다. 이곳에서 기획한 전시회와 풍부한 컬렉션을 토대로 해외의 유명 미술관에 순회전을 가지면서 카르티에 재단의 국제적 인지도를 높여왔다. 그 일환으로 몇 해 전 서울시립미술관에서 카르티에 재단 소장품전이 열리기도 했다.

카르티에 재단 미술관 외관.

　프리츠커상을 수상한 장 누벨이 디자인한 유리로 된 건물은 '후원을 하되 간섭하지 않는' 예술후원의 원칙을 보여주듯이 대로변에 건축물들 사이에서 있는 듯 없는 듯 존재한다. 건축을 디자인할 당시 파리 14구의 라스파이 대로(Avenue Raspail)에 1만 2,000제곱미터의 전시공간과 사무실을 조화롭게 통합하는 것이 과제였다. 건축을 비물질화하는 독특한 재능으로 국제적 명성을 얻은 장 누벨이 다시 한번 그의 재능을 입증한 작품이 카르티에 재단 미술관이다.

　장 누벨은 떠 있는 것, 비물질적인 것, 유리처럼 투명한 것을 사랑한다. 그는 많은 건축 아포리즘을 남겼는데 그중 "건축은 제도판 위에 그려진 설계의 최종결과가 아니라 철학적 과정의 결과이다", "눈에 보이지 않는 건축물이 가장 멋지다"라는 말로 그는 자신의 건축관을 압축해 표현하고 있다.

아랍문화센터로 단번에 프랑스 국보급 건축가로 부상한 장 누벨의 또 다른 걸작이 카르티에 현대미술재단 건물이다. 1994년 지어진 건물은 유리와 강철 골조가 그대로 드러나 있어서 투명하며 매우 현대적이다. 빛과 유리 건축의 극단적인 예로 꼽히는 건물은 마치 거대한 유리 진열장 같다. 투명한 유리 때문에 안팎의 경계가 없어진 듯해서 건물 개관식 때 참석자들이 유리창에 부딪히지 않도록 유색 접착 테이프를 붙여 유리임을 표시했다는 일화도 있다.

그래서 카르티에 재단을 지도만 보고 찾아갔다가는 그냥 지나치기 쉽다. 30년의 세월을 지내면서 울창하게 자란 나무들 사이에 겹겹의 유리 파사드로 이뤄진 건물인데 나무들이 유리 벽에 비치면서 건물이 아니라 나무숲을 보는 것 같다. 실제 정원의 나무들은 도심에서 찾아보기 힘든 종 다양성을 지닌 자연의 숲을 이루고 있다.

건물은 1층(지상층) 중앙의 로비를 중심으로 양쪽에 전시장이 있고 중간층(메자닌)에 서점이 자리하고 있다. 1층의 투명한 유리를 통해 건물 뒤편에 자리한 계단식 정원이 한눈에 보인다. 1층의 전시공간이 투명하게 열린 것과 달리 지하층에는 닫힌 전시공간이 있다.

카르티에 현대미술관이 개관한 지 얼마 안 됐을 때 이곳에서 패션 디자이너 장 폴 고티에의 전시가 있어서 방문했었다. 그리고 2022년 가을 파리 여행 때 호주 원주민 여성화가 샐리 가보리(Sally Gabori)의 회고전을 보러 갔다. 그사이 정원의 나무가 보기 좋게 자라서 숲을 이룬 것이 지난 세월을 실감하게 했다. 도심이라도 자연은 가꾸고 보살피는 만큼 자란다는 것을 목도하면서 조경 디자이너의 실력과 스케일이 대단하다는 것을 느낄 수 있었다.

카르티에 재단은 30년 전 현재의 건물을 설계할 당시에 정원 디자인을 조경전문가가 아닌 독일의 개념미술가 로타르 바움가르트

카르티에 재단 미술관 정원.

카르티에 재단에서 열린 매튜 바니 전(2024.6.8-9.8)을 감상하고 있는 방문객들.
건물의 투명성이 드러나 외부의 정원이 사방으로 보인다.

너(Lothar Baumgartner)에게 의뢰했다. 그는 자연 그대로, 잡초와 야생화가 가득한 야생의 숲을 계획했다. 정원 이름은 테아트룸 보타니쿰(Theatrum Botanicum)으로 중세 수도사들이 보관했던 약용 식물과 허브 목록을 의미한다. 도발적이고 문명 비판적인 예술가 덕분에 지금의 정원은 천연의 숲 못지않게 종 다양성을 유지하고 있다. 정원에는 200종 이상의 식물과 다양한 종의 나비, 벌, 땅벌, 그리고 일반적으로 도시 환경에 민감한 일부 조류가 서식하고 있는 것으로 조사됐다. 심지어 박쥐의 활동도 관찰되어 밤에 수많은 비행이 이루어진다고 한다. 로타의 정원은 여전히 진행되고 있으며 손질되고 살아 있다. 재단은 풍부한 과학 및 다큐멘터리 작품은 물론 사진, 시청각 콘텐츠에 대한 액세스를 제공하는 정원 전용 웹사이트를 구축 중이다.

장 누벨의 건축물들

파리에는 카르티에 재단 건물 외에도 장 누벨이 디자인한 건물이 여러 개가 있다. 아랍문화원은 장 누벨을 국제적으로 유명하게 만든 대표작이다. 80년대 말 파리에서 이 건물을 보고 신선한 충격을 받았던 기억이 생생하다. 파리대학 중 하나인 쥐시유(Jussieu) 대학 캠퍼스를 향한 아랍문화원 정면부는 아랍 장식 문양의 창문들로 꾸며진 평면처럼 보이지만 자세히 들여다보면 현대 기술이 접목되어 빛의 유희가 일어나는 파사드가 일품이다. 박물관, 전시공간, 도서관, 자료센터, 강연과 공연을 위한 홀, 레스토랑, 어린이 놀이 공간 등이 들어있는 문화센터로 센강에 면해 있으며 노트르담 맞은편 생베르나르 고개에 자리

하고 있는 이 건물은 프랑수아 미테랑의 그랑 프로제 중 하나
다. 문화 외교를 통해 프랑스에서 아랍인과의 긴장 관계 해소를
위한 문화적 업적으로 꼽힌다. 강둑과 파리 쥐시유 대학 캠퍼스
사이의 자투리땅에 세워진 이 건물이 지닌 매력은 사진기의 작
동원리를 모티프로 한 남쪽 파사드이다. 2만 7,000개의 광전지
(오리엔트 무늬의 태양전지)로 구성된 파사드는 사진기 조리개처럼
빛의 강도에 따라 좁아지거나 넓어진다. 빛의 마법은 건물 내부
의 분위기를 신비롭게 만든다. 유리, 알루미늄, 강철 등 현대적
인 건축자재를 사용하면서도 이 건물은 딱딱하고 차가운 하이
테크 미학을 보여주지 않고 신비함을 선사한다.

센강변에 있는 인류학 박물관인 뒤케브랑리 자크 시라크
박물관은 도로변에서 유리 벽을 세운 것은 비슷하나 건물의 디
자인은 오대양 육대주의 모양으로 투박한 철 소재로 된 큐빅을
늘어세운 디자인을 하고 있다. 제3세계를 아우르는 이 박물관
의 1층에는 기획전시실이 있고 내부의 긴 오르막 통로를 지나
면 오세아니아, 아프리카, 아시아 문화권의 민속유물을 보여주
는 상설 전시장이 이어져 있다. 조경가 질 클레망, 식물학자 파
트리크 블랑이 함께 작업한 정원이 압권이다. 2006년 개관한
지 얼마 지나지 않아 가봤고, 그로부터 15년이 지난 뒤 들렀는
데 역시나 그동안 풀과 나무가 자라서 야생의 아름다움을 풍기
고 있었다.

지난해 프랑스 여행을 계획하면서 꼭 가봐야 할 곳으로 꼽
은 곳 중의 하나가 장 누벨이 디자인한 시테 드 라 뮈지크에 있
는 음악당 '필라르모니 드 파리(Philharmonie de Paris)'였다. 요즘엔
인터넷 예약이 가능해서 얼마나 편한지 파리에 도착하자마자

필하모니 드 파리 사이트에 들어가 파리 체류 기간 중 음악회를 예약했다. 마침 세묜 비치코프(Semyon Bychkov)가 지휘하는 체코 필하모닉의 연주가 있었는데 내가 좋아하는 첼리스트 고티에 카퓌송이 협연자로 나와 하이든 첼로 협주곡을 연주한다니 망설일 이유가 없었다.

필하모니 드 파리가 있는 시테 드 라 뮈지크(직역하면 음악의 도시)은 파리의 북동쪽 끝에 있다. 원래 파리 사람들도 여간해서는 잘 가지 않는 기피 지역이고 문화 소외지역이었는데 프랑스 정부와 파리시에서 문화향유를 정책적으로 지원하기 위해 이 지역에 음악에 집중하는 문화 공간을 만들었다. 예전에 파리에 있을 때 테아트르 드 샹젤리제에서 하는 클래식 음악회를 가끔 보러 가곤 했었는데 오래된 건물이라 객석이 많지 않고 무대도 넓지 않았다. 공원 같은 드넓은 부지에 들어선 시테 드 라 뮈지크는 무대가 아래쪽에 있는 빈야르 스타일의 공연장으로 음향은 세계 최고 수준이라고 한다. 합창석 쪽에 앉아서 첼리스트 카퓌송의 연주하는 모습을 볼 수 없었지만, 지휘자의 열정적인 지휘 모습은 제대로 볼 수 있었다.

교향악단의 웅장한 연주를 듣고 나서 리릭 성악 연주회를 한 번 더 갔다. 이번에는 조금 뒤쪽이긴 해도 무대 정면으로 좌석을 선택해서 사빈 드비엘(Sabine Devieilhe)의 꾀꼬리처럼 아름다운 노래를 들을 수 있었다.

음악회 입장권은 인터넷을 통해 얼마든지 예약과 구입이 가능하다. 장 누벨이 디자인한 음악당에서 클래식 음악에 빠져 저녁 시간을 알차게 보내는 것도 프랑스 예술여행의 귀중한 추억이 될 것이다.

필라르모니 드 파리 외관.

장 누벨이 디자인한 필라르모니(필하모니) 드 파리 내부. 무대가 아래쪽에 있는 빈야르 스타일의 공연장으로 음향은 세계 최고 수준을 자랑한다.

루이뷔통 재단 미술관 Fondation Louis Vuitton
다국적 럭셔리 그룹에 문화기업의 이미지를 입히다

파리 불로뉴 숲에 자리한 루이뷔통 재단 미술관은 파리에 가면 반드시 들르게 되는 미술관이다. 75개의 럭셔리 브랜드를 지닌 세계최대 명품 제국의 수장 베르나르 아르노(Bernard Arnault)가 세운 미술관이다.

루이뷔통이라는 브랜드를 모르는 사람은 없을 것이다. 1854년 여행 가방에서 시작해 가죽 제품, 특히 여성용 핸드백으로 유명한 루이뷔통은 1987년 유명한 주조회사인 모에테네시와 합병하면서 LVMH(Louis Vuitton Moët Hennessy S. A.)라는 다국적 럭셔리 그룹이 됐다. 세계최대 명품 제국의 베르나르 아르노 회장은 글로벌 부자 톱 5에 들어가는 거부로 현대미술 작품을 수집하는 등 예술을 후원해왔다. 그는 자신의 컬렉션을 기반으로 현대 예술과 예술가를 후원하기 위해 루이뷔통 재단을 만들고 소장품 전시를 위해 파리 북동부의 공원인 불로뉴 숲 어린이놀이공원 옆에 미술관을 짓기로 한다. 디자인은 해체주의 건축의 거장 프랭크 게리(Frank Gehry)가 맡았다.

억만장자의 자금력과 자유로운 건축디자인을 구사하는 거장의 창작혼이 만나 탄생한 루이뷔통 재단 미술관은 2014년 10월 세계적인 주목을 받으며 화려한 외관을 드러냈다. 1억 3,500만 달러(약 2,000억 원)가 투입됐고 6년이 걸렸다. 약 1헥타르의 시유지를 사용하면서 55년 후 파리시에 귀속되는 조건으로 까다로운 법적 문제를 타결했다. 숲의 자연경관 보호를 위해 이 지역에는 1층 이상 건물을 지을 수 없게 되어 있었지만, 파리의 새로운 문화명소가 될 프로젝트라는 점에서 예외적으로 허용했다.

게리는 파격적인 재료와 해체적 형상으로 빌바오 구겐하임, 월트

루이뷔통 재단 미술관.

1장. 파리, 아름다움으로 가득 찬 도시

**세계적 건축가 프랭크 게리가 디자인한
루이뷔통 재단 미술관의 화려한 외관.**

디즈니 콘서트홀 등 오브제와 같은 아름다운 건축물을 선보인 바 있다. 100년을 내다보며 브랜드 이미지를 구축해가는 아르노 회장은 2001년 빌바오 구겐하임을 방문한 뒤 뉴욕으로 날아가 게리를 만났고, 두 달 뒤 게리는 파리에 와서 작업 구상에 들어갔다. 프랭크 게리는 루이뷔통 재단 미술관에서 더욱 '조각적인 오브제' 성격이 강한 건축을 추구했다. 그는 이 미술관에 대해 '공원을 떠다니는 유리 배'를 구상했다고 말했다.

루이뷔통 재단 미술관은 불로뉴 숲 북쪽에 있는 아클리마타시옹 공원에 자리 잡고 있다. 파리 지하철 1호선 사블롱(les Sablons) 역에서 걸어서 5분 정도 거리에 있다. 아름드리나무들이 빽빽하게 들어차 파리의 허파와도 같은 불로뉴 숲은 과거엔 왕들의 사냥터였고, 지금은 파리 시민들의 훌륭한 휴식처가 되는 곳이다. 걷다 보면 물소리가 들리면서 푸른 숲을 배경으로 거대한 흰 나뭇잎이 나부끼는 것 같은 건물이 보인다. 건물이라기보다 조각 오브제 같다. 좀 더 가까이 가보면 12개의 흰 돛을 단 유리 배 모양의 미술관 건물이 물 위에 뜬 듯한 형상이다. 여러 단으로 디자인된 계단식 폭포에서 물이 흘러내리는 소리가 더해지면서 우윳빛 유리패널 12개는 마치 튀어 오르는 물고기처럼 역동적으로 다가온다. 햇빛을 받아 반짝이는 건물의 우윳빛 패널은 물고기의 비늘을 연상시킨다. 물고기인가 싶더니 막 피어나는 꽃 송이 같기도 하다. 패널들은 강철 구조와 정교한 나무 프레임으로 지 탱되며 건물의 외피를 이룬다.

시각과 청각을 동시에 마비시킬 정도로 매혹적인 건축물의 정면 에 흰색 'LV' 마크가 반짝이고 있다. 이 건물에는 미술관, 강당, 서점, 레스토랑 등이 갖춰져 있으며, 배 모양 건물 꼭대기 부근에는 3개의 테라스가 설치돼 있다. 테라스로 나가면 프레임과 강철, 역동적인 형 태의 패널을 가까이에서 접할 수 있는데 오브제 속에 들어와 있는 기 분을 제대로 느낄 수 있다. 프랑크 게리가 투명함과 유리잔 같은 건축 물을 세우려 했던 영감으로 만들어진 테라스에서는 나무가 우거진 아 클리마타시옹 공원과 파리를 조망할 수 있다.

미술관은 거대한 중앙홀(아트리움)을 둘러싼 여러 개의 중간 층(메 자닌)들로 구성되어 있다. 건물은 4층 높이라고 하지만 층간 구분이 모 호해서 50미터나 되는 높은 천장을 가진 거대한 공간 안에 들어와 있 는 것 같다. 전체 건물면적 1만 1,700제곱미터에 지하부터 지상까지 총 6개 층으로 이뤄져 있으며 총 11개의 전시실로 구성돼 있다. 비정 형의 외관만큼이나 내부공간도 비정형이어서 전시실의 생김새가 어 느 하나 똑같은 게 없다. 기본적으로 미술과 음악, 퍼포먼스 등 다양한 예술이 가능한 공간을 지향하고 있으며 이곳의 메인 홀(아트리움)은 가 변좌석으로 최대 350석까지 가능한 콘서트홀이 된다. 로비 왼쪽으로 기념품과 책을 파는 미술관 아트숍이 있고 그 뒤로 지하 및 지상의 각 전시실로 이동하게 된다.

미술관에서는 재단 미술관 소장품과 베르나르 아르노 회장의 개 인 소장품을 전시하는 컬렉션 상설전, 1년에 두 차례 열리는 기획전, 콘서트 등이 열린다. 전시는 20세기 이후의 현대미술 작품이 주로 전시된다. 아르노 회장은 90년대부터 20~21세기 현대미술을 중심으로 미술품 컬렉션을 시작해 주요 작가들의 작품 1,000여 점을 소장하고 있다. 2015년 말 이곳을 처음 방문했을 당시엔 총 3부로 이뤄진 개관전의 마지막 시리즈로 '팝피스트, 뮤직/사운드' 전이 열리고 있었다. 아르노 회장의 소장품들 가운데 대표적인 팝 아트, 음악과 사운드를 기반으로 하는 동시대 예술을 집중적으로 보여주는 기획이었다. 앤디 워홀, 장 미셸 바스키아, 길버트&조지, 안드레아스 구르스키, 리처드 프린스 등 유명한 팝아트 작가들의 작품들을 감상할 수 있었다. 2018년 뉴욕 현대미술관은 루이뷔통 재단에 폴 세잔, 마르셀 뒤샹, 이본 라이너의 작품 포함한 200여 점을 대여해준 덕분에 75만 명이 넘는 관람객이 모인 블록버스터 전시회를 열었다. 같은 해 장-미셸 바스키아(Jean-Michel Basquiat)와 에곤 실레(Egon Schiele)의 회고전을 개최하여 호평을 받았다.

2022년 가을 '모네-미첼' 전은 특히 기억에 남는다. 인상파 거장 클로드 모네와 미국 시카고 출신으로 프랑스에서 작업한 추상 표현주의 화가 조앤 미첼이 한 공간에서 만나 서로 공명하며 '대화'를 나누도록 한 기획은 대단했다. 미술사를 뒤흔든 두 거장이 화폭에 풀어낸 색채의 바다에 풍덩 빠져 황홀했다. 조앤 미첼은 모네가 죽기 1년 전 태어났으니 두 사람이 만날 기회는 없었지만, 예술의 힘은 이렇게 시공을 초월하게 만들고 현재의 우리를 감동하게 만든다. 조앤 미첼은 시카고 아트 인스티튜트를 나와 작가 생활을 하다가 남편과 함께 프랑스 여행을 하고는 인상파 화가들이 태어난 프랑스의 풍광에서 많은 영감을 받는다. 후에 아예 프랑스로 작업실을 옮기고 예술인들과 교류하며 왕성한 작품 활동을 펼쳤다.

그의 작업실은 모네가 말년에 연못이 있은 정원을 꾸미고 〈수련〉

루이뷔통 재단 미술관에서 열린 모네-미첼 전의 전시 전경.

시리즈를 그리며 삶을 보낸 지베르니에서 멀지 않은 베퇴유에 있었다.

모네는 자연의 빛 아래에서 보고 느끼는 패턴을 화폭에 선과 색채로 표현하는 방법을 모색했다. 미첼은 기억들을 감각으로 전환하는 방식에 주목하며 캔버스를 색채로 채워 나갔다. 이런 두 거장의 방식에 집중하며 같은 공간에 놓인 두 사람의 작품을 통해 아름다운 대화를 만들어낸다. 빛과 색채의 유희를 즐기던 두 예술가가 하나의 주제를 각각의 방식으로 풀어내는 것을 보는 것이 흥미롭다. 아무 생각 없이 그 공간 안에 있어도 좋았다. '모네와 미첼이 펼친 빛과 색채의 향연'이라고 할 수 있는 이 전시는 '블루(blue)의 시간'에서 시작한다. 모네가 1897부터 작업한 수련, 키 큰 풀, 그랑 데코라시옹을 위한 습작들에서 다양한 톤의 모네 블루(monet blue)를 볼 수 있다. 강한 붓 터치로 깊고 푸른색을 담은 미첼의 2폭 회화 〈무제〉와 4폭 회화 〈Betsy Jolas〉은 그저 말을 잃게 한다. 특히 각기 개인 컬렉터에게, 미술관들에 팔려가

뿔뿔이 흩어졌던 작품들을 이번 전시에서 한 번에 만날 수 있다는 점이 의미가 크다. 모네의 세 폭짜리 〈수련〉은 세인트루이스 미술관 등으로 나뉘어 있었는데 1956년 이후 처음으로 이번에 한자리에 모였다. 미첼의 작품 중 가장 유명한 연작 〈그랑 발레(La grande Vallees)〉는 대형 작품 21점(3폭 작품 1점과 2폭 작품 5점 포함)으로 동생과 친구들이 연이어 세상을 떠난 상실감과 투병 생활의 고통을 예술로 극복해낸 대작이다. 행복했던 기억들을 풀어낸 이들 작품은 전속 갤러리 장 푸르니에서 1984년 한꺼번에 전시된 이후 이번에 10점이 한데 모였다.

루이뷔통 미술관 건물 밖으로 나가면 위의 계단식 폭포에서 끝없이 흘러내리는 물소리가 마치 멀리서 들리는 자연의 음악처럼 들린다. 수공간을 따라 노란색 조명이 있는 삼각형 패널들이 길게 놓여 있다. 올라푸르 엘리아손(Olafur Eliasson)의 설치 작품 〈지평선 안에서(Inside the horizon)〉이다. 엘리아손은 미술관의 개관 특별전으로 '접촉(Contact)'을 선보였으며 43개의 삼각기둥으로 구성된 그의 대규모 설치 작품은 인공폭포와 연결된 그로토(grotto) 부분에 영구 설치됐다. 삼각기둥의 두 면이 거울이어서 건물의 공간과 물 위에 반사되는 이미지들이 상상의 공간에 있는 듯 묘한 효과를 낸다.

각 층에 있는 갤러리에서 작품을 감상하면서 위로 올라가 보면 3층과 4층에서 테라스로 통한다. 하늘을 향해 열려 있는 패널 사이를 걸어 다닐 수 있도록 설계된 테라스에선 게리 건축만이 주는 특이한 건축적 경험을 만끽할 수 있다. 밋밋한 옥상이나 닫힌 공간에서는 느낄 수 없는 공간적 해방감이 드라마틱하게 다가온다. 겹쳐진 패널 사이에서 시원한 바람이 불어오고, 사이사이로 탁 트인 하늘도 보인다. 각 방향을 둘러보자면 저 멀리 불로뉴 숲과 라데팡스의 마천루, 에펠탑까지 파노라마처럼 펼쳐진다.

올라푸르 엘리아손, 〈지평선 안에서〉(2013, 루이뷔통 재단 미술관).

루이뷔통 재단 미술관은 계획이 발표됐을 당시 많은 논란이 있었다. '명품기업에 파리의 귀중한 공간을 내준다.', '영혼을 팔았다.' 등 반론도 있었지만 이제 그런 비난을 하는 이는 아무도 없다. 개관 이후 상설 컬렉션 전과 함께 훌륭한 기획전을 선보이면서 트렌드를 선도하는 파리의 문화명소, 나아가 건축이 아름다운 세계적 미술관으로 자리 잡았기 때문이다. 현대 예술의 창조를 촉진하고 지지하기 위한 열망으로 만들어진 이 미술관이 성공하면서 '문화기업'이라는 LVMH의 이미지는 더욱 강화됐다. 이런 멋진 미술관을 파리에 세움으로써 루이뷔통이 얻게 된 무형의 가치는 수치로는 환산할 수 없을 것이다.

1929년생인 게리는 여전히 현역으로서 상상력을 발휘하고 있다. 루이뷔통 재단 미술관 외에 스위스 제약재벌의 상속녀이며 예술 후원자인 마야 호프만이 설립한 남프랑스 아를의 루마 재단 미술관(250페이지) 건물도 설계했다.

부르스 드 코메르스-피노 컬렉션 Bourse de Commerce-Pinault Collection
마트료시카 아이디어를 적용한 창조적 공간

코로나 때문에 여행할 수 없던 시절에 인터넷으로만 보면서 아쉬움을 달래야 했던 새로운 명소들이 많았다. 그중 가장 가보고 싶었던 장소가 옛 파리 증권거래소를 리모델링해 멋진 현대미술관으로 재탄생한 파리의 새 명소 '부르스 드 코메르스-피노 컬렉션(Bourse de commerce-Pinault Collection, 이하 피노 컬렉션)'이었다.

150년간 프랑스 경제의 상징과도 같았던 증권거래소를 리모델링한 피노 컬렉션은 현대미술 시장을 움직이는 슈퍼 컬렉터 중 한 명인 프랑수아 피노(Francois Pinault)가 40년간 수집한 피노 컬렉션의 하이라이트를 볼 수 있는 미술관이다. 프리츠커상에 빛나는 세계적인 건축가 안도 다다오의 섬세하고 세련된 감각으로 새롭게 태어난 미술관은 단번에 파리의 새로운 명소, 꼭 들러봐야 할 장소로 떠올랐다.

피노 컬렉션 미술관은 2017년부터 리노베이션 공사를 시작해 1년간의 작업 기간을 거쳐 2021년 6월 공사가 끝났다. 곧바로 지난해 오픈 예정이었으나 코로나-19로 미뤄져 2022년 봄에 개관했다. 퐁피두 센터와 공동기획으로 개관 전시를 한 데 이어 연간 12회의 기획전을 마련할 예정이며 다양한 교육프로그램과 콘퍼런스, 콘서트 및 공연을 제공하게 된다.

안도는 화려한 돔이 있는 로톤드(Rotonde)를 그대로 살리면서 러시아 인형 마트료시카처럼 내부에 또 다른 거대한 실린더를 만들어 현대미술 전시공간에 걸맞게 내부를 리노베이션했다. 안도는 피노 컬렉션을 선보이는 베네치아의 팔라초 그라시와 옛 세관 건물을 전시장으로 바꾼 푼타 델라 도가나의 리노베이션도 맡았었다.

부르스 드 코메르스 외관.

　　19세기에 만들어진 유리 돔 건물은 파리시의 소유로 50년 임대해 사용하는 것이다. 피노 회장은 임대료로 1,500만 유로 이상을 지불했다. 피노 회장은 피노 컬렉션 공식 웹사이트에 이렇게 밝혔다.

　　내 문화 프로젝트의 새로운 장을 이 새 미술관의 개관과
　　함께 열려고 합니다. 그것은 현대미술에 대한 나의 열정을
　　가능한 한 많은 청중과 공유하고자 하는 것입니다.

　　피노 회장에게 이번 파리의 미술관 개관은 무척이나 의미 있는 사건이다. 20년 전 파리 외곽에 미술관 건립을 시도했으나 시 당국이 허가하지 않아 좌절됐었다. 2005년 이 계획을 포기한 피노 회장은 이듬해인 2006년부터 3단계에 걸친 장기적인 전략을 수립하고 자신의

파리 부르스 드 코메르스-피노 내부 천장화(위).
2022년 가을 안리 살라의 전시작품이 설치된 홀(아래).

부르스 드 코메르스-피노의 컬렉션.

미술관 프로젝트를 추진해 왔다. 베네치아에서 팔라초 그라시(Palazzo Grassi)에 전시관을 마련하고 베니스 비엔날레가 열리는 시기에 자신의 컬렉션 전시를 열었다. 2013년 팔라초 그라시에 강당 테아트로가 추가됐다. 이어 안도 다다오에게 의뢰해 푼타 델라 도가나를 미술전시관으로 리모델링한 뒤 개관전으로 '현대미술의 악동'으로 불리는 영국 작가 데미안 허스트의 전시를 개최하기도 했다. (해저에서 건져 올린 고대의 유물을 가짜로 만든 스토리텔링 등 모두가 허구로 가득했던 전시도 볼 만했다) 한편으로는 피노 회장은 프랑스를 비롯한 국가의 미술관들과 협력하면서 베네치아까지 오지 못하는 예술 애호가들을 위해 현대미술의 흐름을 보여주는 다양한 맥락의 전시를 기획해 왔으며 랑스시의 폐광산에 아티스트 레지던시 프로젝트를 통해 현대미술 작가들과 이론 연구도 지원해 왔다. 예술을 향한 피노 회장의 진심이 통해서일까. 파리시에서는 19세기에 지어진 증권거래소를 미술관으로 개조하는 프로젝트를 허락한다.

　증권거래소를 뜻하는 '부르스 드 코메르스' 건물은 원래 19세기에 지어진 것이다. 전체 리노베이션 디자인을 맡은 안도 다다오는 "벽

19세기의 건물을 리노베이션한 건축가 안도 다다오는
돔이 있는 원형의 홀 내부에 커다란 콘크리트 실린더를 설치했다.
실린더 외곽에 설치된 계단을 따라 올라가면 2층 전시실로 연결된다.

에 새겨진 도시의 추억을 존중하면서 그 안에 새로운 공간을 중첩시
켜 건물 전체를 현대미술의 공간으로 탈바꿈하고자 했다. 과거를 현
재, 그리고 미래와 연결하는 건물을 만드는 것이 목표였다"라고 밝혔
다. 미술관은 대규모의 프로젝트를 보여줄 수 있도록 6,800제곱미터
의 모듈식 전시공간이 포함되며 100~600제곱미터 규모의 전시실들
로 구성된다. 전시실은 회화, 사진, 설치, 조각, 비디오를 포함한 다양
한 규모와 다양한 매체의 작품을 효율적으로 보여줄 수 있도록 구성
됐다. 전시공간 외에 수장고와 284석의 강당에서는 미디어 상영과 강
의, 콘서트를 진행할 수 있다.

　19세기 건물의 리노베이션은 철저한 고증과 특별히 구성된 과학

위원회의 자문 아래 세심하게 진행됐다. 유리 돔을 통해 최대한 자연광을 받아들이도록 했으며 지하의 고전적인 증기 시스템도 복원했다. 전시장 내부와 외부의 가구 디자인은 로난과 에르완 부룰레크 형제가 맡았다.

부르스 드 코메르스-피노 컬렉션은 루브르 박물관에서 걸어서 10분 이내에 도착할 수 있는 거리에 있다. 카루젤 뒤 루브르 쇼핑몰을 지나 리볼리 가 쪽으로 나와서 길을 건너면 팔레 루아얄(Palais Royal)이다. 그 뜰에 다니엘 뷔랭의 기둥 설치작업이 있으니 놓치지 말고 볼 것을 추천한다. 잠시 보고 나와 샤틀레 레알 방향으로 틀면 루브르 가인데 멋진 돔을 가진 아이보리색 건물이 바로 피노 컬렉션이다. 은색 깃발이 펄럭이고 건물 앞 작은 광장에 말 탄 기마상 조각이 있어서 눈길을 끈다. 말 탄 기마상은 찰스 레이의 2014년 작품인데 "위험하니 올라타지 마시오"라고 적혀 있다. 예술작품에 누가 감히 올라가겠나 싶지만, 고흐의 그림에도 분칠을 해놓는 이들이 있으니 비싼 예술작품을 훼손하지 않도록 경고문을 붙이는 게 맞긴 하다.

입장권은 정면을 바라보며 왼쪽에 있는 별도 건물에서 구입해야 한다. 짐 검색 후 입장하면 둥근 건물 모양대로 오른쪽으로 전시공간이 전개된다.

안도는 돔이 있는 원형의 홀 내부에 커다란 콘크리트 실린더를 설치했다. 커다란 인형 안에 똑같은 모양으로 점점 작은 사이즈의 인형들이 들어 있는 러시아 인형 마트료시카와 같은 형식이다. 안도의 트레이드 마크인 노출 콘크리트 벽이 섬세하고 매끄럽게 마무리되어 있다. 프리츠커상을 받은 거장의 놀라운 아이디어는 콘크리트 실린더 외벽에 계단을 만들고 원통을 둘러가며 산책로를 만든 것이다. 3층 높이의 원통을 돌면서 완벽하게 복원된 돔의 천장화를 가까이에서 감상

로톤다의 안쪽 공간 바닥 전체에 거울을 깔아 놓은 김수자의 작품 〈숨으로〉(To Breath, 2024). 바닥의 거울을 통해 천장에 복원된 프레스코화가 비치고, 동시에 나의 모습이 비치는 것이 마치 원형의 공간이 아니라 구(球) 안에 들어와 있는 것 같다.

안도 다다오의 리노베이션 작업을 보여주는 부르스 드 코메르스-피노 컬렉션 모형.

할 수 있도록 했다.

유리 돔 아래로 천정을 가득 메운 벽화는 다섯 개 대륙 간에 일어나는 무역을 찬양하는 내용이다. 19세기에 그려졌는데 세월이 흐르는 동안 망가졌던 것을 이번에 완벽하게 복원해 냈다. 전문 복원팀이 몇 개월에 걸쳐 땅에서 20미터 높이의 철근 교각을 설치하고 작업했다. 1층 입구 증권거래소 건물의 변화를 보여주는 공간에 복원 당시의 사진들을 전시해 놓았다.

안도는 "기존 건물의 히스토리를 간직하면서 새로운 현대미술 공간을 만드는 것이 목표였다"라고 했다. 150년 넘게 그 자리를 지키며 파리의 증권거래소로 사용되던 것을 3년간 공사 기간을 거치며 완벽하게 재탄생시켰다. 기존 증권거래소 건물의 분위기는 건물 내부의 장식들과 나선형 계단을 세심하게 다듬어 복원하면서 전시에 맞게 리노베이션 해서 과거와 현대가 완벽하게 한 공간에 공존하고 있다.

안도 다다오의 리모델링은 원형 실린더 안에 새로운 전시공간을 만드는 것 외에 기존의 공간들을 전시실로 훌륭하게 변화시켰다. 피노 컬렉션의 방대함을 느낄 수 있는 전시실이 위치한 지상층 2층은 실린더의 계단을 통해서도 진입 가능하며 모든 전시실이 원형 건물을 따라서 연결되어 있다. 작품도 작품이지만 흰색의 방들이 연결된 것이 볼만하다. 미술관에 온 사람들의 신경을 건드리지 않도록 조용하게 닫히는 문의 잠금장치부터 깔끔한 디자인의 벤치 등 세심하게 마무리된 인테리어가 감탄을 자아낸다.

이곳은 피노 회장이 50여 년간 모은 현대미술 작품들을 보여주기 위해 만든 곳이니 전시 이야기도 해야 한다. 개관 이후 세 번째 전시로 2022년 10월부터 진행된 전시를 관람했다. 전시장 입구에서 엘리베이터를 향하다 보면 벽 아래쪽에 구멍을 뚫고 나온 하얀 생쥐를 만나게 된다. 라이언 갠더(Ryan Gander)의 작품이다.

　2022년 가을-겨울 시즌 전시의 메인은 로툰다에 설치된 안리 살라(Anri Sala)의 몰입감 있고 우주적인 작업 〈Time No Longer〉였다. 알바니아 태생의 예술가 안리 살라는 비디오, 사진을 주 매체로 작업한다. 로툰다의 원통형 형태에 맞게 디자인된 거대한 곡면 스크린에 투사된 비디오는 무중력의 우주 공간에서 둥둥 떠서 움직이는 턴테이블과 바늘이 내는 소리를 이미지와 음향으로 보여준다. 정체불명의 음향은 올리비에 메시앙(Olivier Messiaen)의 시간의 종말을 위한 사중주 〈Quartet for the End of Time〉에서 영감을 얻었다고 하는데 살라는 새로운 시공간을 조율해 완전히 다른 분위기의 음향을 만들어냈다. 클라리넷과 색소폰을 위해 편곡된 사운드트랙 음악은 무중력 상태에서 재생되면서 완전히 다른 시공간을 느끼게 한다. 무중력 상태에서 끝없이 돌아가는 턴테이블은 마치 지상의 중력에서 해방되어 끝없이 움직이는 것 같다. 기괴한 소리가 로툰다의 콘크리트 벽과 바닥에 울리면서 묘한 분위기를 만들어냈다. 감각으로 느끼는 것뿐인데 보고 또 봐도 질리지 않는 것이 신기하다. 안리 살라가 그린 상상의 곤충들 그림이 로툰다 주변의 통로와 박물관 1층의 갤러리·2 공간, 지하실에 전시되어 있었다. 메자닌에 있는 갤러리·3에서는 관계 미학의 대표적 작가 도미니크 공잘레스 포스테르(Dominique Gonzalez-Foerster)의 〈오페라(OPERA)〉 시리즈 중 전설적인 소프라노 마리아 칼라스를 다룬 홀로그램 프로젝션을 보여줬다.

　도미니크 곤잘레스는 전통적 매체 대신 문학, 영화, 건축, 오페라 등에 나타나는 시간과 공간을 작업의 소재이자 질료로 사용해 허구적 공간과 현실 주변의 공간 사이의 관계를 탐색해왔다. 2012년 밥 딜런, 에밀리 브론테, 바이에른의 루드비히 2세와 같은 인물을 구현하기 시작한 이후 예술가의 유명한 공연을 홀로그램 프로젝션으로 구현해 다시금 생명을 불어넣는 작업을 하고 있다. 2016년 작품인 〈오페라〉에서는 어두운 방 한가운데 마리아 칼라스가 마지막 공연에서 입었던 것과 같은 붉은색 드레스를 입고 홀로그램 영상으로 나타나 아리아를 부르는 모양이 마치 유령 같다. 아리아는 최고 전성기의 마리아 칼라스가 부르는 것이지만 붉은색 수의를 걸치고 나타났다 사라지기를 반복하는 이미지의 주인공은 작가이다.

극사실주의 운동의 핵심인물인 듀안 핸슨(Duane Hanson)의 조각 작품 〈앉은 예술가〉는 지하 기계실에 설치되어 있다. 합성수지와 유리섬유를 사용해 캐릭터를 만들고 실제 모델을 사용해 조각품을 몰딩한 뒤 세심하게 제작한 것이다. 영혼은 없으나 너무나 현실적인 작품은 일상생활에서 느끼는 개인의 심리적, 사회적 초상을 제시한다. 앉은 예술가는 의자에 뒤로 앉아 팔뚝을 등받이에 대고 손에 종이 한 장을 들고 있는 핸슨의 자화상으로 절망적인 상태를 환기한다. 현실감, 시대착오적 존재감 및 주변 환경과의 대비로 인해 보는 사람을 놀라게 한다. 생각에 잠기고 일종의 나태함 속에 얼어붙은 작가의 초상화는 아이러니하게도 그 자신이 작품을 만드는 데 사용했던 인간과 기술 시스템 사이의 복잡한 관계를 고조시킨다.

다형성 예술가, 조각가, 연기자, 편집자이면서 프로그래머인 마우리치오 카텔란(Maurizio Cattelan)은 3층 내부 발코니에 비둘기 박제를 설치했다. 역설, 도발, 아이러니에 능숙한 카텔란의 비둘기는 어딘가 불안하다. 하늘과 땅의 소식을 전달하는 것을 상징하는 비둘기가 여기에서는 잠재적으로 불길한 일이 닥칠 것이라는 신호처럼 보인다. 그 뒤 리움 미술관이 마우리치오 카텔란 개인전(2023년 1.31~7.16)을 열어 비둘기를 다시 만났다. 멀리 외국에 나가야만 볼 수 있는 줄 알

앉던 작품을 서울에서 보니 왠지 반가웠다. 제 60회 베니스비엔날레 (2024. 4.20~11.24)를 참관하러 지난 6월 말에 유럽여행을 갔다가 오는 길에 파리에 들러서 바로 달려간 곳이 부르스 드 코메르스- 피노컬렉션 전시장이었다. 이곳에서 세계무대에서 인정받는 한국 작가 김수자 (1957~)의 중요한 전시가 열리기 때문이었다. 피노컬렉션의 2024년 상반기 전시가 '세상은 그렇게 돌아간다(Le monde comme il va, The World as It Goes)'는 제목으로 2024년 3월 20일부터 2024년 9월 2일까지 열리는데 이 중 김수자 작가의 작품은 가장 상징적인 공간인 '로톤다' 외에 원형의 실린더를 따라 설치된 쇼케이스, 그리고 지하 전시공간을 차지하고 있었다.

안도 다다오가 옛 증권거래로 건물 내부에 설치한 실린더 내부를 활용한 전시공간인 로톤다의 안쪽 공간 바닥 전체에 거울을 깔아 놓은 장소 특정적 작품 〈숨으로〉(To Breath, 2024)는 정말 인상적이었다. 바닥의 거울을 통해 천장에 복원된 프레스코화가 비치고, 동시에 나의 모습이 비치는 것이 마치 원형의 공간이 아니라 구(球) 안에 들어와 있는 느낌을 받았다. 어느 것이 현실인지, 과거와 현재가 혼재된 듯 특이한 공간 경험을 할 수 있었다. 전시 설명문에서 작가는 "아무도 소유할 수 없지만 모두가 공유하는 물, 공기 같은 작품을 만들고 싶었다"고 했는데 장소에 딱 어울리는 공간을 만들어 많은 사람들이 경험하도록 한 것에서 작가의 의도를 읽을 수 있었다. 인스타그램에서 화제가 되고 큰 인기를 끄는 전시라고 들었는데 실제로 가서 보니 관람객들이 바닥에 앉거나, 누워서 사진을 찍으며 정말 전시를 즐기고 있었다. 김수자 작가는 '이동(노마드)'에 대한 작가의 경험을 '보따리'로 풀어냈는데 쇼케이스에는 지난 40년간 작가의 궤적을 보여주는 상징적인 오브제들이 놓여 있었다. 지하 공간에는 그의 보따리 작업들을 설치해

놓았고 상영실에선 여성들이 수공예하는 모습을 세심한 터치로 담은 〈바느질하는 여자〉(A Needle Woman, 1999)도 볼 수 있었다. 영화를 보던 프랑스 여성이 "너무 섬세하고 아름답다."고 감탄사를 연발하고, 로톤다의 관람객들이 즐겁게 작품을 감상하는 것을 보니 같은 한국인으로서 흐뭇했다.

럭셔리 브랜드로 돈을 번 두 거부, 피노 회장과 아르노 회장의 대결

파리 중심부에 들어선 피노 컬렉션 미술관이 더욱 관심을 모은 것은 프랑수아 피노 케링 그룹 회장과 베르나르 아르노 LVMH 회장이 비즈니스뿐 아니라 현대미술 컬렉션을 놓고 벌이는 경쟁이 배경에 있기 때문이다. 두 사람 모두 명품 핸드백으로 유명한 브랜드를 소유한 이들은 매년 세계 200대 컬렉터에 이름을 올리는 세계적인 미술품 수집가로도 유명하다. 이들이 벌이는 경쟁은 호사가들의 입에 자주 오르내린다.

2008년 소더비 경매에 출품된 프랑스 아티스트 이브 클랭(Yves Klein)의 작품 두 점을 놓고 경쟁하면서 현대미술을 둘러싼 이들의 라이벌 관계가 표면화됐다. 좋은 디자이너를 확보하기 위한 경쟁도 무척 치열했다. 2018년 패션 디자이너 스텔라 매카트니는 케링 그룹에서 떠나겠다고 발표하고 이듬해 2019년 7월 LVMH와 합류하기 위해 계약했다.

2019년 4월 노트르담 성당이 보수공사 도중 불이 나 93미터 높이의 첨탑이 무너지고 목조 지붕이 대부분 소실된 후 피노 회장과 그의 가족은 재건축에 1억 유로를 기부했다. 이 발표가 나오고 몇 시간 뒤 아르노 회장과 LVMH는 노트르담 대성당의 복구를 위해 2억 유로를 기부한다고 발표했다.

구찌, 보테가 베네타, 발렌시아가 등 명품 브랜드와 크리스티 경매회사를 거느리고 있는 피노 회장은 현대미술 거장들의 작품 5,000여 점을 소장한 것으로 알려져 있다. 앞서가는 감각과 공격적인 컬렉션으로 오늘날 세계 현대미술 역사를 이끌어 온 장본인 중 한 명이다. 그의 컬렉션에는 피카소, 몬드리안, 마크 로스코, 데미안 허스트, 제프 쿤스, 루이스 부르주아 등 블록버스터급 작가들이 대거 포함돼 있다. 75개의 럭셔리 브랜드를 보유한 LVMH 그룹의 베르나르 아르노 회장은 미국의 미술전문잡지 아트뉴스가 선정한 2023년 세계 200대 컬렉터에서 5위에 랭크됐다. 프랑수아 피노 회장은 129위에 랭크됐다. 2024년 파리올림픽을 앞두고 공격적으로 문화예술에 기부하고 투자한 결과 등수에서는 아르노가 앞섰다. 하지만 사실 현대미술 컬렉션에서는 피노 회장이 먼저 컬렉션을 시작해 40년 넘게 수집해 왔고, 수준도 한 수 위라는 평가가 설득력을 얻는다.

지난 2005년 피노의 파리 미술관 건립이 좌절된 반면 명품 산업뿐 아니라 현대미술에서도 라이벌인 LVMH의 아르노 회장은 2014년 불로뉴 숲에 프랭크 게리가 설계한 루이뷔통 재단 미술관을 열었다. 미술관은 뉴욕 MoMA 등 전 세계 유명 미술관으로부터 작품을 대여받아 중요한 전시들을 기획하면서 개관과 동시에 세계적 미술관으로 부상했다. 피노 회장도 2022년 봄 파리 시내에 증권거래소 건물을 리모델링해 '부르스 드 코메르스-피노 컬렉션' 미술관을 열었다. 증권거래소 미술관 개관은 루이뷔통 재단 미술관의 사례를 통해 개인 미술관이라도 수준 높은 컬렉션으로 세계적 예술명소가 될 수 있음을 확인한 파리와 프랑스 정부가 피노 회장의 제안을 받아들이면서 가능해진 셈이다. 거부들끼리 돈 자랑한다고 볼 수도 있지만, 결과적으로 이들의 경쟁은 사회에 선한 영향력을 미치는 것도 사실이다.

사마리텐 백화점 La Samaritaine
화려함과 섬세함이 빛을 발하는 아르누보&아르데코의 아이콘

코로나 시기에 엉덩이를 들썩이게 했던 또 다른 '이벤트'는 파리 사마리텐 백화점의 리모델링 개장이었다. 사진으로만 보다가 2022년 가을 여행 때 드디어 실견할 수 있었다. 눈으로 보니 사진으로 보던 것보다 훨씬 더 화려하고 아름다웠다. 예전에 퐁뇌프 옆을 지나가면서 자주 보긴 했지만, 왠지 칙칙해서 발길이 잘 가지 않았던 백화점인데 이제는 일부러 먼길을 마다하고 찾아가게 됐다. 새 단장을 마치고 오픈한 사마리텐은 그럴 가치가 충분해 보였다. 75개의 럭셔리 브랜드를 가진 LVMH가 선보이는 '라 사마리텐(La Samaritaine)'은 뭐가 달라도 달랐다.

사마리텐은 갤러리 라파예트나 프랭탕처럼 우리에게 익숙하게 알려지지는 않았지만 파리지앵에게는 벨 에포크의 향수를 자극하는 곳이다. 상업지역이 많아서 활기찬 파리의 센강 우안 지역과 우아하고 지적인 분위기의 센강 좌안 지역이 교차하는 지점, 파리에서 가장 오래되고 가장 유명한 다리인 퐁뇌프(Pont-neuf) 옆에 150년간 자리한 파리의 쇼핑 성지가 사마리텐 백화점이다.

사마리텐 파리 퐁뇌프(La Samaritaine Paris Pont-neuf)라는 풀네임으로 재탄생한 이 백화점의 시작은 1870년으로 거슬러 올라간다. 에르네스트 코냑(Ernest Cognacq)과 그의 부인 마리 루이 제이(Marie-Louise Jaÿ)는 퐁뇌프 거리와 모네 거리가 교차하는 지점에 상점을 열었다. 개장 5년 만에 매출액 백만 프랑을 달성할 만큼 성공을 거둔 코냑 부부는 주변 건물을 매입하고 새 건물을 지으면서 점차 규모를 확장해 나갔다. 코냑 부부는 아르누보 건축가 프란츠 주르댕(Frantz Jourdain)과 함께 1904년부터 1910년까지 아르누보 양식의 사마리텐 건물을 완성했고 1928년에는 앙리 소바주(Henri Sauvage)가 디자인한 아르데코 건물을 추가로 완성했다. 프란츠 주르댕은 모더니즘을 주창하던 건축가로, 20세기 초에는 흔하지 않던 철제 골조를 적용해 내부공간을 확장하고 채광률을 높이는 대담한 디자인을 선보였다. 세부 디자인은 화가이자 장식 디자이너였던 그의 아들 프랑시스 주르댕(Francis Jourdain)과 그래픽디자이너 유진 그라세(Eugène Grasset)가 맡았다. 아르누보와 아르데코 양식을 리드하는 최고의 건축가와 디자이너들이 참여해 만든 백화점은 프렌치 라이프 스타일을 리드하는 파리의 핫플레이스가 됐다.

갤러리 라파예트 등 경쟁 백화점 기업들의 약진과 경기불황으로 경영이 어려워지자 2001년 프랑스 럭셔리 기업인 LVMH 그룹이 사마리텐 백화점의 지분을 매입하게 된다. 2005년 안전상의 문제로 백화점이 문을 닫자 LVMH 그룹은 1조 원가량 쏟아부어 대규모 복원 사업에 착수했다. 2015년부터 무려 7년간 이어진 리모델링에는 총 280개 업체와 3,000명이 넘는 각 분야의 전문가들이 참여했다. 사마리텐 백화점은 2021년 6월, 마크롱 대통령이 참석한 가운데 베일

2021년 리노베이션을 마친 사마리텐 백화점 외관.

파리 사마리텐 백화점 보수과정을 보여주는 사진들.

사마리텐 백화점 리노베이션을 통해 원래의 화려함을 되찾은 공작새 프레스코화.

을 벗고 감춰졌던 모습을 드러냈다. 문을 닫은 지 16년 만에 화려하게 부활한 사마리텐의 공간 면적은 7만 제곱미터로 DFS가 운영을 맡은 2만 제곱미터의 백화점, 5성급 호텔 슈발 블랑, 사무실, 주택과 보육 시설을 포함한다. 리모델링에서는 '사마리텐 퐁뇌프'로 불리는 아르누보&아르데코 건물의 복원과 화려한 유리 외관을 자랑하는 현대적인 건물 '리볼리(Rivoli)' 관의 신축이 동시에 이뤄졌다.

프랑스 정부가 역사 기념물로 지정해 보호하고 있는 기존 아르누보&아르데코 건물은 정교한 작업을 거쳐 복원됐다. 20세기 초에 아르누보 양식으로 명성을 떨친 건축가 프란츠 주르댕이 디자인한 사마

파리 사마리텐 백화점 옆 슈발블랑 호텔 꼭대기층 르투파리에서 바라본 파리 야경.

리텐 백화점의 상징은 화려한 색채의 꽃무늬 패턴이 들어간 에나멜 패널이었다. 100년이 넘는 세월이 흐르면서 희미해진 모티프와 색상을 다시 살려내기 위해 세밀하고 정교한 복원작업이 이루어졌다. 건물을 둘러싼 화려한 아르누보 스타일 식물무늬의 벽을 법랑 장인 마리아 다코스타(Maria Da Costa)가 원형 그대로 재현해 냈다. 아르누보 양식의 건물 파사드가 25개의 패널로 채워지면서 아름다운 아르누보 스타일 건물은 화려하게 부활했다.

　내부는 더욱 환상적이다. 아르누보의 명작으로 꼽히는 공작새 프레스코와 유리 천장, 철제 구조물, 우아하고 웅장한 계단까지 모두 세심한 작업을 통해 다시 태어났다. 퐁뇌프 관 중앙에 위치한 계단은 사마리텐의 산 역사나 다름없다. 기능성과 아름다움을 동시에 갖춘 계단의 위용을 그대로 살리기 위해 1만 6,000개의 금색 도금 나뭇잎은 물론이고 층계참 아래에 있는 아르누보 세라믹 장식, 270개의 오크 원목으로 만들어진 계단까지 세심하게 복원했다. 층계 사이에 설치된 난간과 금장을 한 꽃바구니와 마로니에 잎사귀 장식은 마치 계단이 춤을 추는 것처럼 화려한 장면을 만들어낸다. 금속공예가 에두아르 생크(Edouard Schenck)가 아르누보 스타일로 디자인한 길이 600미터를 넘는 금속 장식은 도르도뉴 지역의 아틀리에 되브르 드 포르주(Atelier d'Oeuvres de Forge)에서 복원했다.

　세로 37미터, 가로 20미터의 직각으로 된 유리 천장을 지탱하는 철제 구조물은 프랑시스 주르댕에 의해 1907년 설치된 것이다. 시간이 흐르며 외형이 변형되거나 다른 구조물로 가려지기도 했던 것을 이번 리모델링을 통해 최초의 형태와 색감을 그대로 복원했다. 다만 유리는 빛에 따라 창의 색깔이 변화하는 기능을 가진 최신 유리로 바뀌었다. 프랑시스 주르댕은 아르누보 양식을 대표하는 명작으로 손꼽히는 공작새 프레스코화도 남겼다. 유리 천장의 아래에 있는 4면의 벽을 화려한 프레스코화로 가득 채웠다. 1960년대에 잠시 흰색 도료로 작품을 덮었다가 1985년 다시 그 모습을 드러냈으나 아쉽게도 원래의 화려함이 복원되지는 않았던 것인데 이번에 과거의 색상과 화려함이 되살아났다. 공작새 프레스코화가 그려진 벽은 세로 3.5미터, 가로 115미터로 총면적은 425제곱미터에 달한다. 꼭대기 층까지 올라가서 보면 밝은 오렌지색으로 그려진 공작새 프레스코화가 사방을 둘러싼 모습이 정말 환상적이다.

　신축 리볼리 관은 건축그룹 사나(SANAA)가 맡아 센강을 끼고 있는 사마리텐의 유동적이면서도 서정적인 감성을 구현해냈다. 사나는 특히 현대적 감각과 최첨단 기술을 융합하여 리볼리 관의 멋진 파사드를 완성했다. 실크프린트 방식으로 인쇄한 가로 2.7미터, 세로 3.5미터 크기의 곡선형 유리패널 343개를 이용해 주름진 베일을 한 겹 덮어놓은 듯 물결 형태의 파사드를 만들었다. 유리 파사드에는 사마리텐 백화점과 인접한 건물들이 반사되어 과거와 현재가 조응하는 장면을 만들어낸다.

사마리텐 백화점 옆 센강변 쪽 빌딩에는 5성급 호텔 슈발 블랑 (Cheval Blanc)이 들어섰다. 역시 LVMH가 소유한 특급 럭셔리 호텔 체인인데 파리에는 처음 진입했다. 26개의 객실과 46개 스위트룸, 4개의 레스토랑, 바, 슈발 블랑 디오르 스파, 30미터 길이의 수영장이 있다. 파리 전체가 내려다보이는 파노라마 뷰와 곳곳에 설치된 예술작품들이 화려함을 뽐낸다. 퐁뇌프가 내려다보이는 루프탑 칵테일바와 식당 랑고스테리아(Langosteria)에 한 번쯤 들러 시크한 멋을 뽐내는 파리지앵처럼 시간을 보내는 것도 좋다. 핫플레이스의 실내 장식은 디오르 갤러리 리노베이션을 맡았던 피터 마리노(Peter Marino)가 담당했다.

사마리텐 백화점에는 루이뷔통, 디오르, 티파니앤코 등 75개의 럭셔리 브랜드를 소유한 LVMH 그룹이 가진 럭셔리 브랜드가 대부분 입점해 있다. 다른 럭셔리 브랜드뿐만 아니라 프랑스 로컬 브랜드와 개성 넘치는 신진 디자이너 브랜드까지 600개의 브랜드를 만나볼 수 있다. 지하 공간 전체는 총면적 3,400제곱미터 안에 유럽에서 가장 큰 규모의 뷰티 매장이 들어서 200개 뷰티 브랜드를 접할 수 있다. 1,000제곱미터가 넘는 대형 미식 공간 '보야주(Voyage)'에서는 시즌마다 바뀌는 레지던스 셰프와 젊은 셰프들이 선보이는 다양한 요리를 맛볼 수 있다.

디오르 갤러리 La Galerie Dior
파리에선 패션도 예술처럼

파리의 몽테뉴 거리(Avenue Montaigne)는 럭셔리 브랜드를 상징하는 거리다. 파리 메트로 프랭클린 루즈벨트 역과 알마마르소 역을 잇는 거리인데 셀린, 샤넬 부티크, 돌체&가바나, 클로에, 로로 피아나, 지방시, 발렌티노, 막스마라, 펜디, 디오르, 루이뷔통, 조르지오 아르마니, 보테가 베네타, 프라다 등 럭셔리 브랜드들이 양쪽에 줄지어 있다. 매장마다 다 들러 볼 수도 없을 정도로 많은데 건물 장식과 윈도 디스플레이만 봐도 눈이 지루하지 않다. 몽테뉴가 30번지의 디오르 매장에서 프랑수아 1세 거리 쪽으로 꺾어지는 코너에 있는 디오르 갤러리(La Galerie Dior)는 독창적인 전시공간으로 탈바꿈해 방문객들을 맞고 있다. '뉴룩'으로 전후 프랑스 럭셔리 패션 브랜드의 상징이 된 크리스티앙 디오르의 컬렉션이 탄생한 지 75주년이 되는 2022년 오픈한 디오르 박물관이다.

30개월간의 리노베이션 공사를 마치고 오픈한 디오르 갤러리에서는 디오르 하우스의 역사를 한눈에 살펴볼 수 있다. 설립자 크리스티앙 디오르와 그의 여섯 명의 후계자인 이브 생로랑, 마르크 보앙, 잔-프랑코 페레, 존 갈리아노, 라프 시몬스, 마리아 그라치아 키우리의 선구적이고 대담한 스타일을 살펴볼 수 있다. 특히 갤러리의 나선형 계단을 따라 늘어선 디오라마 전시에는 디오르의 상징적인 핸드백과 구두, 향수, 모자, 액세서리와 드레스 등 1,422개의 제품과 미니어처 드레스를 3D 프린팅해 선보이고 있다.

미니어처 복제품 제작에는 AGP의 플로리앙 모레노(Florian Moreno)가 이끄는 LA FERME 3D 팀이 참여했다. 이들은 먼저 고성능

디오르 갤러리 내부.
나선형 계단을 따라 디오르의 역사를 보여주는 미니어처 작품들로 가득 채웠다.

3D 스캐너를 사용해 컬렉션의 개체를 디지털화한 다음 입체 3D 프린터를 사용해 작업했다고 한다.

디오르 갤러리의 리모델링은 피터 마리노(Peter Marino)가 맡았다. 박물관 공간 외에 레스토랑과 커피숍, 디오르 플래그십 스토어, 정원으로 구성되어 있다. 갤러리 공간은 시나리오 작가이자 디오르 전문가인 나탈리 크리니에르(Nathalie Crinière)가 큐레이팅했다.

디오르 갤러리(La Galerie Dior)의 원형 내부공간인 로통드(Rotonde)는 노출된 스틸 빔과 목재 몰딩을 통해 브랜드의 역사와 현재의 위치 사이의 대조를 강조한다. 박물관 내부에는 다양한 디오르 컬렉션의 많은 작품이 전시되어 있으며, 창립자 크리스티앙 디오르의 사무실과 피팅룸 등이 보존되어 있다.

1905년 노르망디에서 태어나 파리에서 자란 크리스티앙 디오르는 비료 사업으로 성공한 아버지 덕분에 부유한 환경에서 성장했다. 그의 부모는 아들이 정치학을 전공하고 외교관이 되길 바랐지만, 공부를 마치지 않고 패션 부티크를 오픈했다. 아버지의 사업 실패로 1931년 부티크를 닫은 뒤 디자인 일러스트레이터가 되어 로베르 피게(Robert Piguet) 밑에서 일했다. 군 복무를 마친 후에는 디자이너 보조로 복귀해 뤼시앵 를롱(Lucien Lelong) 밑에서 일했다.

디오르의 재능을 눈여겨본 직물 제조업자 마르셀 부삭(Marcel Boussac)은 1946년 필립&가스통(Philippe et Gaston) 브랜드의 부활을 위해 디오르에게 접근했다. 부삭은 단순히 전쟁으로 문을 닫은 부티크를 재개한다는 계획이었지만 디오르의 생각은 달랐다.

전쟁 전에 시작한 패션 하우스를 다시 열고 싶겠지만,
이제 그것은 그다지 의미 없는 것 같습니다. 지금은
1946년입니다. 전쟁이 끝났어요. 전후 새로운 삶을 시작한
사람들에게 어필해야 합니다.

그의 주장은 설득력이 있었다. 두 사람은 몽테뉴가 30번지에 크리스티앙 디오르 사무실과 공방을 열었고 1947년 2월 12일 그곳에서 첫 번째 컬렉션 모래시계 모양 실루엣의 크림 재킷과 플리츠 A라인 스커트를 비롯한 룩 95점을 선보였다.

두 차례의 세계대전을 치르고 난 뒤 새로움을 갈구하던 파리지앵의 반응은 뜨거웠고 그의 '뉴룩(New Look)'은 세계적 관심으로 이어졌다. 디오르는 1953년 해외에서 자신의 컬렉션을 선보였으며 할리우드 스타들의 영화 의상을 디자인했으며 뉴욕과 베네수엘라 카라카스에

부티크를 오픈했다.

크리스티앙 디오르 뉴룩은 여성의 인체를 꽃에 비유해 부드러운 곡선의 여성스러운 스타일이 특징이었다. 우아하고 귀족적이며 여성의 인체미를 강조한 디자인은 독립성과 자아에 눈을 뜨기 시작한 그 시대의 여성들에게 새로운 희망과 동경의 대상이 됐다. 디오르가 1957년 52세를 일기로 갑자기 세상을 떠났지만, 그는 후임자들이 계속해서 디오르가 번창할 수 있는 기틀을 다져놓았던 덕분에 지금도 럭셔리 브랜드의 대명사로 명성을 이어가고 있다. 그 후 이브 생로랑, 마르크 보앙, 지안프랑코 페레, 존 갈리아노와 라프 시몬스가 크리에이티브 디렉터를 역임했고 2016년부터 마리아 그라치아 키우리가 크리에이티브 디렉터로 디오르를 이끌고 있다. 디오르의 역사를 한눈에 볼 수 있는 디오르 갤러리는 인터넷 사이트를 통해 예약 후 관람할 수 있다.

이브 생로랑 박물관 Musée Yves Saint Laurent
오트 쿠튀르의 전설이 만든 독보적 패션 뮤지엄

프랑스의 디자이너 이브 생로랑(Yves Henri Donat Mathieu-Saint-Laurent)은 20세기 최고의 디자이너 중 한 명으로 꼽힌다. 그가 평생의 동반자였던 피에르 베르제와 함께 이브 생로랑 하우스의 역사를 기념하기 위해 설립한 피에르 베르제-이브 생로랑 재단(Fondation Pierre Bergé-Yves Saint Laurent)에서는 2017년 가을 두 개의 박물관을 개관했다. 하나는 이브 생로랑이 1974년부터 그의 컬렉션을 디자인하는 데 거의 30년을 보낸 역사적 건물로 마르소 5번가에 위치하며, 다른 한 곳은 이브 생로랑의 별장이 있었던 모로코 마라케시의 이브 생로랑 박물관이다. 1980년 이브 생로랑과 피에르 베르제가 인수한 마조렐 정원 근처에 자리한 박물관은 4,000제곱미터 규모로 새로운 건물에 자리 잡고 있다. 이브 생로랑의 작품과 사진 등을 전시하는 전시실과 5,000권 이상의 장서를 보유한 도서관, 강당, 카페가 있다고 한다.

알제리 오랑에서 태어난 이브 생로랑은 크리스티앙 디오르 사에서 예술 감독으로 자신의 경력을 시작했다. 크리스티앙 디오르는 생로랑의 천부적인 재능을 금방 알아보긴 했지만, 처음부터 디자인을 맡기지는 않았다. 디오르 하우스에서 스튜디오를 장식하고 액세서리를 디자인하는 등 일상적인 작업을 하며 디오르의 조수로 1년을 보낸 뒤 크리스티앙 디오르의 오트 쿠튀르 컬렉션에 대한 스케치를 본격적으로 제출할 수 있게 됐다. 디오르는 1957년 8월 생로랑의 어머니를 만났을 때 "나의 뒤를 이을 디자이너로 생로랑을 선택했다"라고 말했다. 당시 디오르가 52세로 아직 한창 활동하던 때라 의아해했지만 그해 10월 디오르는 이탈리아에서 심장마비로 사망했고, 생로랑은 21세의 젊은 나이에 디오르 하우스의 수석 디자이너를 맡게 된다. 생로랑의 1958년 봄 컬렉션은 대성공을 거둬 디오르 하우스가 재정적인 위험에서 벗어나는 계기를 마련했다. 생로랑은 이 컬렉션에서 디오르의 '뉴룩'을 변형한 '트라페즈 드레스'를 발표해 국제적인 주목을 받았다. 그러나 1958년 가을 컬렉션에서 발표한 작품이 혹평을 받았다. 1960년 군에 징집된 그는 신경쇠약으로 병원에 입원한 상태에서 디오르로부터 해고 통지를 받는다. 1960년 11월 군 병원에서 퇴원한 생로랑은 디오르 하우스를 계약 위반 혐의로 고소하고, 승소해 10만 달러를 보상받았다.

26살이던 1961년 그는 파트너 피에르 베르제와 함께 이브 생로

마르소 5가의 이브 생로랑 박물관

이브 생로랑 박물관 내부. 이브 생로랑이 작업하던 책상, 스케치 등을 그대로 볼 수 있다.

1장. 파리, 아름다움으로 가득 찬 도시

랑 메종 드 쿠튀르(maison de couture)를 설립했다. 자신이 사는 집 꼭대기 층에서 여성복을 만들었는데 이 중에는 남성복에서 영감을 받아 브랜드의 아이콘이 된 트렌치코트와 바지 정장 등이 있었다. 1965년 가을 컬렉션에서는 여성용 턱시도 슈트 '르 스모킹(Le Smoking)'을 발표해 패션 트렌드를 리드했다. 구성주의 화가 피에트 몬드리안의 유명한 회화 작품 〈빨강, 파랑, 노랑의 구성〉에서 영감을 받아 제작해 1965년에 발표한 몬드리안 드레스도 유명하다.

1967년 생로랑은 프레타 포르테 하우스인 리브 고슈(Rive Gauche) 라인을 오픈했다. 고급 맞춤복인 오트 쿠튀르보다는 좀 더 저렴한 가격에 패셔너블한 스타일을 더 많은 고객들에게 제공하기 위해서였다. 리브 고쉬 브랜드의 첫 번째 매장이 1966년 9월 26일 파리 6구에 문을 열었다. 첫 번째 고객은 당대 최고의 여배우 카트린 드뇌브였다. 생로랑은 영화에 출연하는 그녀를 위해 많은 의상을 제작해주었다. 루이스 부뉴엘(Luis Bunuel) 감독의 영화 〈세브린느(Belle de jour)〉에서 카트린 드뇌브가 입은 블랙 원피스는 패션의 전설이 됐다. 이브 생로랑이 리드한 프레타 포르테는 패션산업에 새로운 변화를 가져왔다. 하지만 이브 생로랑의 건강이 악화하고 인기가 시들해 지면서 1993년 사노피에 기업을 매각했다. 케링 그룹이 1999년 생로랑을 인수해 오늘에 이른다.

1983년 미국 뉴욕의 메트로폴리탄 미술관에서는 생로랑의 단독 전시회가 열려 메트에서 개최한 최초의 살아 있는 패션 디자이너라는 영예를 얻었다. 2001년에는 자크 시라크 프랑스 대통령으로부터 레지옹 도뇌르 훈장을 받았다. 생로랑은 2002년 은퇴한 뒤 불도그 무지크와 함께 노르망디와 모로코 마라케시에 있는 집에서 머물렀다. 또한 파리에서 피에르 베르제와 함께 피에르 베르제-이브 생로랑 재단을 설립하기도 했다.

생로랑은 2008년 6월 1일 파리 자택에서 뇌종양으로 숨을 거뒀다. 피에르 베르제와 의사는 생로랑에게 그에게 죽음이 임박했음을 알리지 않았다고 한다. 파리의 생로크 성당(Église Saint-Roch)에서 장례식이 치러졌다. 그의 시신은 화장되었고 유골은 1980년부터 피에르 베르제와 함께 소유했던 모로코 마라케시의 마조렐 정원에 뿌려졌다.

아브뉘 마르소(마르소 가)의 의상제작실은 이브 생로랑의 모든 작품이 탄생했고 그가 성공적 이력을 갖게 된 곳이다. 이곳에 2017년 10월 3일 개관한 이브 생로랑 파리 박물관에서는 피에르 베르제- 이브 생로랑 재단이 소장한 오트 쿠튀르 의상들과 천재 디자이너의 창작 스튜디오를 볼 수 있다. 450제곱미터 규모에 의상, 액세서리, 크로키와 사진 등 수천 점이 전시되고 있다.

2장

AIX EN PROVENCE
SAINTE-VICTOIRE

Paul Valéry
La
Cimetière
marin

Saint-Emilion
vin-chateau

Belle
Epoque
★★★
Henri de
Toulouse-Lautrec
ALBI

Cafe de la Gare
VINCENT VAN GOGH
Arles

남프랑스 예술적으로 여행하기

보르도 빛깔의 보르도
【Bordaux】

보르도 하면 와인이 떠오르고, 와인색을 가리키는 보르도 색깔이 자연스럽게 연상된다. 세상을 구석구석 채우고 있는 색 중에서 도시의 이름을 지닌 색은 얼마나 될지 생각해본다. 잘 익은 체리 빛깔을 가리키는 '버건디'는 부르고뉴의 영어식 발음이다. 그런데 프랑스에서는 '부르고뉴'라는 색이름은 없다. 짙은 와인 빛깔은 보르도 빛으로 통칭해 사용한다. 그도 그럴 것이 전 세계 고급 와인 중에서 가장 오래된 포도원이 보르도에 있다. 보르도는 AOC(원산지통제명칭)의 보호를 받는 60종의 와인을 보유하고 있으며 7,000여 명의 주민이 현재 포도 재배에 종사하고 있다. 오랜 와인의 역사만큼이나 풍요로운 문화를 지닌 곳이 보르도다. 아찔한 와인 향기를 동반하는 색깔 보르도를 낳은 도시 보르도로 떠나보자.

프랑스어에서 강은 여성 명사다. 보르도의 대표적인 강 가론(La

Garonne)도 여성이다. 이 강을 끼고 왼편에 자리한 도시 보르도는 남부의 마르세유(Marseille) 다음으로 오래된 프랑스의 무역항이다. 로마 시대 이전부터 주요 항구였고 수 세기 동안 대서양 항로를 통한 유럽 무역의 중심지 역할을 했던 곳이다. 와인의 산지로 둘러싸인 곳 보르도. 프랑스에 오래 있었으면서도 도시로서의 보르도를 작정하고 여행한 적이 없었다. 작심하고 떠난 남프랑스 예술기행의 출발지를 보르도로 정했다.

오래 숙성된 와인처럼 보르도는 나를 배신하지 않았다. 기대했던 대로 '우아하고, 품위 있는, 역사적인 도시'로 다가왔다. 휴가철이라 모두들 마음이 여유로워서일까, 프랑스 남부 경제의 중심지에서 오는 풍요로움 때문일까, 태양이 내리쬐는 남쪽이어서일까. 와인을 늘 끼고 사는 일상의 문화 때문일지도 모르겠다. 보르도 사람들의 표정은 무척 밝고 유쾌해 보였다. 굳은 얼굴로 바쁘게 어딘가로 이동하고, 깍쟁이처럼 보이는 파리지앵과는 달랐다. 그곳에서 살아보면 달리 느껴질 수도 있겠지만 외지인에게 무척 친절해서 마음에 들었다. 마음에 안 들어도 할 수 없는 노릇이지만 도시의 첫인상이 무척 좋았다.

보르도는 가론 강변과 지롱드(Gironde)강의 하구를 따라 문화와 자연, 와인과 고성(샤토)을 한 번에 만끽할 수 있는 도시다. 보르도 도심에는 아름다운 건축물들이 정말 많다. 네오클래식 양식의 걸작으로 꼽히는 대극장과 생탕드레(성 안드레아) 대성당, 증권거래소와 그 앞의 '물의 거울', 캥콩스 광장, 피에르 다리 등 보르도를 상징하는 아름답고 거대한 건물들과 성당들이 도심에 몰려 있다. 반짝반짝 윤기가 나는 대리석과 화강암의 부조로 치장한 웅장한 건축물들이 도시의 풍요로운 역사를 보여주고 있다. '부유한 도시'라는 것을 척 봐도 알 수 있겠다.

보르도 부르스 광장 앞 '물의 거울.'

생탕드레 대성당은 원래 11세기 로마네스크 양식으로 지어졌다가 격동의 역사를 지낸 후 14세기에 고딕식으로 재건됐다. 18세기에 세워진 부르스 광장은 옛 성벽을 넘어 가론강 방향으로 도시를 확장해 나간 시기의 보르도를 볼 수 있다.

반원형의 아름다운 네오클래식 양식의 부르스 건물은 유서 깊은 역사지구의 중심이 되고 있다. 건물도 너무나 우아한데 여기에 부르스 광장에 2006년 '물의 거울'이 추가되어 재단장되면서 더욱 사랑을 받는 도시의 랜드마크가 됐다. 아름다운 부르스 건물이 '물의 거울'에 비치는 모습은 정말 아름답고 낭만적이다. 보르도는 가론강과 지롱드강의 풍부한 수량 덕분에 물의 도시라는 별칭이 있는데 그것을 상징하는 것 같기도 하다.

피에르 다리.

'물의 거울'은 물이 발목을 넘지 않는 깊이여서 더운 여름이면 맨
발로 이곳을 첨벙거리며 더위를 식히면서 기분이 절로 유쾌해지는 경
험을 할 수 있다. 아장아장 걷는 아기들이 특히 좋아하는 것 같았다.
음악을 들으며 기저귀를 찬 채 물에서 첨벙이고 뒹굴며 노는 모습을
보다 보면 시간 가는 줄 모른다.

가론 강변을 끼고 우아하고 고전적인 파사드가 길게 늘어서 있는
길이 매력적이다. 건물의 1층은 대부분 카페와 레스토랑이어서 테라
스에서 차 마시고, 식사하는 사람들을 보며 길을 따라 걷는 것만으로
도 기분이 좋아진다. 보르도의 상징과도 같은 피에르 다리 역시 우아
하고 아름답다. 특히 해 질 녘 노을빛이 가로등에 비칠 때의 다리는 꿈
속에서 본듯한 환상적인 풍경을 만들어낸다. 와인 향을 품은 부드러

운 바람이 코끝을 스치고 바로크 양식의 아름다운 도시에 가스등 불이 켜질 때의 순간을 잊을 수 없다.

부르스 뒤편의 유서 깊은 생피에르 지구의 골목에는 포도주의 명산지답게 골목 곳곳에 와인바들이 포도주 향기를 뿜어내며 호기심을 자극한다. 낮부터 밤까지 와인 잔을 들고 즐겁게 담소하는 사람들 틈에 끼어 와인을 마시면서 현지인 체험을 해보는 것도 즐겁다.

보르도 와인의 모든 것을 보여주는 라 시테 뒤 뱅(La Cité du Vin, 와인의 도시)도 보르도 여행에서 빼놓을 수 없는 필수 방문지이다. 입장료(20유로)가 좀 비싸지만 와인 한잔 시음권을 포함한 가격이라 생각하면 이해하고 넘어갈 만하다. 바타클랑 강변에 자리한 '와인의 도시'는 외관이 유선형으로 되어있다. 절묘하게 브렌딩한 와인이 오랜 시간 병 속에서 기다리다 드디어 세상을 만나게 될 때 잠시 숨을 고르도록 하는 디캔터의 모양을 본뜬 듯하다.

'와인의 도시'는 와인을 바라보는 또 다른 시각을 선사하는 색다른 문화공간이다. 몰입감 있고 감각적인 접근 방식으로 문화적이고 보편적이며 살아있는 유산으로서의 와인의 세계를 보여준다. 와인과 관련된 상설 전시와 기획 전시를 통해 와인의 역사, 보르도의 명산 와인을 생산하는 샤토와 포도주 라벨에 대한 모든 것을 배울 수 있다. 또 와인과 관련된 모든 문화와 문명에서 시대를 거쳐 전 세계를 여행하는 멋진 여행의 기회를 제공하기도 한다. 2023년 여름에는 지중해 와인 특별전을 열었다. 지중해의 햇살을 품은 남프랑스 랑그도크 지방의 루시용(Roussillon) 와인 외에 그리스와 스페인 와인들을 소개하며 이들 지역의 와인 시음과 포도 품종의 다양성을 탐구하도록 안내하고 있다. 이곳에서는 생테밀리옹, 생 줄리앙, 마르고, 메도크 같은 보르도 지역의 유명 와인 산지의 와인 시음 투어를 예약할 수도 있다.

디캔터 모습을 한 라 시테 뒤 뱅 외관과 내부의 시음공간.

참고로 2024년 6월에 보르도 와인 축제가 열릴 예정이다. 2년마다 열리는 와인 축제로 보르도 도심의 다양한 레스토랑과 와인 상인들이 참여한다. 가이드 투어, 유서 깊은 범선 투어, 와인 학교(École du Vin) 시음 등 다양한 활동과 프로그램이 기다리고 있다. 와인 재배자들을 직접 만나보고, 보르도의 명성을 드높인 지역 특산품 및 와인을 발견하는 좋은 기회다. 와인 애호가라면 다음 여행지 목록에 담아도 좋을 것이다.

보르도 시내에선 트램 A, B, C 3개의 노선이 도심의 주요 볼거리를 연결해 준다. 아주 편리하고 깨끗하다. 여행자들에게 유용한 24시간 이용권이 4.7유로다. 버스 노선도 잘 되어 있지만 도심에서는 대부분 트램으로 이동했다. 노선 정보는 인터넷 사이트(www.infotbm.com)를 참고하면 된다. 지도나 가이드북이 필요하면 이름도 참 희한한 '몰라(Mollat)' 서점에서 사면된다. 참 친절하게 책마다 북 큐레이터들이 책에 대한 코멘트를 손글씨로 써서 클립으로 끼워 놓았는데 정감이 가고 좋아 보였다. 그런데 책방 이름이 왜 '몰라'인지 물어보고 싶은데 어디에 물어볼지 알 수 없어서 참았다. 여전히 궁금하다.

렌트한 자동차를 가지고 이동할 때에는 주차위반 딱지를 주의해야 한다. 길거리에 설치된 시간 표시기에서 원하는 시간만큼 돈을 지불하고 티켓을 뽑아 차량 운전석 앞에 놓아야 한다. 위반하면 35유로. 위반 딱지에 쓰인 날짜 안에 기계에서 지불하면 30유로로 깎아준다고 기계에 쓰여있다. 범칙금을 내는 것은 여행하면서 좋았던 기분을 순식간에 망치게 하는 일이니 피하는 게 상책이다. 이 이야기를 하는 것은 미술관 관람하다가 시간을 경과해 위반 스티커를 받았기 때문이다.

보르도 현대미술관

보르도에는 순수 예술, 현대미술, 장식 예술 및 디자인뿐 아니라 자연사, 고고학, 민족지학, 풍속사 및 지역사에 전념하는 6개의 시립 박물관을 포함하여 12개의 박물관이 있다. 그중에서도 꼭 들러보고 싶은 곳이 보르도 현대미술관(Musée d'Art Contemporain de Bordeaux, CAPC)이었다. 보르도 현대미술관은 1973년 설립된 이후 상당한 발전을 거듭해왔다. 1984년 보르도 현대미술관이 됐고 1990년 창고 건물을 리모델링해 이전했다. 2002년엔 프랑스 국립미술관으로 승격됐다.

현재의 건물은 이전 아메리카와 아프리카의 식민지에서 들어온 식료품이 세관을 통과하는 동안 저장하는 역할을 했던 보세 창고(Entrepôt Lainé)를 복구한 공간이다. 원래 건물은 보르도 상공회의소의 주문을 받아 클로드 데샹(Claude Deschamps)의 설계로 1824년 1월 완공됐다. 클로드 데샹은 파리의 유서 깊은 토목학교를 나온 뛰어난 건축가이자 엔지니어로 아키텐 지역의 중요한 공공건물과 인프라를 다수 설계했다. 보르도의 상징인 피에르 교(Pont des Pierre)가 바로 데샹의 작품이다. 보세 창고에 붙은 래네(Lainé)라는 명칭은 이 프로젝트가 진행되는 데 큰 역할을 한 루이 18세 시기의 지롱드 지역 국회의원이자 국무장관 조제프-루이-조아킴 레네(Joseph-Louis-Joachim Lainé) 자작의 성을 붙인 것이다. 돌, 벽돌, 목재로 만들어진 건물은 고대 로마의 바실리카 양식과 페르시아 상인들의 카라반에서 영감을 얻어 지어졌다. 원래 두 개 동이 있었지만 한 동은 철거되고, 한 개 동만 남았다.

1973년 역사적 기념물(Monument Historique)로 등재된 건물을 보르도 현대미술관 설립자이자 초대 관장이던 장-루이 프로망이 보르도 시의 후원을 받아 문화공간으로 개조했다. 건축가 드니 발로드, 장 피

보세 창고를 개조한 보르도 현대미술관 외관 (위).
옥상에 설치된 리처드 롱의 작품 〈Black Rock Line〉(1990) (가운데).
박물관 내부 (아래).

스트르가 리모델링하고 내부 건축은 앙드레 퓌망이 작업했다. 19세기에 지어진 건물의 높은 천정과 기둥, 아치들의 형태를 그대로 살리면서 동시대의 예술을 대중에게 전파하는 역할을 하고 있다. 창고 본연의 역사를 길이 남기기 위해 내부 벽에는 19세기 창고 인부들이 써놓은 낙서도 그대로 남겨두었다고 하는데, 방문 시 육안으로 확인하지는 못했다.

창고 건물이 그렇듯이 외부에서 보는 건축은 투박한 덩어리의 3층 벽돌 건물이다. 그런데 안으로 들어가면 완전 다른 세상이 펼쳐진다. 현관으로 들어가 왼쪽으로 몇 개의 계단을 오르면 높은 천장과 함께 290평 규모의 광활한 공간이 훅 펼쳐진다. 특별한 장식도 없이 수직으로 솟은 듯한 높은 기둥들과 천장과 궁륭, 높이 난 창에서 들어오는 빛이 거친 내부를 비추면서 마치 폐허가 된 중세의 성당에 들어온 듯 독특한 분위기를 자아낸다.

중앙 전시홀에서는 매년 세계적인 현대미술 작가들을 초대해 특별 기획전을 연다. 내가 이곳을 방문했을 당시엔 베트남 출신 현대미술 작가 단 보(Danh Vo)의 개인전이 열리고 있었다. 베트남계 덴마크 국적으로 베를린에서 활동하는 단 보(혹은 안 보)는 4살 때 가족이 베트남을 탈출해 보트피플로 망망대해를 떠돌다 덴마크 국적 머스크 호에 의해 극적으로 구출됐다. 조각, 설치, 사진 등으로 이뤄지는 그의 작품은 어린 시절 난민이 된 가족사와 긴밀하게 연결돼 있다. 오래된 사물들을 이용해 과거의 맥락 속에서 개인사를 다루면서 문명과 사회를 에둘러 비판한다. 보르도 현대미술관에서 만난 작품은 대리석 산에서 발굴 작업을 한 결과물들을 유적발굴 현장에 전시한 것처럼 돌덩어리와 유물들을 설치해놓고 있었다. 난해하지만 멋진 작품이었다.

중앙 전시홀 양측으로 난 계단으로 올라가면 긴 회랑이 마치 수도원처럼 침묵 속에 펼쳐져 있다. 양측으로 현대미술 소장품을 중심으로 상설 전시를 해 놓은 갤러리들이 이어진다. 보르도 현대미술관은 약 200명의 예술가가 만든 1,600점 이상의 현대미술 작품을 소장하고 있으며 이 가운데 약 100점이 2층 상설 갤러리에 전시되어 있다.

이 미술관의 주인공은 영국 브리스톨 출신의 리처드 롱(Richard Long)인 듯했다. 영국 세인트 마틴 미술학교 출신인 리처드 롱은 대지와 자연을 이용한 설치미술(대지예술), 개념미술 작가로 유명하다. 자연적인 지형에 돌을 다양한 방식으로 늘어놓는 게 그의 독특한 작업방식이다. 미술관 3층에서 연결되는 옥상 공간에 그의 작품이 설치돼 있다. 흰 돌을 주단처럼 깔아놓은 것과 역시 같은 방식으로 검은 돌을 깔아놓은 것이다. 1990년 작품 〈White Rock Line〉과 〈Black Rock Line〉인데 이걸 뭐라고 해야 할까. 말없이 햇빛을 받으며 누워있는 돌들에게 물어보고 싶었다. 3층 뮤지엄 레스토랑의 마주 보는 벽화 2점도 리처드 롱의 드로잉 작품 〈Circle〉이다. 리처드 롱의 공식 사이트에 들어가 보면 재미있는 작품세계를 만날 수 있다. 그는 젊었을 때부터 지구 위를 걸으며 돌을 옮기고, 설치하는 작업을 했다. 일렬로 늘어놓기도 하고 원형으로 돌들을 쌓기도 했다. 드로잉 작품 〈Circle〉은 원형으로 쌓은 돌 작업을 캔버스에 옮긴 것이다.

텍스트 작업도 있는데 그중에 〈5일간 걷기〉라는 제목의 작품 내용은 이렇다. '첫째 날 10마일, 둘째 날 20마일, 셋째 날 30마일, 넷째 날 40마일, 다섯째 날 50마일.' 정확하게 의미가 무엇인지 알 수 없는데 이상하게도 흥미롭다. 흥미를 자극하며 뇌가 상상하도록 자극한다고나 할까. 텍스트의 디자인과 이미지를 함께 봐야 하니 공식 사이트에 들어가 보길 권한다.

그의 작품 중 〈걷는 돌(Walking Stones)〉은 대서양의 해안에서 북해

해안까지 영국을 횡단하며 작업한 것이다. 그는 총 382마일을 11일간 걸으며 돌을 날랐다. 첫날 한 개의 돌을 집어 둘째 날 여정 중 내려놓고, 그 자리에서 다른 돌을 주워 다음 날 내려놓고, 다시 다른 돌을 주워 다음날 내려놓고 그 자리에서 다른 돌을 줍는 식으로 같은 행동을 열하루 동안 반복했다고 한다. 롱과 함께 돌들도 걸은 셈이다. 작품 제목 그대로다. 현대미술은 아이디어와 재료의 싸움이라고 하는데 롱의 작품을 보면 그 말이 실감이 난다. 아무튼 재미있는 작가다. 국내에선 20여 년 전 대구 인공 갤러리에서 전시했다. 최근엔 대구 신라 갤러리에서 전시했다.

　　과거의 건물과 현대미술이 절묘한 조화를 이루는 보르도 현대미술관을 생각하면 지금도 처음 들어섰을 때의 강렬한 첫인상과 햇살이 눈 부신 옥상에서 마주친 리처드 롱의 작품이 기억에 남는다.

생테밀리옹 Saint-Émilion
와인의 향기에 취해

생테밀리옹(Saint-Émilion)은 보르도 와인 중에서도 가장 유명하고 뛰어난 와인 브랜드이며 생산지역이다. 생테밀리옹은 보르도에서 35킬로미터로 거리상 가까울 뿐 아니라 마을 전체가 유네스코 세계 문화유산에 지정될 정도로 아주 특별한 아름다움과 가치를 지닌 곳이다.

　　와인 병에서만 숱하게 접했던 생테밀리옹을 드디어 눈으로 보게 되었다. 보르도에서 북동쪽으로 40분 정도 달리다가 포도밭 사이로 넓지 않은 길을 따라 들어가면 오래된 종탑을 가진 성당이 나타난다. 테라스에서 아래로 펼쳐지는 파노라마는 '이게 현실인가?' 하고 눈을

낭만이 넘치는 생테밀리옹의 광장에 있는 야외 레스토랑.

비비게 될 정도로 아름답다. 시간을 초월한 비현실적 아름다움. 해가 뉘엿뉘엿 넘어가던 오후 늦은 시간에 도착해 오래된 성벽에 기대어 내려다본 마을이 너무 아름다워서 가슴이 콩닥콩닥 뛰었던 기억이 새롭다. 상쾌한 바람이 온몸을 부드럽게 휘감아 오던 그 시간, 오래된 가스등이 하나둘씩 불을 밝히면서 동화의 나라에 온 듯한 느낌이었다. 애써 감동하려 하지 않아도 감탄사가 절로 나왔다.

　포도나무가 자라기 좋은 경사진 곳에 형성된 마을은 1999년 유네스코 세계문화유산에 등재됐다. 중세에 형성된 이래 르네상스와 현대를 거치면서도 원래의 모습을 훌륭하게 보존했기 때문이다. 2017년 기준으로 마을 인구는 1,874명인데 연간 방문객은 100만 명에 이른다고 한다.

생테밀리옹 특별지구는 전체 부지의 67.5퍼센트가 포도나무 재배지로 경작부지의 총면적은 7,846헥타르에 이른다. 석회암층이 두드러지고 북쪽으로 가면서 회색 모래와 자갈이 뒤섞인 암석층이 남쪽으로 뻗어있다. 북쪽 경사면은 완만하고 남쪽 경사면은 도르도뉴 골짜기 쪽으로 급한 경사면을 이루면서 오목한 골짜기를 이루는데 그 골짜기 중 하나에 생테밀리옹 마을이 있다. 경사지에 들어선지라 넓지 않은 마을에는 훌륭한 역사적 기념물들이 곳곳에 있고, 와인숍과 식당, 호텔들이 낭만적인 분위기를 자아낸다.

너무 늦게 도착한 탓에 인근 마을에 잡아 놓은 숙소로 일단 돌아갔다가 이튿날 다시 생테밀리옹을 찾았다. 마을을 돌아보는 데는 1시간이면 충분하다. 와인숍에 들러 이것저것 구경하고 기념품도 사면서 산책을 한 뒤 전날 찜해 놓은 식당에서 점심을 먹었다. 커다란 나무가 서 있는 자그마한 광장에서 연주자들의 노래를 들으며 와인을 곁들여 맛있는 식사를 하니 더 이상 바랄 것이 없었다.

생테밀리옹 마을 외곽은 포도밭이 대부분이고, 그 안에 수많은 와인 생산자들의 샤토(château)가 있다. 샤토는 성(城)이라는 뜻인데 보르도에서는 포도밭과 그 중심에 있는 성을 가진 포도주 생산자를 샤토라고 부른다. 와이너리의 상징으로 사용하는 샤토는 중세와 르네상스 시대에 영주의 저택으로 지어진 것들이 많다. 지역에서 생산되는 석회암으로 지어진 건물들은 18세기 중엽부터 19세기 초, 말을 거쳐 20세기 초까지 지속적으로 세워졌다. 예약하면 샤토를 방문해서 와인 테이스팅도 하고 저장고를 볼 수도 있다. 호텔을 겸하는 곳도 많다. 나무 그늘 밑에서 드넓은 포도밭을 바라보면서 마치 내 포도밭인 양 상상해 보는 것도 무척 즐거웠다.

생테밀리옹과 이 지역 와인의 역사적 배경은 아주 복잡한데 와인

애호가라면 알아두면 좋을 것 같아 유네스코 세계문화유산 사이트에 소개된 글을 참고해 요약해 본다.

비옥한 아키텐 지역에 포도 재배법을 소개한 것은 로마인들이었다. 로마의 식민지 점령이 시작됨과 동시에 아우구스투스 황제는 기원전 27년 아퀴타니아 지역을 건설했다. 부르디갈라(Burdigala, 보르도의 옛 지명)의 번영과 함께 발레리우스 프로부스(Valerius Probus)는 275년 군대를 동원해 쿰브리스(Cumbris) 숲을 베어버리고 최초의 포도밭을 만들었다. 그리고 그 지역에 자생하던 포도나무인 비티스 비투리카(Vitis biturica)에 다양하고 새로운 포도 종자를 접붙였다. 중세에 포도 재배는 더 활성화됐다. 생테밀리옹 지역은 프랑스의 산티아고 데 콤포스텔라 순례길 위에 있기 때문에 11세기 이후부터 매우 번성하고 수도원, 교회 등 종교건물들이 많이 세워졌다. 수도원과 성당 등 종교시설에서 직접 포도밭을 경작해 와인을 생산하기도 하고 소작농들이 포도 경작을 하면서 와인을 생산해 사용했다.

보르도는 한때 영국의 소유지였다. 아키텐의 여공작 엘레오노르(Eleonore d'Aquitaine, 1122~1204)는 15살 때에 아버지 아키텐공작 기욤 10세로부터 아키텐 공국과 푸아티에 백작령의 광대한 영지를 물려받았다. 아키텐 공국은 프랑스에서 가장 크고 부유한 영지로 푸아티에와 아키텐을 합치면 현대 프랑스의 거의 3분의 1 크기에 해당한다. 엘레오노르가 프랑스 국왕 루이 7세와 결혼하면서 영지의 소유권이 넘어갔지만 이혼하고 영지의 소유권을 되돌려받았다. 혼인 무효 소송이 승인되자마자 엘레오노르는 앙주 백작이자 노르망디 공작이며 자신의 친척인 9살 연하의 헨리 플랜태저넷과 약혼했고 루이 7세와의 결혼 취소 8주 뒤인 1152년 5월 18일 결혼했다. 이때의 지참금으로 가져간 것이 영토 소유권이었다. 1154년 10월 25일 헨리가 잉글랜드의 왕

포도밭과 어우러진 생테밀리옹의 아름다운 풍광.

이 되고, 엘레오노르는 왕비가 되면서 아키텐 영지는 잉글랜드 왕의 통치하에 들어간다. 생테밀리옹도 잉글랜드 왕국에 속하게 되었다.

생테밀리옹 지역의 와인은 12~13세기부터 명성이 자자했다. 영국에서 '왕의 포도주'로 알려진 '뱅 오노리피크(vins honorifiques)'도 생테밀리옹 지역에서 생산했다. 잉글랜드 왕과 주요 인물들에게 공물로 바쳤기 때문에 그런 이름이 붙었으며, 그만큼 질이 좋았음을 알 수 있다. 라 쥐라드(La Jurade)로 알려진 규제 단체가 생테밀리옹 포도주의 품질을 검사한 뒤 검사를 통과한 포도주에 한해 이 명칭을 부여했다.

18세기에 대항해 시대의 수혜를 입어 부를 축적한 플랑드르 소비자들의 수요가 폭증하면서 포도 재배가 늘어났다. 1853년 파리-보르도 간 철도가 개통되면서 생테밀리옹 포도주의 배급은 또 대폭 증가했다. 1884년 최초의 포도주 기업조합이 결성됐고, 1932년에는 지롱드에 최초의 포도주 조합 소유 지하저장소가 지어졌다. 1867년 생테밀리옹 포도주는 만국박람회에서 금메달을 받았고, 1889년에는 만국박람회의 그랑프리를 공동 수상했다.

보르도의 유명 포도주들이 1855년부터 등급을 지정했던 반면 생테밀리옹 포도주는 1954년 처음으로 전국원산지명칭관리원(Institut National des Appellations d'Origine, AOC)에서 등급 판정을 받아 4개의 등급을 받았다가 1984년 생테밀리옹과 생테밀리옹 그랑 크뤼(Saint-Emilion Grand Cru)의 두 등급으로 축소했다. 현재 생테밀리옹 포도 재배 지구에서는 연평균 230헥토리터의 적포도주를 생산하며, 이것은 지롱드 지역 AOC 포도주의 10퍼센트에 해당하는 양이다.

'뒨 뒤 필라' Dune du Pilat
거대한 모래언덕

보르도를 뒤로 하고 서남쪽으로 60킬로미터 정도 달리면 대서양의 아르카숑 해안 쪽으로 의외의 풍경이 펼쳐진다. 소나무 숲 너머로 산이라고 불러도 좋을 만큼 높은 거대한 모래언덕 뒨 뒤 필라(Dune du Pilat)다. 보르도를 거쳐 남프랑스로 여행을 간다고 하니 프랑스에서 오랫동안 거주한 지인이 꼭 가보라고 권했던 곳이다. 덕분에 프랑스에서 가장 독특한 풍광을 지닌 곳에서 기억에 남는 시간을 보낼 수 있었다.

뒨 뒤 필라는 높이 110미터나 되는 모래언덕이 북쪽에서 남쪽으로 3킬로미터나 이어진다. 대서양까지는 동서로 폭이 600미터나 된다. 뒨 뒤 필라는 모래의 볼륨이 6,000만 제곱미터나 되는, 유럽에서 가장 규모가 큰 모래언덕이다. 실제로 보면 눈을 의심하게 되고 안 본 사람은 도저히 상상할 수 없는 규모다.

사구 아래에서 바라보니 올라갈 엄두가 나지 않았다. 일단 차를 안전한 곳에 세우고, 소나무 사이 평평한 모래밭에서 화이트 와인과 샌드위치로 배를 채우며 몸과 마음의 준비를 했다. 모래언덕의 정상을 향해 출발했다. 발을 옮길 때마다 속절없이 흘러내리는 모래가 원망스럽기만 했다. 방금 마신 와인 때문에 더 숨이 차는 것인지 햇살 때문인지 땀이 비 오듯 흐른다.

오전만 해도 고색창연한 고성과 포도밭이 눈앞에 펼쳐졌는데 느닷없이 사막이라니…. 너무 드라마틱한 반전이다. 전진하는 것밖에 도리가 없으니 힘들어도 모래언덕을 오른다. 모래에 푹푹 빠지면서 오르고 있는데 저 멀리 계단이 보인다. 힘들긴 마찬가지겠지만 계단을 오르면 좀 나을 것 같기는 했다. 그런데 계단까지 가는 게 더 문제라 유럽에서 가장 큰 모래언덕 된 뒤 필라.
왼쪽은 바다, 오른 쪽은 100여 년 전 인공 조림한 랑드 숲이 펼쳐진다.

모래언덕에서 연을 날리는 사람들.

가던 길을 그대로 올라갔다.

고생한 만큼 보상이 따른다는 진리는 여기에서도 틀리지 않았다. 정상에 오르니 다시 딴 세상이 펼쳐진다. 반전의 연속이다. 모래언덕이 끝없이 이어져 마치 사막의 둔덕에 와 있는 것처럼 눈앞에 믿을 수 없는 풍경이 펼쳐진다. 프랑스라는 이국서 만난 이국적인 풍광이니 이국 곱빼기라고 해야 하나? 어쨌거나 감탄사가 절로 터져 나왔다. 바람이 많이 불고 거칠 것이 없으니 연 날리기에 딱 알맞은 장소이다. 비키니 차림으로 알록달록 색이 칠해진 연을 날리는 사람들도 있었다.

서쪽은 대서양이다. 부드러운 모래로 뒤덮인 드넓은 백사장이 완만한 경사를 이루며 대서양으로 이어진다. 동쪽의 급경사와는 또 딴판이다. 방금 그렇게 힘들게 올라온 게 맞나 싶을 정도다. 이 모래언덕은 대서양에서 불어오는 칼바람으로부터 보르도 지역을 보호해 주는 역할을 한다. 덕분에 보르도 지역에서 훌륭한 와인이 생산될 수 있다고 한다.

동쪽의 급한 경사의 모래언덕 아래로 숲이 끝없이 펼쳐진다. 랑드 숲(La forêt des Landes)이라는 이름을 가진 소나무 숲이다. 규모도 놀라운데 더욱 놀라운 것은 이 숲을 인공조림으로 만들었다는 점이다. 100만 헥타르 규모로 유럽 최대의 인공 숲이다. 랑드주와 지롱드주, 그리고 로에가론주 등 3개 주에 걸쳐 있는 방대한 숲이 19세기에 인공으로 조성됐다.

그 이전에 이곳은 골칫덩어리 땅이었다고 한다. 소금기를 머금은 물 때문에 겨울에는 늪지로 변하고, 끝없이 움직이는 모래 때문에 농사를 지을 수도 없었기 때문이었다. 드넓은 땅을 이용할 수 있는 길을 모색한 끝에 시간은 오래 걸리겠지만 지속 가능한 방법을 찾아냈다. 자연 친화적인 방법으로 바닷가에서 잘 자라는 소나무를 심는 것이었다. 우리나라의 동해안에도 바닷가에서 잘 자라는 소나무를 심어 방풍림을 형성한 것과 비슷한데 이곳의 규모는 비교할 수 없을 만큼 어마어마하다.

　1857년부터 본격적으로 해안 쪽은 모래언덕을 고정하도록 소나무와 잔디를 심고, 내륙의 모래언덕에는 소나무와 갈대 등을 심었다. 참나무도 일부 심었다. 차츰 나무들이 자라고 뿌리를 내리면서 생태가 안정됐다. 대부분 지역의 물기가 빠지고 1세기가 흐른 지금은 울창한 소나무 숲이 하늘을 덮고 있다. 소나무 아래는 거칠고 뿌리가 억센 종류의 잔디와 덤불이 서로 잘 엉키어 생태적 안정을 찾아 자리 잡고 있다. 1970년엔 이 지역의 일부가 자연공원으로 지정됐다. 소나무 숲에는 시에서 운영하는 캠핑장이 곳곳에 자리하고 있어 바다와 나무가 어우러진 휴가지로 각광받고 있다. 이렇게 휴식을 제공할 뿐 아니라 숲에서 나오는 목재는 다양한 자재로 활용되고 펄프 제조에도 쓰인다니 자연과 환경을 지혜롭게 가꾸어 모래와 바다와 자연이 있는 훌륭한 사례다. 거친 자연과 타협해 인간에게 유리하게 활용하려면 이 정도로 길게 내다봐야 한다.

바스크 해안의 짙푸른 바다, 비아리츠
〔Biarritz〕

비아리츠로 향한다. 언젠가 한 번쯤 꼭 가보고 싶었던 곳들이 있는데 비아리츠도 그중 한 곳이다. 대서양 남쪽 스페인과의 국경에서 가까운 이곳은 프랑스인들이 프로방스의 작은 마을들과 함께 최고의 휴양지로 꼽는다. 파도가 높아서 프랑스에선 거의 유일하게 서핑을 즐길 수 있는 곳이기도 하다.

비아리츠의 상징처럼 보이는 바닷가 바위 위의 성채 사진을 본 뒤 늘 마음에 품고 있었지만, 엄두가 나지 않아 가보지 못했던 도시였다. 파리에서 TGV로 바로 갈 수 있지만 아무래도 거리가 멀다 보니 짧은 휴가 기간에 가기엔 부담스러웠다. 프랑스 남부 여행을 보르도에서 시작한 덕분에 드디어 비아리츠를 여정에 포함시킬 수 있게 됐다.

보르도에서 서남쪽으로 이동해 아르카숑(Arcachon)을 거쳐 대서양을 끼고 남쪽으로 내려가면 비아리츠가 나온다. 지방도로 D652를 타고 가다가 고속도로 A63을 타고 갔다. 비아리츠에서 25킬로미터만 더 가면 스페인 국경이 나온다.

밤늦게 도착해서 시 외곽에 있는 호텔에 짐을 풀고 시내 구경을 하러 나갔다. 해변을 끼고 있는 도시라 주차공간을 찾기가 어려워 이리저리 움직이면서 보니 이런, 야경이 너무 아름다웠다. 좀 더 일찍 도착하지 않은 게 후회될 정도였다. 해변 쪽의 풍경에는 말 문이 막혔다. 짙은 청색과 보라색이 뒤엉킨 저물녘의 하늘은 경이롭기까지 했다. 많은 사람이 해가 기울고 어둠이 내려앉는 무렵의 변화무쌍한 풍경을 보기 위해 나와 있었다. 바닷가이니 바람은 선선하고 눈앞에서는 자연의 장대한 오케스트라가 펼쳐지고 있었다. 별천지가 따로 없었다.

나폴레옹 3세가 스페인에서 시집온 아내 외제니를 위해 마련한 여름 별장은 특히 화려하고 아름답다. 이곳은 현재 '호텔 뒤 팔레'로 바뀌었으며 유럽에서 가장 아름다운 호텔의 하나로 꼽힌다.

비아리츠의 상징
'로세 드 라 생트 비에르주(성모의 바위섬)'.

고전주의 양식의 아름다운 건축물들이 불을 밝힌 거리와 해변에는 사람들이 바글바글했다. 대서양을 끼고 이뤄진 오래된 휴양도시에 이만큼 많은 사람이 있으니 자연히 길에는 주차할 틈이 없었다. 주차장도 만원이라 좁은 길을 오르내리다가 결국 주차공간을 찾지 못하고 아쉬움을 뒤로한 채 호텔로 돌아올 수밖에 없었다. 혹시나 다시 가게 되면 반드시 일찍 도착해서 호텔에 차를 두고 대중교통을 이용해 시내로 나와 여유 있게 식사를 하고 산책을 하며 비아리츠의 아름다운 밤을 제대로 즐기리라.

전날 주차난을 경험한지라 다음 날 아침에는 렌트한 차를 호텔에 두고 버스를 타고 해변 산책에 나섰다. 버스는 24시간 이용권이 2유로인데 버스 안에서 직접 구매한다. 바람이 불고 하늘은 좀 흐렸지만, 산책 나온 사람들이 적지 않았다. 파도가 높은 이곳은 프랑스에서 서핑을 즐길 수 있는 것으로 유명하다. 아침부터 해변에서 서핑을 배우는 모습도 보였다. 비아리츠에서는 서핑 스쿨이 여럿 있어서 며칠 머문다면 한번 배워볼 만도 하겠다.

비아리츠의 밤과, 낮의 해변.

비아리츠는 해변 산책로가 잘 가꿔져 있다. 조성된 지 100년은 더 됐을 것 같은 산책로에는 간간이 돌로 된 벤치를 둔 휴식공간이 있고 나무가 우거진 터널도 있어 지루하지 않다. 한낮의 따가운 햇볕과 바람으로부터 보호해줄 것이다. 해변을 따라 달리기를 할 수 있는 건강 산책로(Les Chemins de la Forme)도 만들어져 있다. 데크를 설치하지 않고 자연지형을 살려 만들어진 산책로를 달리는 사람들이 많았다. 이렇게 멋진 해변이라면 누군들 달려보고 싶지 않을까.

작은 어촌에 불과했던 비아리츠가 파리의 부르주아들에게 휴양지로 각광받게 된 것은 19세기 말이다. 나폴레옹 3세가 스페인에서 시집온 아내 외제니를 위해 스페인 국경에서 가까운 이곳에 여름 별장을 마련해 주면서부터다. 황제에 이어 유럽의 왕족과 귀족들, 부호들 사이에선 이곳에 별장을 마련하고 여름휴가를 보내는 게 대유행이 되었다. 20세기 초 벨 에포크 당시 정점을 이뤘고 오늘날까지 그 명성이 이어지고 있다. 언덕 마을에는 벨 에포크 시절에 지어진 듯 아르데코 스타일의 별장들이 저마다 아름다움을 뽐내듯 들어서 있다.

세 개의 비치가 있는 해변은 풍광이 정말 아름답다. 비아리츠의 상징 '로슈 드 라 생트비에르주(Roche de la Sainte Vierge, 성모의 바위섬)'에서 바라보던 짙푸른 바다는 잊을 수 없다. 해변의 거센 파도에도 꿋꿋하게 바위 위에 서 있는 빌라 벨차, 바다를 굽어살피는 듯 의연하게 서 있는 생마르탱 등대는 보는 것만으로도 마음이 정화되는 기분이다. 로슈 드 라 생트비에르주를 직역하면 성모 마리아의 바위다. 바위섬 꼭대기에 바다를 바라보도록 성모상을 설치해 놓았는데 뱃사람들의 안전과 영혼의 휴식을 기원하는 의미라고 한다. 마치 해수관음상처럼.

끼룩끼룩 하는 갈매기 소리를 들으며 성모상이 있는 바위섬을 보고 나니 흐렸던 하늘이 쨍하고 맑아졌다. 해변에는 어디서 이 많은 사람이 나타났는지 모르게 해수욕을 나온 사람들로 바글바글했다. 같이 일광욕을 하며 여유를 즐기고 싶었으나 갈 길이 먼 나그네는 그럴 여유가 없다. 아쉬움은 여행의 양념처럼 늘 따라다닌다.

비아리츠는 스페인 북부까지 이어지는 바스크 해안이 시작되는 곳이다. 지척에 있는 도시 바욘(Bayonne)은 바스크 축제로 유명하다. 생장드뤼즈(Saint-Jean-de-Luz)는 역시 아름다운 해변과 산티아고 가는 길의 스페인 도로 시작 지점으로 잘 알려져 있다. 생장드뤼즈의 생장 밥티스트 성당은 1660년 루이 14세와 마리아 테레사의 결혼식이 열린 곳으로 유명하다.

바스크 지방은 스페인도, 프랑스도 아닌 독자적인 언어와 문화를 지니고 있다. 베레모는 원래 바스크 지방 농부들이 쓰던 모자다. 바스크족은 피레네산맥 서쪽의 스페인 북부와 프랑스 남서부에 200만 명 정도가 거주하고 있다. 대부분이 스페인에 속해 있고 10퍼센트 정도가 프랑스에 속한다. 바스크족은 14세기에 스페인에 통합되었지만 19세기까지는 준독립 지위를 인정받았다. 19세기 들어 그 특권이 박탈되고 1939년 프랑크 독재정권 수립 후 심한 탄압을 받았다. 1959년 결성된 바스크 분리주의 무장단체 ETA(바스크 조국과 자유)가 독립을 요구하며 과격 테러를 저질렀으나 이들의 방식에 반발 여론이 거세지자 한계를 느끼고 2006년 3월 22일 영구 휴전을 선언했다.

스페인 바스크 지방의 도시 산세바스티안에 사는 친구를 만나러 갔던 적이 있다. 아주 오래전의 일이라 정확히 장소를 기억하진 못하지만, 친구의 어머니가 만들어 준 스페인 가정식 빠에야를 먹고 저녁에 그곳 친구들을 만나러 나갔었다. 산속의 선술집 같은 분위기였는데 그곳 사람들의 친화력이 대단해서 초면임에도 뭔지 모르게 강한 동지애 같은 걸 느낄 수 있었다. 험한 산과 거친 바다를 터전으로 살아

온 사람들 특유의 거칠지만 뜨거운…, 지금 생각해보니 그것이 아마도 바스크다움이었던 것 같다. 산세바스티안의 그들은 지금 무얼 할까? 비아리츠에서 조금만 더 올라가면 산세바스티안인데 역시 아쉽다.

'루르드의 성모'를 찾아서

[Lourdes]

프랑스 남서쪽, 피레네산맥 북쪽 기슭에 있는 시골 마을 루르드 (Lourdes)는 포르투갈의 파티마와 더불어 가톨릭 신자들에게 유럽 성지 순례 중 꼭 가봐야 할 장소로 꼽힌다.

모처럼 계획한 남프랑스 여행이었으니 오래전부터 가보고 싶었던 루르드가 당연히 포함되었다. 남프랑스 여행을 함께 했던 후배가 독실한 가톨릭 신자이고 나 역시 오랜 냉담기를 지나온 가톨릭 신자이다 보니 좀 돌아가더라도 이번에는 '기적의 루르드'를 꼭 경유하자는 여행 동반자의 마음과 일치했다.

비아리츠에서 점심을 먹고 루르드를 향해 출발했다. 포(Pau)를 지나 피레네산맥의 한가운데로 들어가는 길은 고속도로가 없고 국도만 있어서 예상했던 것보다 시간이 오래 걸렸다. 해가 진 뒤에 루르드에 도착했다. 산속의 마을은 그야말로 적막강산이다. 순례객들이 찾아오는 곳이라 그런지 더욱 조용하게 느껴졌다. 낮에 비아리츠의 해변에서 느꼈던 분위기와는 영 딴판이다. 예약하고 찾아간 숙소에 부엌 시설이 있어서 가져간 부식으로 저녁을 해결하고 내일을 위해 일찍 잠자리에 들었다. 긴 하루의 끝, 낯선 곳에서 아주 깊은 잠을 잤다. 꿀맛 같은 단잠이었다. 이 멀리까지 찾아온 것을 기특하게 여긴 성모님의 은총이었는지도 모른다고 생각하기로 했다.

가난한 소작농의 딸이었던 소녀 베르나데트 수비루(Bernadette Soubirous, 1844~1879)는 1858년 2월 11일부터 7월 16일까지 루르드의 마사비엘(Massabielle) 동굴에서 18회에 걸쳐 성모 마리아의 발현을 체험했다. 당시 14살의 소녀였던 베르나데트 수비루의 보고에 따르면 마

성모 발현을 기념하는 성당과 동굴.

가난한 소녀 베르나데트가 성모의 발현을 체험한 루르드 동굴 앞에서
무릎 꿇고 기도하는 사람들.

사비엘 동굴 근처에 있는 가브강을 건넌 여동생과 친구를 따라 베르나데트도 강을 건너려고 신발을 벗었을 때 폭풍우 같은 바람 소리를 들었다. 그러나 강변의 나무와 수풀은 조금도 흔들리지 않았다. 그때 동굴에서 갑자기 빛이 뿜어져 나왔고 '고귀한 부인'이 모습을 드러냈다. 발끝까지 내려온 하얀 드레스에 하늘색 허리띠를 두르고 하얀 베일로 머리와 어깨를 덮었으며 팔에는 묵주를 두르고 있고 발아래에는 노란 장미가 있었다. 베르나데트는 여인의 아름다운 모습에 도취하여 자기도 모르게 묵주를 꺼내 기도를 바쳤다. 베르나데트가 묵주 기도를 끝마치자 여인은 베르나데트에게 머리를 숙여 인사한 다음 동굴 속으로 사라졌다.

베르나데트는 집으로 돌아오는 도중에 비밀을 지킨다는 조건으로 여동생에게 그 이야기를 해주었다. 부모가 이를 알고 터무니없는 얘기라며 베르나데트를 나무랐다. 2월 18일 베르나데트에게 나타난 여인은 "앞으로 2주 동안 매일 이 동굴에 오라"는 말을 남겼다. 이어서 "나는 너에게 이 세상의 행복은 약속하지 못하지만, 다음 세상의 행복은 약속하마"라고 말했다고 전해진다.

2월 25일, 그 여인은 작은 흙탕물을 가리키며 베르나데트에게 가서 마신 다음에 몸을 씻으라고 했다. 베르나데트는 여인이 지시한 대로 손으로 땅을 깊이 파헤친 후 그 물을 마시고 목욕했다. 그러자 깨끗한 샘물이 갑자기 엄청난 양으로 솟구쳤다. 이 소식이 방방곡곡에 알려지면서 온갖 종류의 병을 앓는 환자들이 대거 몰려와 이 샘물을 마시거나 몸에 뿌렸다. 그 후 많은 기적 치료가 보고되었다. 의학적 설명은 불가능했다. 샘물을 통해 기적적으로 치유된 것으로 인정받은 첫 번째 환자는 사고로 오른손이 기형으로 변한 여성이었다.

3월 25일, 밤중에 베르나데트는 어둠을 틈타 동굴에 겨우 도착했다. 동굴 주위에는 울타리가 쳐져 있어 안으로 들어갈 수는 없었기에 그녀는 가브 강가에 무릎을 꿇고 동굴을 바라보았다. 잠시 후 베르나데트는 여인의 모습을 볼 수 있었다. 베르나데트는 그녀에게 세 번이나 되풀이해 이름을 물었으나 여인은 미소만 지을 뿐 대답이 없었다. 마침내 네 번째 물음에 "나는 원죄 없는 잉태이다"라는 대답을 들었다. 7월 16일 베르나데트는 동굴에 마지막으로 찾아갔다. 베르나데트는 나중에 "그렇게 아름다운 모습은 한 번도 본 적이 없었다"라고 회고했다.

매우 비판적인 태도를 보였던 교회도 1858년 11월 17일 루르드에 대한 조사위원회를 발족했고 1860년 1월 18일 지역 교구장은 "동정 마리아께서는 참으로 베르나데트 수비루에게 나타나셨다"라고 발표했다. 1862년 바티칸은 공식적으로 성모의 발현을 인정했다. 베르나데트는 1866년 너베르(Nevers) 수녀원에 들어갔고, 1879년 4월 16일 35세의 나이에 지병인 결핵으로 세상을 떠났다. 1925년 6월 14일에 복녀 품에 올랐고 1933년 12월 8일 교황 비오 11세에 의해 시성되었다.

루르드는 가톨릭 역사상 가장 위대한 순례지 가운데 하나가 되어 순례자들의 행렬이 연중 끊이지 않는다. 마사비엘 동굴의 생수는 질병을 치유하는 신통한 효험이 있다고 알려져 있다. 성모 발현 이후 루르드에서는 지금까지 7,000여 건의 기적 치유 사례가 보고됐다. 그중에서도 교회가 공식적으로 인정한 기적은 총 70건(2020.2.11 현재)에 이른다. '기적'을 바라는 마음으로 연간 500만 명이나 되는 순례자들이 이곳을 방문해 루르드의 성모(Notre Dame de Lourdes)가 베르나데트에게 "샘에 가서 그 물을 마시고 몸을 씻어라"라고 한 명령을 따라 행하고 있다.

마침 주일이었다. 아침에 상쾌한 기분으로 일어나 짐을 챙기고

성모 발현을 기념해 지어진 루르드의 로제르 노트르담 성당과 무염시태 성당.

루르드의 성소들을 둘러보기 위해 길을 나섰다. 성소로 가는 길목에는 기념품 가게들이 줄지어 있다. 묵주 등 성물과 병 치료에 효험이 있다는 성수를 받아갈 수 있도록 물통, 성수 병들을 팔고 있다. 기념품은 나중에 오면서 사기로 하고 높은 종탑이 보이는 성지를 향해 걸음을 재촉했다.

　루르드에는 두 개의 큰 종교건물이 있다. 성모 발현을 기념해 1883년에 지어진 비잔틴 양식의 루르드 로제르 노트르담 성당(Basilique Notre Dame du Rosaire de Lourdes)과 높은 종탑을 가진 루르드 무염시태 성당(Basilique de Notre Dame de l'Immaculee Conception de Lourdes)이다. 루르드 로제르 노트르담 성당이 전경을, 루르드 무염시태 성당이후경을 이룬다.

로제르 성당은 베르나데트가 성모를 봤을 때 묵주를 들고 있었다고 증언한 것을 기념해 세워진 것이다. 무염시태 성당은 성모가 "나는 원죄 없이 잉태했다"라는 말을 하고 자신이 발현한 곳에 성당을 세울 것을 요청했다는 증언을 바탕으로 그 장소에 지어졌다. 열세 번째 성모 발현(3월 2일 화요일) 시 "사제들에게 가서 여기에 작은 성당 하나를 지으라고 말하여라. 많은 사람이 참배하기를 바란다"라는 메시지를 전했다고 한다.

성당 건물을 끼고 돌아가면 강가에 베르나데트가 성모를 만났다는 마사비엘 동굴(Grotte de Massabielle)이 있다. 루르드의 성모상은 1864년 바로 그 발현장소에 건립되었다. 이 두 개의 성당과 마사비엘 동굴은 루르드의 성모와 관련된 주요 가톨릭 성소로 꼽힌다.

루르드에 갔던 날은 3개월간의 순례가 끝나는 날이어서 유럽 각지에서 온 순례객들로 인산인해였다. 전날 밤 루르드는 너무나 조용했고 아침에 길에서도 사람이 별로 보이지 않았는데 이 많은 사람은 어디에 있다가 나타난 것인지 모를 일이었다. 루르드의 성모와 성수가 치유의 기적을 이룬다는 이야기가 있어서인지 순례자들 사이에는 휠체어를 탄 사람들이 많았고, 그들을 도와서 함께 온 사람들까지 참 다양한 사람들이 성지를 찾아와 의미 있는 시간을 보내고 있었다. 종교의 힘은 참 대단하다는 생각이 들었다.

마사비엘 동굴에서도 순례객들을 위한 의식이 열렸다. 의식은 사람들이 줄을 서서 동굴 벽을 만지고 성모상을 지나가는 것으로 끝난다. 그리고 각자 그곳을 빠져나와 조용히 기도를 올린다. 모든 것이 조용하고 질서 정연하게 진행된다.

치유의 힘이 있는 성수는 동굴의 샘에서 나오는데 동굴 옆으로

관을 연결하고 수도꼭지를 여러 개 달아놓아 많은 사람이 성수를 담아갈 수 있도록 해 놓았다. 정말 간절하게 기적을 원하는 사람들은 성수에 몸을 담글 수도 있다고 한다. 가브강을 건너가면 소원 초를 꽂을 수 있는 기도 공간들이 있다. 150년 넘게 순례객을 맞는 곳이니 모든 것이 잘 갖춰져 있다.

마을에는 베르나데트의 집이라는 곳에서 묵주, 베르나데트의 사진을 담은 엽서 등 기념품을 팔고 있다. 기념품 가게에 있는 작은 모니터 화면에서는 성녀 베르나데트의 이야기를 주제로 한 흑백영화를 계속 틀어주고 있었다.

루르드의 기적을 주제로 다룬 영화도 여럿 있다. 성모 발현과 베르나데트 수녀의 이야기를 다룬 흑백영화 〈베르나데트의 노래〉(1943)가 가장 먼저 나왔다. 국내에는 '성처녀'라는 제목으로 소개된 흑백영화인데 성녀 베르나데트 역을 맡았던 제니퍼 존스는 이 영화로 아카데미 여우주연상을 받았다. 그리고 2009년 프랑스, 독일, 이탈리아 합작으로 만든 예시카 하우스너 감독의 〈루르드(Lourdes)〉가 있다. 전신 마비로 손과 발을 모두 움직일 수 없는 크리스틴이 루르드에서 기적처럼 다시 일어서게 되는 이야기가 중심인데 종교영화라기보다는 매우 사실적으로 그린 다큐멘터리에 가깝다. 루르드라는 성지를 꽤 상세하고 면밀하게 보여준 완성도 높은 영화라고 하는데 보지는 못했다.

강변 벤치에서 만난 프랑스인 모녀는 여러 차례 루르드에 왔다고 했다. 프랑스 북부에 있는 어느 도시에서 왔다는 그들은 기적을 믿어서 오는 것이 아니라고 했다. 거리가 멀고 시간을 특별히 내야 하지만 여행을 하는 자체가 치유의 힘을 지닌 것 같다고 했다. 프랑스 사람들은 참 설득력 있게 자기 생각을 잘 표현한다. 여행 자체가 치유의 힘이 있다는 말에 공감이 갔다. 맞다. 나 역시 그 무언가, 어딘가를 향해 여행하면서 늘 마음에 힘을 얻곤 했다. 루르드를 찾아 먼길을 오면서 생각을 늘 하고 있으면 언젠가는 실현된다는 것을 새삼 느꼈다. 지나고 보니 나도 그곳을 다녀온 것만으로도 좀 치유가 된 것 같았다. 여행의 치유 효과인지도 모르겠다.

루르드에 갔던 다음 해에 크로아티아를 여행하면서 보스니아-헤르체고비나의 메주고리예(Medjugorje) 성모 발현지에도 가게 됐다. 1981년 6월 당시 유고슬라비아의 메주고리예라는 아주 작은 마을에 성모 마리아가 발현했다. 메주고리예에 나타난 성모 마리아의 기본 메시지는 바로 하느님과 화해하고 그분께로 다시 돌아와 평화의 구원을 받으라는 것이었다. 이후 클리자밧의 십자가 그늘 아래 살고 있는 어린아이들에게 매일 같은 모습으로 나타났다고 한다.

포르투갈 중부 산타렝주의 레이리아 교구 소속인 파티마에선 1916년 천사 발현 3번, 1917년 5월 13일부터 10월 13일까지 성모 발현 6번이 있었다고 한다. 메주고리예의 성모 발현이 가톨릭교회의 공식 인준을 받지는 못했지만, 루르드에 이어 메주고리예를 간 것은 우연은 아닐 거라는 생각이다. 남은 것은 포르투갈의 파티마뿐. 머지않아 가게 될 것 같은 예감이 든다.

'몽마르트르의 작은 거인' 툴루즈-로트레크의 고향 알비
【Albi】

'벨 에포크(Belle Epoque)'를 단어 그대로 해석하면 '아름다운 시절'이다. 19세기 말 프로이센-프랑스 전쟁이 끝난 뒤부터 1차 세계대전이 발발하기 전까지 유럽, 특히 프랑스 파리를 중심으로 안정되고 풍요로웠던 시절을 그리워하면서 붙인 이름이다. 벨 에포크 시절 극장식 카바레(카페 콩세르)와 뮤직홀, 사창가가 번성했던 파리 몽마르트르는 각지에서 모여든 예술가들로 늘 왁자지껄하고 낭만이 넘쳤다.

사고 때문인지, 유전 때문인지 아무튼 하체 장애로 성장이 멈춰 버린 화가 로트레크(Henri de Toulouse-Lautrec, 1864~1901). 그는 자신이 자주 다닌 몽마르트르의 술집과 사창가, 뮤직홀, 카바레를 주제로 대담한 화면 구성과 강렬한 색채로 그곳 사람들의 모습을 진솔하게 그려냈다. 물랭루주의 댄서 라굴뤼와 아리스티드 브뤼앙 같은 가수들의 공연을 알리는 로트레크의 석판화 포스터는 당시 큰 인기를 끌었다. 과감한 생략과 왜곡된 선, 화려하고 평면적인 색채가 두드러진 그의 석판화 포스터는 지금도 파리를 상징하는 이미지로 널리 알려져 있다.

로트레크의 원이름은 앙리 마리 레이몽 드 툴루즈-로트레크 몽파(Henri Marie Raymond de Toulouse-Lautrec-Monfa), 줄여서 앙리 드 툴루즈-로트레크로 부른다. 프랑스에서 성과 이름 사이의 '드(de)'는 귀족 가문일 경우 사용한다. '어디 출신의'라는 뜻이다. 이런 이름에서 알 수 있듯이 그는 12세기부터 이어져 내려오는 프랑스 남부 알비의 귀족 가문 출신이다.

남부 프랑스에서 강력한 영주였던 툴루즈 백작의 직계 후손으로 백작 작위를 가진 알퐁스 샤를르와 사촌지간인 아델 조에 타피에 사이에서 태어나 귀족 혈통과 엄청난 재산, 재능을 물려받았다. 하지만 모든 것을 가질 수는 없는 법인지 그는 어릴 때부터 몸이 허약했다. 8세 때 파리에 가서 학교에 들어갔다가 건강이 나빠지면서 다시 고향 알비로 돌아와 요양하며 가정교사에게 교육을 받았다. 뼈가 약했는데 열세 살이던 해에 말에서 떨어지는 사고로 한쪽 허벅지를 다치고, 열네 살 되던 해에는 다른 쪽 다리가 부러지면서 양쪽 다리가 성장을 멈추게 된다. 이 때문에 성인이 된 뒤에도 152센티미터의 작은 키로 평생을 지팡이에 의지해 살아야 하는 신세가 된다. 하지만 그가 불구의 몸이 된 이유는 사촌지간의 결혼으로 인해 유전적 결함을 갖게 되었다는 설이 유력시된다. 당시엔 사촌 간 결혼이 상류층에서 흔한 일이었다.

신체적 결함 때문인지 더욱 그림에 몰두하게 된 그는 1882년 삼촌의 주선으로 파리에 올라가 정식으로 그림 수업을 받기 시작한다. 아카데미 출신의 화가 레옹 보나, 역사화가 페르낭 코르몽의 화실에 나갔지만, 로트레크는 그런 아카데믹한 교육보다는 삶의 현장에서 생생한 모습을 빠르게 그려내는 에드가르 드가의 영향을 받았다. 당시 다른 인상주의 화가들이 그랬듯이 그 역시 자포니즘에 매료되어 외곽선이 드러나는 일본의 목판화 우키요에의 표현기법을 포스터용 석판화 작품에 반영했다.

그는 예술가 친구들이 사는 몽마르트르를 즐겨 찾으며 사창가 여인들과도 친하게 어울렸다. 이성으로서가 아니라 화가 친구로서 그들의 삶에 밀착해 감정과 애환을 담아내는 작업에 많은 시간을 보냈다. 1890년대에 이르러 사창가의 세계는 그가 가장 좋아하는 주제 중 하나가 되었지만, 너무 추하다는 이유로 작품을 자유롭게 전시할 수 없었다.

그는 당시 몽마르트르의 스타급 연예인이었던 라굴뤼(La Goulue),

앙리 드 툴루즈-로트레크.

잔 아브릴(Jane Avril), 발랑탱 르데조세(Valentin le Désossé)가 공연하는 물 랭루주(1889년 개장)에도 자주 들러 그림을 그렸고 이베트 쥐베르(Yvette Guibert)가 노래하는 카바레 디방(Divan)의 재개장을 위해 포스터도 제 작했다. 로트레크는 몽마르트르의 예술가들을 캐리커처에 가깝지만, 특징을 아주 정확하게 포착해내 묘사해 인기가 많았다.

선천적으로 몸이 약한 데다 불규칙한 생활과 당시 유행했던 독주 압생트(absinthe) 과음, 수면 부족과 무분별한 성관계 등으로 매독과 알 코올 중독에 걸린 그는 1899년 발작으로 쓰러진 후 파리 교외 뇌이의 병원에 입원했다. 가까스로 병원을 나왔지만, 중독성 강한 압생트를 계속 마시다가 다시 쓰러졌다. 반신불수가 된 몸으로 고향으로 돌아 간 그는 1901년 말로메에서 어머니가 지켜보는 가운데 숨을 거뒀다. 그의 나이 37세였다. 짧은 생애 동안 그가 남긴 작품은 5,000여 점에 이른다.

파리에 처음 여행을 가는 사람들이 빼놓지 않고 들르는 곳이 몽 마르트르 언덕이다. 이곳을 거쳐 간 화가들은 손으로 꼽기 어려울 만 큼 많다. 그중에서도 유독 눈길을 끌었던 화가가 '몽마르트르의 거인' 이라 불렸던 툴루즈-로트레크였다. 파리의 엽서와 포스터를 파는 기 념품 가게에 가면 가장 먼저 눈에 들어오는 것 중 하나가 카바레 물랭 루주와 르 샤 누아르(검은 고양이)의 포스터를 그린 화가 로트레크의 작 품들이다. 매춘부들의 심리까지도 너무나 사실적으로 묘사한 이 작품 들은 파리와 함께 연상되는 이미지들이다.

툴루즈-로트레크의 출생지는 툴루즈가 아니라 툴루즈에서 자동 차로 50분 정도 거리에 있는 알비(Albi)다. 남부 프랑스 쪽에서는 오래 전부터 랑그도크 지역의 붉은 진흙을 구워 벽돌 건축물을 많이 지었다. 알비는 인근의 툴루즈, 몽토방과 함께 랑그도크 지역 특유의 붉은 벽돌로 지어진 건물들로 이뤄진 도시이다. 그래서 '붉은 도시'라고 한다.

건물 중에는 13세기에서 15세기 사이에 지어진 남부 고딕 양식의 걸작인 생트세실 대성당이 있다. 요새처럼 보이는 엄격하고 방어적인 외관과 화려한 실내장식의 강한 대비가 특징이다. 11세기에 세워진 다리 퐁 비외(Pont Vieux)와 생트세실 성당, 주교들의 성이었던 베르비 궁(Palais de la Berbie)이 모두 붉은 벽돌로 지어졌다. '붉은 도시' 알비는 붉은 벽돌로 지어진 성당과 성, 다리 등 다양하고 찬란한 역사를 보여주는 풍부한 건축 유산을 보존하고 있다. '오래된 다리'라는 뜻의 퐁 비외는 1035년 돌로 지은 후 벽돌로 치장한 다리는 8개의 아치 위에 놓여있으며 길이는 151미터다. 얼마나 튼튼하게 지어졌는지 거의 천 년이 지났어도 여전히 사용되고 있다. 13세기에서 15세기 사이에 지어진 남부 고딕 양식의 걸작인 생트세실 성당과 주교들이 살았던 베르비 궁, 생트 살비 수도원, 타른강과 퐁 비외 등 역사적인 건축물이 풍부하고 잘 보존된 덕분에 알비는 2010년 7월 31일 유네스코 세계문화유산에 등재됐다.

도착해서 숙소에 짐을 풀고 허기를 달랜 뒤 산책하다 보니 다음 날을 기대해볼만했다. 조명을 받은 생트세실 성당의 위용은 대단했다. 성당이 아니라 요새처럼 보였다. 그러나 역시 지방의 소도시인지라 밤에는 적막강산이다. 간간이 불이 켜진 곳은 식당이나 바 정도였다. 다음 날 본격적으로 방문하기로 하고 숙소로 돌아와 긴 하루를 마무리했다.

이튿날 아침 시내 구경을 하러 가던 길에 마주친 인상 좋은 현지인에게 "어딜 그리 바쁘게 가는지?" 물었더니 "마르셰(시장)에 간다"고 한다. 그러면서 시내의 시장(marché couvert, 천정이 덮인 상설 시장)에 꼭 들러보라고 권했다. 어차피 시내로 들어가는 길목이라 큰 기대를 하지 않고 들어가봤다. 들어서자마자 정말 깜짝 놀랐다. 엄청난 규모와 다양한 식재료가 만들어내는 알록달록한 색채와 향기의 향연에 눈이 휘둥그레졌다. 시각과 후각이 동시에 열리면서 뇌가 마구 아우성치는 것만 같은 느낌이었다. 식욕이 발동한 것과는 다른 색다른 경험이다.

남부 프랑스의 신선한 먹거리가 넘쳐나는 알비 시장.

　이처럼 다양한 식재료 시장이라니! 미식은 시각으로부터 시작하는 것이라는 것을 실감하게 해준 알비 시장의 다양한 식재료들. 남프랑스 사람들의 풍요로운 삶을 느낄 수 있다. 지역에서 나는 식재료가 정말 다양하고도 풍요롭게 가득 차 있었다. 포도주부터 채소와 과일, 전통적 방식으로 만들어진 각종 저장 음식, 견과류, 가금류, 육고기 등 보는 것만으로도 눈이 즐겁고 배가 불러오는 것 같았다. 서울 광장시장처럼 시장에는 해산물, 닭고기 요리 등을 파는 식당도 있었다. 단골 식당을 찾아 장바구니를 옆에 놓고 식사를 하는 사람들도 꽤 많았다.

　툴루즈-로트레크는 뛰어난 요리실력을 가졌던 것으로 알려져 있는데, 어릴 때부터 이런 풍요로운 식재료를 가지고 전통요리와 향토 음식을 많이 먹어봤기 때문이라는 생각이 들었다. 봐야 할 것들을 보고 다시 오기로 하고 침을 꼴딱 삼키고 시장을 나왔다. 금강산도 식후경이라는데…. 나중에 이 오래된 황금 격언을 실천하지 않은 것을 후회했다.

툴루즈·로트레크 박물관

알비는 원래 성당과 주교좌 건물 집단을 중심으로 도시가 형성됐다. 역사적인 지역은 63헥타르에 달하는데 모두 다 걸어서 가볼 수 있는 거리에 있다. 가장 먼저 찾은 곳은 당연히 툴루즈·로트레크 박물관이다. 시내 중심부에 자리한 박물관은 알비의 상징과도 같은 생트세실 대성당 옆에 있는 팔레 드 라 베르비(베르비 궁)에 있다. 어릴 때 말에서 떨어지는 사고를 당한 후 하체의 성장이 멈춘 탓에 불구의 몸으로 살았던 불행한 천재의 사진이 밖에 걸려 있다.

비가 온 뒤라서 물을 머금은 붉은 벽돌색이 더욱 진하게 보인다. 비를 맞고 싱싱하게 피어난 꽃의 선명한 색상과 붉은 벽돌이 한데 어우러진 광경은 역시 감동이었다. 툴루즈·로트레크가 선명하고 강렬한 색을 즐겨 사용한 것은 어릴 때부터 이런 색감을 보고 자란 때문일 것이라는 생각을 하면서 미술관으로 들어갔다. 정문을 통과해 계단을 내려가면 안마당이 있고 입구가 나온다.

붉은색 벽돌로 된 웅장한 베르비 궁은 13세기 지어지기 시작한 것으로 1905년 알비시에서 인수할 때까지 생트세실 성당의 주교가 거주지로 사용했다. 주교에게 엄청난 권한이 주어지던 시기였지만, 늘 이교도들의 반란 등 위험이 도사리고 있던지라 성은 견고한 요새의 형태를 갖춰 지어졌다. 시대를 거치면서 주교들이 각각 건축물을 보강하면서 현재의 모습을 갖추게 된다. 가장 오래된 성 카트린 탑이 주교가 거주하던 곳이고, 그 서쪽으로 법정과 교회 감옥으로 향하는 성 미카엘 탑이 있다. 유사시에 대비해 타른강 쪽으로는 두 개 층 아래에 탈출구도 만들어져 있다고 한다. 프랑스 대혁명(1789)과 나폴레옹 제정 이후 국가의 소유가 된 베르비 궁은 도서관 기능만 남아 있는 상

로트레크 박물관이 있는 알비의 베르비 성과 아름다운 정원.

툴루즈-로트레크의 작품을 가장 많이 소장한 박물관 내부.

태에서 복원이 추진되는 듯하다가 1905년 정교분리(교회와 국가의 분리)로 종교적인 기능이 완전히 제거됐고 1922년 알비 태생의 화가 툴루즈-로트레크에게 헌정된 미술관으로 개관했다.

미술관 소장품은 툴루즈-로트레크의 부모가 알비시에 기증한 작품 1천여 점으로 세계 최대 규모의 로트레크 컬렉션을 자랑한다. 1901년 툴루즈-로트레크가 사망한 뒤 그의 부모는 아들의 예술적 재능을 후세 사람들에게 알리기 위해 모아 두었던 로트레크의 작품을 알비시에 기증했다. 1차 대전으로 인해 미술관 건립 작업이 늦어지다가 1922년 문을 열었다.

미술관에는 툴루즈-로트레크가 어릴 때 그린 스케치 작품과 말 그림부터 젊은 시절의 자화상, 어머니 아델의 초상화들, 파리에서 작업한 툴루즈-로트레크의 대표작들이 전시돼 있다. 특히 인물의 묘사와 구성에 관심이 많았던 로트레크는 인물화를 아주 많이 그렸는데 인물의 신체적 특징부터 독특한 생김새와 자세, 표정 등 인물의 내면을 드러내는 표현에 세심하게 주의를 기울였던 것을 볼 수 있다.

툴루즈-로트레크는 누구도 표현하려 하지 않았던 파리의 사창가 여인들의 삶을 담았다. '무슈 앙리' 혹은 '커피 주전자'라는 별명으로 불렸던 툴루즈-로트레크는 사창가의 여인들을 찾아 사탕과 꽃을 선물하고 함께 주사위 놀이를 하곤 했다. 아예 방을 얻어 일주일, 혹은 2주일씩 장기 투숙하곤 하면서 손님이 돌아가고 난 뒤 식탁에 둘러앉아 함께 식사도 하며 음악을 들려주기도 했다. 그렇게 해서 그는 파리의 그 어떤 화가도 그릴 수 없었던 주제를 그림으로 남길 수 있었다.

미술관을 돌아보면서 강하게 다가온 것은 위대한 모성의 힘이었다. 툴루즈-로트레크의 어머니 아델 백작 부인은 재산이라면 남부러울 것이 없었지만 불구의 몸이 된 큰아들에게 늘 마음의 짐을 안고 있

알비의 툴루즈-로트레크 박물관 정문.

었을 것이다. 로트레크가 그린 아델 부인의 초상화를 보면 어딘가 어
두운 그늘이 있고, 조심스러운 표정이다. 귀족 가문에서 태어난 사람
이 파리의 사창가에서 여자들과 어울리며 그림을 그리는 것을 로트레
크의 아버지는 달갑게 생각하지 않았지만, 어머니는 걱정하면서도 늘
모성애로 감싸며 아들을 응원했다. 그녀는 마지막에 만신창이가 되어
병원에 누워있는 아들을 자신이 소유한 말로메 성으로 데려와 극진하
게 간호했다. 하지만 결국 품에 안긴 아들을 하늘나라로 먼저 보내야
했다. 그때의 심정이 어땠을지 상상해보면 가슴이 먹먹해진다.

　　툴루즈-로트레크가 남긴 그 많은 작품을 이렇게 한자리에서 볼
수 있는 것은 어머니 아델의 사랑 덕분이다. 그녀는 아들의 그림을 작
은 것 하나 버리지 않고 꾸준히 모아놓았다. 가장 열정적인 컬렉터인
것이다. 재능은 많으나 불행했던 아들이 훗날 많은 사람에게 기억되
길 바랐던 아델 백작 부인은 1930년 생을 마감했다. 아들이 떠난 지
29년 만이었다.

베르비 궁은 정원이 아름답기로 유명하다. 정원은 히아신스 세로니(Hyacinthe Serroni)가 알비 교구의 주교와 초대 대주교로 있던 1678년부터 1687년에 만들어졌다. 이름이 히아신스였기 때문이었는지 정원에 진심이었던 것 같다. 프랑스식 화단의 테라스와 카운터 테라스를 배치하고, 길고 고귀한 난간과 문장이 새겨진 돌계단을 배치한 독특한 디자인인데 무척 화려하고도 정갈하게 꾸며져 있다. 붉은 벽돌 건물과 아름다운 원색의 꽃들이 멋지게 조화를 이룬다. 지중해성 기후를 보이는 알비는 가을에 온화하고 봄은 자주 습하고 여름은 덥고 건조한 편이다. 연간 평균 기온은 15도 내외, 평균 강우량은 730.9밀리미터다. 아름다운 꽃이 자라기에 좋은 기후일 것이다. 테라스에서 바라다보이는 정원에서는 퐁 비외(Pont Vieux, 올드 브리지)가 있는 타른강의 풍광이 그림처럼 한눈에 내려다보인다.

베르비 궁은 젊은 알비 사람들에게 결혼 기념사진 촬영 장소로도 사랑받는다. 그만큼 고색창연하면서도 로맨틱한 장소다. 정원과 테라스는 늘 개방되어 알비를 방문하는 사람들에게 멋진 기억을 선사한다.

미술관을 방문하고 시내에 있는 툴루즈-로트레크의 생가를 찾아갔는데 개방되지 않는 곳이어서 생트세실 성당으로 갔다. 남부 고딕 양식의 걸작인 생트세실 대성당은 요새처럼 보이는 엄격하고 방어적인 외관과 화려한 실내장식의 강한 대비가 특징이다. 카타리 이단의 봉기 이후 기독교 신앙의 상징으로서 거대한 벽돌 구조물이 수 세기에 걸쳐 지어졌다. 도미니크 드플로랑스 문, 78미터 높이의 종탑, 파사드 위 팀파늄의 발다킨 조각물이 볼거리다. 클뤼니의 보르도 공방에서 온 예술가들이 조각한 웅장한 폴리크롬 조각상들로 장식되어 있으며, 200개가 넘는 조각상들은 원래 색깔을 간직하고 있다. 대성당에는 크리스토프 무슈렐이 18세기에 제작한 파이프 오르간이 설치돼 있다.

툴루즈-로트레크가 어린 시절을 보낸 보스크 성과 표지판.

시내를 한 바퀴 돌고 나니 점심시간이 한참 지나 있었다. 식사를 하려고 시장에 가보니 안타깝게도 문이 닫혀 있었다. 일반적으로 시장은 새벽에 문을 열어서 오후 2시 이전에 문을 닫는다는 것을 몰랐던 것이다. 하는 수없이 광장의 카페에서 늦은 점심을 먹고 툴루즈-로트레크 거리의 보스크 성(Château du Bosc)으로 향했다.

보스크 성은 로트레크가 어린 시절 자주 들렀던 할머니 소유의 성이다. 알비에서 자동차로 30분 거리. 그런데 너무 여유를 부리며 식사를 하고 갔더니 전시실 개방 시간을 지나 도착했다. 전시실에 들어갈 수 없다는 말에 아쉬운 마음을 누르고 돌아서려는데, 매표소의 안내원이 불러세운다. "멀리서 왔으니 특별 기획전은 볼 수 있게 해준다"는 것이다. 별관에 마련된 기획전시장에 전시된 작품은 개인 소장품이라 촬영은 할 수 없지만 아주 중요한 컬렉션이니 보고 가라고 호의를 베풀어주었다.

　매우 자부심이 강한 보스크 성 안내원의 설명에 따르면 툴루즈-로트레크는 정신착란을 일으켜 파리 외곽의 뇌이 병원에 감금된 채 치료를 받고 있었다. 병문안을 온 친구에게 색연필과 스케치북을 가져다 달라고 한 뒤 어린 시절 구경했던 서커스 장면들을 하나둘씩 기억 상자에서 꺼내 아주 상세하게 그렸다. 이 그림들을 담당 의사에게 보여주고 정상이란 것을 판명받아 병원에서 나올 수 있었다. 전시장에서는 감금 상태에 있으면서 그린 크로키 작품들을 보여주고 있었다. 어린 시절 알비에서 가족과 함께 즐겁게 보냈던 추억들이 그를 병원의 감금 상태에서 풀어줬지만, 그의 몸은 이미 만신창이였고 죽음의 그림자가 그를 덮치고 있었다.

　시골의 보스크 성과 영지는 적막했지만 조용하고 평화로웠다. 이런 곳에서 안락하게 살 수도 있었는데도 불구의 고통과 차별을 감내하며 예술가의 길을 가며 열정을 풀어낸 툴루즈-로트레크. 그의 작품을 보면서 다시 한번 느낀다. 인생은 짧지만, 예술은 영원하다는 것을.

랑그도크의 팔색조 매력,
와이너리와 수도원 그리고 예술
【Languedoc】

프랑스를 얘기할 때 가장 먼저 떠올리는 것 중의 하나가 와인이다. 보르도는 가장 널리 알려진 프랑스의 대표적 와인 산지이고, 부르고뉴와 루아르 그리고 알자스까지 정말 다양하고 훌륭한 와이너리가 있다. 우리나라에는 잘 알려지지 않았지만(요즘 조금씩 늘어나고 있기는 하다) 랑그도크루시용(Languedoc-Roussillon) 지방에서도 매우 좋은 와인이 아주 많이 생산되고 있다. 한 세기 전만 해도 프랑스 와인의 절반 이상이 이곳에서 생산되었다고 하고, 오늘날에도 프랑스 와인의 3분의 1 이상이 생산되고 있다. 랑그도크 와인은 보르도처럼 세련되게 멋을 부리지도, 부르고뉴처럼 예민하지도 않은데 땅(테루아)의 기운과 태양의 기운이 아주 강하게 느껴진다. 와인 그 자체의 묵직함과 강직함, 때 묻지 않은 자연스러움을 지니고 있어서 개인적으로 좋아한다. 가성비도 매우 좋다.

프랑스 여행을 계획하던 중 지인을 통해 알게 된 프랑스인 피에르가 랑그도크 지방에 와이너리를 갖고 있다고 했다. 마침 이 지역을 여행한다고 하니까 고맙게도 본인의 와이너리에 있는 숙소를 이용하게 해주었다. 덕분에 랑그도크에서 '와이너리 스테이'를 하게 됐다. 지도를 들여다보니 아주 시골 같았다. 근처의 큰 도시는 나르본(Narbonne). 나르본에서 40분 정도 떨어진 시골에 있는 샤토 드 카라귈(Château de Caragulhes)에 밤늦게 도착했다. 관리를 맡고 있는 이웃집 부인이 "연락을 받았다"라며 환한 미소로 반겨준다.

프랑스에서는 와이너리(비뇨블)가 딸린 와인 생산자의 메인 건물

샤토 드 카라킬 창밖으로 보이는 포도원.

을 '샤토(château)'라고 한다. 대부분 그 이름이 와인의 상표가 된다. 이 집은 성까지는 아니고 아주 큰 3층짜리 저택이었다. 1층에 부엌과 식당, 테이스팅 룸이 있고 2층과 3층에 게스트를 위한 방들이 있는 그런 구조였다. 이웃이라고는 관리를 맡고 있는 부부가 사는 집이 전부이고 주변은 사방천지가 포도밭이다. 창문을 열면 포도밭이 펼쳐지는 '와이너리 뷰'의 방들은 모두 깨끗한 침구를 갖추고 잘 청소가 되어있었는데 손님은 없고, 상주하는 것은 도마뱀뿐인 것 같았다.

첫날밤 도착했을 때는 적막함에 너무 삭막하고 어색했다. 장시간 운전한 뒤라서 몸이 피곤해서 더 그렇게 느껴졌을 수도 있겠다. 그런데 아침에 일어나서 창문을 열고 보니 언제 그런 기분을 느꼈는지 모르게 상쾌함이 밀려왔다. 포도 이파리 사이로 햇살이 밝게 비치고 맑은 바람이 부드럽게 불어 창문으로 들어왔다. 여행의 참맛이 이런 것이지 싶었다. 여행하면서 늘 가슴 설레는 순간이 바로 '낯선 곳에서 맞는 평화로운 아침'이다. 어제의 피곤함은 단잠으로 모두 날리고, 오늘은 어떤 새로운 일들이 내 앞에 펼쳐질지 기대에 부푼다.

느긋하게 아침을 먹고 오전 시간에 포도원을 관리하며 포도주 생산품을 총괄하는 피에르의 동업자 세바스티앙의 도움으로 이곳에서 나오는 와인을 시음하는 시간을 가졌다. 이곳에서 생산하는 유기농 와인은 화학 비료를 사용하지 않고 자연조건에 맞춘 재배방식으로 키운 포도를 화학적 약제 처리 없이 만든 순수한 와인이다. 풍부한 햇살과 맑은 공기를 품은 포도를 일일이 손으로 따고 그것을 숙성시켜 만

랑그도크 지방에서 머물 때에 만난 저녁노을. 랑그도크 와인에는 이 노을빛도 담겼을 것 같다.

든 포도주는 과일 향이 풍부하면서도 균형이 잘 맞춰진 훌륭한 와인
이었다. 로제 와인 카라, 각각 특성이 다른 토양에서 수확한 레드 와인
솔루스와 샤토 드 카라귈이 생산되는데 북미지역에서 매우 인기가 있
다고 한다. 특히 로제 와인 카라가 인기가 높다고 했다.

　랑그도크루시용은 프로방스의 서쪽에 위치한다. 아래로 내려가
면 지중해다. 랑그도크 와인은 지중해 연안을 따라 이어지는 초승달
모양의 드넓은 지역에서 생산된다. 랑그도크의 토질(전문가들이 사용하
는 용어로는 '테루아'라고 한다)은 매우 다양한데 해안 가까운 곳은 충적토,
내륙으로 들어가면 백악질과 자갈, 석회질로 구성된다. 지중해성 기
후를 보이기 때문에 남부 론(Rhone) 와인과 프로방스(Provence) 와인의
형제 같은 와인이다.

　지중해에서 가까운 이곳은 로마인들이 정착해 일찌감치 포도 재
배를 시작했다. 프랑스에서도 초기에 포도나무가 재배된 지역이다.

샤토 드 카라귈에서 생산되는 유기농 와인들.

너무 양이 많다 보니 20세기 초까지 랑그도크 와인은 그저 평범한 대량생산 와인, 일상적으로 마시는 와인으로 분류되고 심지어 물보다 싸게 팔리기도 했다. 랑그도크 와인 생산자들은 품질에 관심을 기울이는 사람들이 없었고, 과잉생산으로 가격이 너무 낮아진 포도밭을 갈아엎고 다른 농작물을 재배하기 시작하면서 와인 산업은 큰 타격을 입었다. 포도 재배자 수도 급격히 줄어들기 시작했다. 그러나 최근에는 많은 변화가 있었다. 양보다 질로 승부한다는 철학과 전문 양조기술을 갖춘 소규모 생산자들이 구원투수로 등장한 것이다. 이들은 높은 지대에 자리한 뛰어난 포도밭에서 특징이 강한 와인을 만드는 데 주력한다. 특히 이들 생산자들은 화학적 약제를 재배과정에서 전혀 사용하지 않은 바이오 농법으로 훌륭한 유기농 와인을 만들겠다는 철학을 실천한다. 샤토 드 카라귈의 와인들은 이런 변화의 산물이다. 규모는 크지 않지만, 과일 향과 태양의 기운을 담은 순수하면서도 개성이 넘치는 와인이다.

소규모 와인 생산자들은 병입 시설을 설치할 여력이 없다. 어떻게 하나 했는데 이동식 시설을 이용하고 있었다. 덤프트럭 한 대로 병입부터 포장까지 뚝딱! 그곳에서 머문 마지막 날은 마침 병입하는 덤프트럭이 와서 작업하는 날이어서 신기한 장면을 구경할 수 있었다. 마지막날 하니 생각이 나는 것이 또 있다. 그곳을 떠나려고 인사하고 나서는데 관리인 아주머니가 헐레벌떡 우리를 찾아왔다. 밭에 토마토가 너무 잘 익었는데 구경하고 가라는 것이었다. 정말 튼실하고 붉은 토마토가 태양을 머금은 듯 무르익어 있었다. 난생처음 보는 붉고 큰 토마토를 들고 사진도 찍으며 이별의 아쉬움을 달랬다. 아주머니가 한 보따리 싸준 토마토는 '정(情)'이었다.

퐁프루아드 수도원
중세 수도원과 현대미술

샤토 드 카라귈은 바쁜 일정을 소화하며 강행군했던 남프랑스 여행 중 내 집 같은 기분을 느낄 수 있었던 곳이었다. 긴 여행 중 휴식과도 같은 평화로운 날들이었다. 사흘을 머물면서 밀린 빨래도 하고, 쉬엄쉬엄 근처 도시들로 나들이 다녔다. 그중 하나가 퐁프루아드 수도원 (Abbaye de Fontfroide)이다. 지도를 보고 찾아갔는지, 아니면 차를 타고 나르본 방향으로 가다가 우연히 들렀는지 기억은 잘 나지 않지만 분명한 것은 수도원 한 곳을 방문하겠다는 계획이 있었다. 그래서 고동색으로 그려진 '문화유적' 표지판을 보고는 바로 이 수도원을 방문하게 됐다.

맑은 날이었다. 하늘도 맑고 공기도 맑고. 파란 하늘을 배경으로 말없이 서 있는 높고 넓은 담을 지나자 중후한 돌로 지어진 묵직한 수도원이 인상 깊게 다가왔다. 일부러 찾아간 곳은 아니었는데 알고 보니 매우 유서 깊은 수도원이었다.

퐁프루아드 수도원의 기원은 1093년으로 거슬러 올라간다. 중세에는 영주가 통치하던 지역에 성직자들을 위해 땅과 함께 자립할 수 있는 터전을 마련해주었는데 나르본 자작이 베네딕토회 수도사들에

11세기에 설립된 퐁프루아드 수도원의 고요한 안뜰.

퐁프루아드 수도원 회랑의 아름다운 기둥과 아치.

퐁프루아드 수도원에 설치된 김인중 신부의 스테인드글라스.

게 부지를 주면서 수도원이 만들어졌다. 수도원 근처에 수원(水原)이 퐁스 프리지뒤스(Fons Frigidus)였는데, 거기에서 수도원의 이름을 따왔다. 1145년 이후 본격적으로 발전을 시작했는데 수도사들은 시토회의 규율을 따르면서 성 베네딕트의 순결한 정신으로 돌아가고자 했다.

수도원 공동체는 80명의 수사와 250명의 수도자로 구성되었고 수많은 기부금과 토지 매입 덕분에 한창 시절엔 2만 헥타르 이상의 땅을 소유하면서 당시 가톨릭 교단에서 가장 부유한 수도원 중 하나가 되었다. 14세기엔 이곳에서 교황 베네딕토(프랑스어명 베누아) 12세를 배출하는 등 위세를 떨쳤지만, 시간이 흐르면서 내부의 부패와 타락도 심했다고 한다.

프랑스 혁명은 모든 수도원의 특권을 종식시켰고 이 수도원 역시 1791년 나르본의 그리스도교 빈민구제 기구인 '호스피스 드 나르본'에서 관할하게 된다. 이곳의 역사에서 중요한 인물이 나타나는데 장 레오나르 신부다. 신학대학에서 수학을 가르치던 장 레오나르는 문학과 과학문화에도 조예가 깊었고 경건함과 목가적 감각까지 지녔다. 이곳의 원장을 맡게 된 그는 수도원을 꽃과 약용 식물이 가득한 지역의 명소로 가꾸었다. 그가 1895년 사망했을 때 나르본 전 지역에서 그의 장례식에 참석했을 정도로 지역에서 존경받는 인사였다.

1901년 교회와 정치가 분리되는 법에 따라 마지막 수도사들이 이곳을 떠나고 1908년 이 수도원이 경매에 나왔을 때 귀스타브와 마들렌 파예 부부가 이 수도원을 사들였다. 귀스타브 파예는 화가이자 박물관 큐레이터였고 예술작품 수집가로도 유명했다. 그는 수도원의 복원과 재건축에 열정을 바쳤다. 오늘날에도 귀스타브 파예의 후손들이 여전히 같은 열정으로 수도원을 박물관으로 유지하고 있다.

이런 오랜 역사를 지닌 수도원에서 뜻밖에도 놀라운 것을 발견했다. 수도원 부속 예배당에 들어갔는데 작은 채플에 낯익은 현대미술 작품이 걸려 있었다. 설명을 보니 김인중 신부의 작품이었다. 김인중 신부는 '빛의 화가', '빛의 사제', '스테인드글라스의 거장'이라는 수식어가 붙는 화가 신부로 유명한 분이다. 서울대 미대를 졸업하고 스위스에서 사제서품을 받은 뒤 1974년 이후 파리의 도미니크 수도회 소속으로 사제 활동을 하며 스테인드글라스와 회화, 도자 등 열정적으로 작품 활동을 해 왔다. 한국적 정서에 영성이 깃든 추상화를 접목한 김 신부의 작품은 선과 여백, 밝고 강렬한 색채가 특징이다.

생각지도 않은 장소에서 마주친 김 신부님의 작품은 정말 인상적이었다. 벽에는 유화 작품이 걸려 있고 그와 같은 주제로 스테인드글라스가 설치되어 있었다. 설명서를 보니 이 채플의 이름은 '죽은 이를 위한 예배당'이다. 어느 영혼인들 이 작품과 함께 자유롭지 않을 수 있을까.

수도원의 복도에는 또 다른 현대미술 작품이 설치되어 있었다. 설명문을 읽어보니 옥시타니(랑그도크, Langue d'Oc의 'oc'은 옥시타니 지방을 가리킨다) 지방정부에서 주관하는 현대미술 프로젝트로 진행한 설치 작품이었다. 방문객이 많은 여름 바캉스 기간 동안 지역의 유명한 역사적 기념물에 현대미술 작품을 설치하는 프로젝트였다. 수도원에 설치된 작품은 면류관을 상징하는 것 같은 스페인 작가의 작품이었다.

이 수도원을 사들여 박물관으로 만든 귀스타브 파예는 미술관 큐레이터였고 그 후손들도 그런 경향을 이어받아 현대미술을 적극 포용하고 있는 것 같았다. 문화재로 지정된 퐁프루아드 수도원은 약초를 재배하고, 꽃을 가꾸는 아름다운 정원이 유명하고 오래된 와이너리에서 와인을 생산해 판매하고 있다. 수도원이라는 장소가 주는 고요함 속에서도 변화와 전통을 유연하게 수용하는 것이 놀라웠다.

나르본 Narbonne
시인들의 영혼이 담긴 도시

샤토 드 카라궐 주변에서 가장 큰 도시는 나르본(Narbonne)이다. 인구는 5만 명에 불과하고 크지도 않은 도시지만 오랜 역사를 지녔다. 버드나무로 둘러싸인 조용한 계곡에 있는 퐁프루아드 수도원으로 거쳐 나르본으로 향했다.

로마인들이 통치하던 시절 프랑스(당시엔 갈리아라고 불렸다. 카이사르는 『갈리아 정복기』를 남겼다)는 스페인과 함께 로마제국 병사들을 위한 곡물창고 역할을 했다. 나르본은 B.C. 1세기에 갈리아 지방에서 생산되는 곡물을 로마로 실어 나르는 중요한 항구로 기능하면서 도시가 발달했다. 로마인들이 만든 길 '비아 도미티아(Via Domitia)'가 나르본을 지나갔다. 비아 도미티아는 로마에서 프랑스 남부의 주요 도시들인 나르본, 몽펠리에, 님, 시스테롱 등을 지나 스페인까지 이어지는 긴 수송로였다. 나르본 시청 앞에 마차가 다니던 흔적이 남아있는 비아 도미티아 일부가 보존되어 있다.

중세 시대까지 항구 역할을 하던 나르본은 오드(Aude)강 범람으로 항구 기능을 상실하고 쇠퇴하다 1507년부터 프랑스 왕실령이 됐다. 나르본에는 수도원 성당과 고딕 양식의 성당, 그리고 로마의 흔적을 여기저기서 볼 수 있다.

이 도시가 가장 번창한 때는 13~14세기였다. 1272년에 처음 지어진 고딕 스타일의 생쥐스트-에-생파스퇴르 대성당이 그 증거일 것이다. 외부는 보수되지 않아 허술했지만 (일부러 그렇게 두었을지도 모른다는 생각이 뒤늦게 들었다) 내부는 고딕 성당의 아름다움을 제대로 간직하고 있었다. 성당은 14세기의 조각과 함께 아름다운 스테인드글라스와

나르본의 생쥐스트-에-생파스퇴르 대성당 내부.

나르본 성당 옆에서 발견한 인상적인 시의 벽.

벽 장식용 태피스트리가 유명하다. 예배당 중 하나인 마들렌 예배당은 14세기의 벽화로 장식되어 있다. '고색창연함'이란 단어가 적확하게 맞아떨어지는 공간을 넋을 놓고 바라보고 있는데 마침 누군가 파이프 오르간을 연주하기 시작했다. 미사 시간도 아닌데 연주하는 것을 보면 아마도 연주를 앞두고 연습 중이었던 것 같다. 파이프 오르간은 18세기에 설치된 것인데 당대 유럽에서 가장 유명했던 제작자가 만들었다고 한다. 그래서인지 오랜 세월이 지났는데도 음이 정확하면서도 중후하고 풍부해서 공간을 성스러운 분위기로 충만하게 해주었다.

　나르본 성당을 나와 주변을 돌아보던 중 오래된 창고 건물 벽에 시가 쓰여 있는 것을 발견했다. 낙서한 게 아니라 일부러 정성 들여 벽을 장식한 것 같았다. 노란색 페인트로 칠한 벽에 「시인들의 영혼(l'Ame des Poetes)」이라고 쓰고 시를 적어놓았다.

파리에서 생쉴피스 성당 근처의 건물 벽에 아르튀르 랭보의 시를 적어놓은 것을 본 적이 있다. 그것도 매우 인상 깊었는데 나르본에서도 이처럼 벽에 시를 써놓은 것을 보니 뭔가 특별한 이유가 있었겠지만 지나가는 나그네는 알 수 없었다.

긴 시간, 긴 시간, 긴 시간이 흘러
시인들이 사라지고 난 뒤에도
그들이 지은 시는 여전히 거리에 흐르고
사람들은 가끔씩 그 시를 즐기겠지
누가 지었는지도 모르는 채
그 시인들의 심장이 누구를 위해 뛰었는지도 모르는 채
때로는 단어를 바꾸고, 문장을 바꾸기도 하겠지
불현듯 떠오르는 대로 말이지
사람들은 노래하겠지
라 라 라 라 라… 이렇게

1연을 번역해봤다. 누가 지은 시인지 알 수 없지만, 그냥 그대로 멋지다. 그냥 아무 생각 없이 셔터만 눌러도 그림 같고 한 장의 포스터 같다.

나르본은 '시인들의 영혼을 새겨 놓은 도시'로 나의 기억 속에 남았다. 화려하고 웅장한 것만이 도시의 랜드마크가 아니라는 점을 나르본에서 알게 됐다. 우리나라에서도 시인의 고향에 가보면 시비를 만들어 세워놓은 곳이 많이 있지만, 나르본처럼 멋진 것을 보진 못했다.

성채도시 카르카손

중세 요새 도시와 현대미술의 만남

오드(Aude) 강가의 가파른 기슭에 자리 잡은 카르카손(Carcassonne)은 전형적인 요새 도시다. 동화 속에 나오는 것 같은 작은 탑과 성벽으로 둘러싸여 있는 중세의 성채 도시를 샤토 드 카라귈에 머무는 동안 찾아갔다.

약 2,500년의 역사를 가지고 있는 카르카손은 초기엔 골 족의 정착지였고 이후 로마인, 서고트인, 사라센인, 십자군에 의해 점령되었는데 중세에 특히 중요한 요새 도시로 기능했다. 대서양과 지중해 사이, 이베리아반도와 유럽 대륙 사이라는 전략적 위치에 자리한 까닭이다.

프랑스 남부의 랑그도크 루시용 지방은 중세 그리스도교 종파인 카타리파(Catharisme)가 성장한 지역으로 카르카손이 그 본거지였다. 12세기 말~13세기에 카르카손의 영주였던 레몽로제 트랑카벨 자작(Vicomte de Raimond-Roger Trencavel)은 카르카손에 성과 성당을 짓고 카타리파 사람들을 이주시켰다. 카타리는 그리스어로 '순수'를 나타내는 카타로스(Katharos)에서 온 말이라고 한다. 기성 교회의 타락을 비판하며 물질세계를 악으로 간주했던 종파인 카타리파 사람들은 세속적인 생활을 버리고 비폭력과 채식, 금욕생활을 했다. 랑그도크에서 독립적으로 성장하고 급속히 확대되자 로마 가톨릭 교회에서는 카타리파를 이단으로 간주하고 1209년 프랑스 왕을 앞세운 십자군을 보내 랑그도크의 카타리파를 없애도록 한다. 트랑카벨 자작은 자신의 영지에서 쫓겨난 뒤 죽고 카르카손은 십자군에 포위되어 엄청난 고초를 겪었다. 그 저항의 역사를 보여주는 유물들이 생 나제르 성당에 남아 있다.

중세의 요새 도시 모습을 간직한 카르카손 성 입구.

카르카손은 스페인과 프랑스가 분쟁을 멈추고 국경을 새로 정한 피레네 조약(1659년) 이후 이 요새 성의 쓸모가 사라지면서 버려진 채 200년이 흐르고 폐허로 남게 됐다. 프랑스 정부는 1849년 칙령으로 성채를 철거하도록 했지만 격렬한 반대에 부딪혔다. 특히 카르카손 시장인 장-피에르 크로-메레비에유와 고대 유적 조사관이었던 프로스페르 메리메는 이 요새를 역사적 기념물로 보존하기 위한 캠페인을 주도했다. 결국 정부를 설득해 카르카손 복원계획이 세워지고 생 나제르 대성당 복원작업을 하던 건축가 외젠 비올레-르뒤크(또는 르뒤크, 1814~1879)가 복원 및 보수의 임무를 맡았다.

르뒤크는 자료를 바탕으로 지금의 모습과는 완전 딴판이었던 성채의 복원작업을 시작했다. 1853년 남서쪽 벽에서부터 공사가 시작되었고, 그 뒤를 이어 나르본 성문의 탑과 시테(성안 도시)의 주요 출입구

복원 공사가 이어졌다. 주요 관심은 탑과 성벽의 지붕을 복구하는데 쏠려 있었는데, 르뒤크는 남쪽 지방의 전형적인 스타일인 테라코타 타일 대신 북부 지방에서 사용되는 슬레이트 지붕을 사용하는 바람에 아직도 카르카손의 복원방식에 문제를 제기하는 사람들이 많다. 르뒤크는 죽음을 앞두고 그의 제자인 폴 보즈윌발트 등 후배들이 카르카손의 복원을 마무리할 수 있도록 많은 메모와 그림들을 남겼다. 이런 노력 끝에 완성된 성채는 지붕의 오류에도 불구하고 1997년 유네스코의 세계문화유산 목록에 추가됐다.

카르카손이라는 도시 이름과 관련해 민간에서 전해 내려오는 바에 따르면, 카르카손의 어원은 레이디 카르카스라는 이름의 성주에서 비롯되었다고 한다. 레이디 카르카스는 샤를마뉴에 대항해 전사한 무슬림 왕자 발라크의 아내로 남편이 죽은 후 프랑크 군에 맞서 도시를 방어해야 했다. 레이디 카르카스는 머리가 비상해서 적은 병력으로 대군에 맞서 성을 지키고 적을 격퇴할 수 있었다. 샤를마뉴의 군대가 도시 앞 평야를 지나 떠나는 것을 보고, 레이디 카르카스는 적을 물리친 것을 기뻐하며 도시의 모든 종을 울리도록 했다. 이 소리를 듣고 샤를마뉴의 부하 중 한 명이 외쳤다. "카르카스가 종을 울리고 있다!" 이를 프랑스어로 하면 "카르카스 손느!(Carcass sonne!)"이고 줄여서 카르카손이 된 것이라는 전설이다. 카르카손 고성의 나르본 문에는 전설적인 인물 레이디 카르카스의 거대한 조각이 방문객들을 환영하고 있다.

성문으로 들어가면 작은 도시가 나온다. 지금은 박물관이 된 성과 성당을 중심으로 광장, 상점, 시장, 식당이 있고 그 뒤로 민가가 빼곡하게 들어서 있다. 대부분 중세 성채도시는 자족도시의 기능을 하도록 이렇게 구성되어 있다. 성채는 52개의 탑과 이중으로 들어선 3킬로미터 길이의 성벽이 둘러싸고 있다.

중세의 성벽에 펠리체 바리니의 장소특정적 예술작품이 설치된 모습 (2018년).

방문했던 당시 카르카손 성벽을 따라 야광 페인트로 둥근 원들이
그려져 있었다. 나르본의 퐁푸르아드 수도원에서 잠시 언급했는데,
방문객들이 많은 여름 시즌 6월부터 9월까지 남부 옥시타니 지방에
서 역사적 건물이나 문화유적 12곳을 선정해 유명한 현대미술 작가들
의 작품을 설치하는 'IN SITU 프로젝트'였다. 워낙 눈에 띄어서 멀리
보이는 높은 언덕 위에 성채를 더욱 멋지게 만들었다.

이탈리아 현대미술 작가 펠리체 바리니(Felice Varini)의 〈Cercles
concentriques excentriques〉인데 '동심원, 편심원' 정도로 뜻으로 이해
하면 될 것이다. 오드(Aude) 문을 중심으로 성벽과 탑에 동심원을 그려
넣은 작품으로 원이 외곽으로 갈수록 굵어진다. 치밀하고 정확하게
계산된 페인팅 작업으로 평면의 그래픽들이 3차원의 공간 위에 중첩
되며 하나의 이미지를 형성하는 착시현상을 이끌어내는 작업으로 유
명한 바리니는 '오래전부터 그 자리에 그렇게 있어서 익숙해진 것을

새롭게 바라보게 하는 것'을 의도했다고 한다. 그곳에 그 장소를 이용해 그때만 설치하는 장소 특정적 작품이다. 지금은 사진으로만 볼 수 있지만, 현장에서 봤을 때 참 신기하고 신선했다. 이 역시 그때 그 장소에서 누릴 수 있었던 여행의 즐거움이었다.

시인 폴 발레리의 고향 세트
[Sète]

"바람이 분다… 살아야겠다!"

20세기 최고의 상징주의 시인 폴 발레리(Paul Valéry, 1871~1945)의 「해변의 무덤(La Cimetière marin)」 중 한 대목이다. 시인의 시는 영혼을 갈아 넣은 것이라는 말을 실감하게 하는 강렬하고도 압축적인 단어의 집합이다.

『악의 꽃』으로 유명한 샤를 보들레르(1821~1867)를 '근대시의 아버지'라 부른다. 프랑스 시의 큰 흐름을 이루는 상징주의와 초현실주의가 보들레르에게서 시작되었기 때문이다. 보들레르에서 시작된 상징주의 시는 스테판 말라르메를 거쳐 폴 발레리에 이르러 완성된다. 초현실주의는 보들레르로부터 아르튀르 랭보를 거쳐 아폴리네르로 이어진다.

현실을 넘어서는 신비를 암시하고 불러내기 위해 가시적이고 감각적인 사물을 상징으로 삼는 상징주의 시를 완성한 프랑스의 시인·사상가·평론가 폴 발레리는 지중해의 항구도시 세트(Sète)에서 태어났다. 그의 아버지는 코르시카 출신이고, 어머니는 이탈리아 제노바 출신이었다. 어릴 때부터 지독한 독서광이었던 폴 발레리는 몽펠리에 대학에서 법률을 공부했으나 건축, 미술, 문학 등에 뜻을 두었다. 앙드레 지드와 우정을 나누며 스테판 말라르메 밑에서 상징시를 배웠다. 20세에 지적 혁명을 경험하여 시작(詩作)을 포기하고 추상적 탐구에 몰두하기 시작해 20년 동안의 침묵 시기를 가진 뒤 1917년 시집 『젊은 파르크(La Jeune Parque)』를 발표했다. 1922년엔 「해변의 묘지」, 「나르시

세트의 미디 운하.

스 단장」 등을 비롯한 20여 편의 작품이 수록된 시집 『매혹(Charmes)』
을 발표해 20세기 최고의 상징주의 시인으로 꼽히게 됐다. 그 이후 그
는 시는 쓰지 않고 산문과 평론에 전념해 20세기 전반기 유럽을 대표
하는 지식인이 됐다. 1925년 아카데미 회원으로 선출되어 프랑스의
최고 주지주의 작가로 추앙되었으며, 1937년부터 생애를 마칠 때까지
콜레주 드 프랑스에서 시학을 가르쳤다. 그가 서거하자 드골 정부는
국장으로 그를 예우했으며 고향 세트의 언덕에 있는 '해변의 묘지'에
안장했다.

　폴 발레리는 젊은 시절 대부분을 파리에서 보냈지만 늘 지중해의
푸른빛을 마음에 품고 있었다. 지중해는 그의 전 작품에 깊은 영향을
주었다. 뱃사람들의 활기와 바다를 향한 모험심, 풍성한 먹거리가 있
는 '내 고향 남쪽 바다!'를 늘 그리워했다.

　생클레르 산 중턱에 자리한 '해변의 묘지(La Cimetière marin)'는 폴

지중해가 내려다보이는 폴 발레리의 무덤(제일 앞).

폴 발레리의 무덤이 있는 ' 해변의 묘지' 입구.

발레리의 시 제목이기도 하며 그가 잠들어 있는 곳이다. 지중해가 저 멀리 내려다보이는 산 언덕에 있는 공동묘지는 슬픔보다는 어딘지 낭만적인 분위기마저 풍기는 듯하다. 이곳에 묻힌 사람들의 삶 또한 그랬을 것이라고 짙푸른 바다를 바라보며 생각해본다.

폴 발레리의 묘지 근처에는 1970년에 개관한 시립 폴 발레리 박물관이 있고 이곳에 그의 그림과 친필 원고 등 유물 300여 점이 소장되어 있다. 마랭 묘지에는 폴 발레리 외에 장 빌라르의 무덤도 있다.

지중해변의 작은 도시 세트는 아마도 시적 감성을 키우기에 딱 좋은 곳인 모양이다. 세트는 시인, 작곡가, 가수로 활동 한 조르주 브라상스(Georges Brassens)이 태어난 곳이기도 하다. 그는 직접 쓴 시를 기타를 치며 노래하는 프랑스의 대표적 음유시인이었다.

프랑스인 아버지와 이탈리아인 어머니 사이에서 태어난 브라상스는 어머니에게서 많은 음악적 영향을 받았지만 가정 형편이 어려워 음악교육을 제대로 받지 못했다. 그의 재능을 알아본 학교의 선생님에게서 시작법과 기초적인 음악을 배웠고, 피아노 등 악기는 독학했다. 1940년대 본격적으로 음악 경력을 시작했으나 전쟁 기간 중 독일 나치에 강제 징용되면서 음악 활동을 멈추게 된다. 전쟁이 끝난 뒤 브라상스는 자작곡을 모아 1952년 〈나쁜 평판(La Mauvaise Réputation)〉이라는 앨범을 발매하면서 음악계에서 이름을 알리기 시작했다. 그의 곡들은 당시 프랑스의 정치, 사회, 경제, 문화를 날카롭게 풍자하는 가사들이 많아서 프랑스의 의식개혁 운동인 68혁명에도 많은 영향을 주었다. 1981년 암으로 세상을 떠난 그는 "세트의 해변에 묻어달라(Supplique Pour Être Enterré A La Plage De Sète)"는 노래 가사대로 코르니슈 해변에서 1킬로미터 떨어진 르피 묘지(cimetière le Py)에 묻혔다. 세트에는 그의 음악과 시를 보여주는 박물관 '에스파스 조르주 브라상스'가 있다. 1984년 발견된 '행성 6587 브라상스(6587 Brassens)'의 브라상스는 그의 이름에서 따온 것이다.

남프랑스 여행을 한다고 했을 때 지인(그는 등단한 시인이다)이 두 가지를 추천했는데 하나가 아르카숑에 있는 모래언덕 '뒨 뒤 필라'이고, 다른 하나가 바로 세트에 있는 '해변의 묘지'였다. 유럽 여행을 하다 보면 공동묘지를 자주 지나치게 되고 몽파르나스나 페르 라셰즈 같은 공동묘지를 일부러 찾아가기도 한다. 세트의 공동묘지 '해변의 무덤'에 폴 발레리의 무덤이 있고, 고지대에 있어서 지중해가 내려다보인다는 말만 듣고 무조건 세트로 향했던 것인데 여행을 해보면 알겠지만, 어디를 가든 뭔가 꼭 추억거리가 생기게 마련이다. 세트는 시장에서 먹은 점심이 기가 막히게 맛있었던 곳으로도 기억에 남는다. 메뉴는 시장에서 먹은 '싱싱한' 해물 모둠 튀김.

새로운 도시에 가면 반드시 둘러보는 곳이 바로 시장인데 그 고장 특산물과 그곳 사람들의 먹거리를 가장 압축적으로 보여주기 때문이다. 세트에 도착했을 때 마침 점심 때라 배가 출출한 상태에서 시내를 기웃거리다가 어느 건물로 많은 사람이 들어가기에 일단 따라 들어가봤다. (경험상 사람들 많은 데를 가보면 뭔가 있다.) 아니나 다를까, 시장이었다! 그것도 놀라운. 사람들이 바글바글하고, 모두들 테이블에 앉아서 다종다양한 해물 요리를 먹고 있었다. 신선한 풍미가 공기에 떠도는 것이 역시나 지중해 가까이 와 있음을 느낄 수 있었다. 알비의 시장에서 먹을 기회를 놓친 아픈 경험이 있는지라 이번에는 좀 더 적극적으로 살피기로 하고 한 바퀴 둘러보는데 눈에 확 들어오는 요리가 있었다. 한 가족이 커다란 접시에 오징어, 꼴뚜기, 새우 등을 살짝 튀긴 것을 화이트 와인을 곁들여 먹는데 냄새와 비주얼에 침이 꼴깍 넘어갈 정도로 구미가 당겼다.

세트 시장 풍경과 모듬해물 타파스.

　그 일행의 대표이자 가장인 듯한 분에게 "이건 어디서 샀느냐?"
고 물었다. 침을 꼴깍 넘기는 소리를 들었는지 먹다 말고 벌떡 일어나
팔목을 이끌고 그 음식을 파는 집으로 데려다주었다. 그리고는 "여기
진짜 맛나. 난 마르세유에서 이 집 튀김과 타파스 먹으러 일부러 왔다
니까. 요거, 요거가 맛있어"라고 친절하게 일러준다. 그러더니 "와인
은 요기, 요 앞 카페에서 사면 된다"고 하고는 성큼성큼 걸어서 식사를
마치러 갔다.

　친절한 안내자가 일러준 대로 타파스 바 '피카피카'에서 해물모
둠 쟁반을 주문하고 맞은편 와인바에 자리를 잡고 앉아 화이트 와인
을 주문했다. 대충 눈치를 보니 이 시장에서는 어디서 사든 좌석이 있
는 곳에서 앉아 먹으면 되는 모양이었다. 푸드 코트가 바로 그 식이다.

　주문을 하고 음식을 기다리고 있는데 나이 지긋한 네 분이 와서
앉을 자리를 찾고 있었다. 둘씩 떨어져 앉게 되어 난감해하는 장면이
눈에 들어왔다. 4인석에 둘이 앉아 있던 터에 어르신을 공경하는 K-
매너가 발동해 자리를 바꿔줬다. 매우 고맙다면서 이런저런 얘기를
하며 대화를 나누게 됐다. 일행 중 나이 지긋한 여성분이 "세트의 대

표 음식이 '~인데(잘 못 알아들었다)' 아느냐?"고 묻기에 모른다고 했더니 "세트의 명물인데 그걸 모르냐"며 설명하려다가 일어서서 내 손을 잡고는 어디로 데려갔다. 남프랑스 사람들은 말보다 행동이 먼저인 것 같았다. 빵집까지 데려가서 파이 비슷한 걸 사서 계산까지 해주며 손에 쥐여준다. 빵집에는 그 음식 사진을 넣은 기념엽서도 있었다. 그게 바로 티엘(la tielle)이란 것이었다.

티엘은 문어와 꼴뚜기 등 지중해의 해산물을 잘게 다져 토마토소스에 버무린 것을 속에 넣고 구운 빵이다. 식전요리로 차갑게 혹은 따뜻하게 먹는데 배를 타러 나가는 사람들이 간편하게 한 끼를 때울 수 있어 지중해로 나가는 세트 사람들에게 사랑받은 향토음식이다. 랑그도크 지역의 지방 요리 가운데서도 유명해서 세트의 티엘은 티엘 세투아즈(tielle setoise, 세트 스타일 티엘)라고 부른다. 우연찮게 지역 대표 음식인 티엘을 맛보고 우리가 주문한 모둠 해물 튀김도 너무 맛있게 먹었다. 화이트 와인은 너무나 달콤했고.

세트에서는 여름마다 미디 운하에서 1666년 항구 건설을 기념하는 수상 창 시합이 열린다는데 꽤나 유명한 여름 축제다. 매년 여름 휴가철에 재즈 페스티벌도 열린다고 하니 그때 맞춰 다시 한번 세트에 가보고 싶다. 그리고 그 시장에 가서 해물 쟁반에 화이트 와인을 마시고 싶다. 언제가 될지는 모르겠지만 푸르른 지중해와 해변의 공동묘지가 있는 세트를 생각하면 자동으로 입에 군침이 돈다. 파블로프의 개도 아니거늘.

레보드프로방스와
몰입형 아트의 원조 '빛의 채석장'
[les Baux de Provence]

여행이 가치 있는 이유는 여러 가지가 있다. 여행을 통해 우리는 무엇보다도 새로운 것을 보고 배우고 느끼면서 경험의 폭을 넓히고 감각의 폭을 확장할 수 있다. 감각의 폭을 확장한다는 말을 제대로 느낀 곳이 바로 '빛의 채석장'이다. 지중해의 끝자락에 있는 세트를 출발해 프로방스 지방으로 들어가면서 가장 먼저 들른 레보드프로방스(les Baux de Provence)에서였다.

프로방스는 프랑스의 남동쪽 지역이다. 서쪽으로 론강, 남쪽으로 지중해, 동북쪽으로는 알프스산맥의 남쪽 줄기가 둘러싸고 있다. 산과 바다, 협곡과 고원, 호수가 아우러진 풍요로운 자연환경을 자랑하는데 행정구역의 공식 명칭은 프로방스알프코트다쥐르, 줄여서 'PACA'라고 한다. 그 이름을 보면 그림이 그려진다. 이 안에는 보클뤼즈, 부슈뒤론, 바르, 오트잘프, 알프드오트프로방스, 알프마리팀 이렇게 6개의 지방이 있다.

부슈뒤론 지방의 험준한 알피유산맥의 심장부에 위치하는 레보드프로방스를 풀어서 해석하자면 '프로방스의 멋진 장소들' 정도가 될 것이다. 폐허가 된 중세의 성채가 바위산 꼭대기에 남아 있고 그 아래 거주 인구 450명에 불과한 작은 마을이 있다. 고불고불 산길을 올라 이곳을 찾은 이유는 말로만 듣던 카리에르 데 뤼미에르(Carriere des Lumieres, 빛의 채석장)에 가기 위해서였다.

'빛의 채석장'은 레보드프로방스 마을 기슭의 '지옥의 계곡(Val d'Enfer)'에 있다. 원래 흰색 석회암 채석장이던 곳을 2012년부터 현대

레보드프로방스 빛의 채석장 입구.

미술을 색다르게 감상하는 몰입형 아트 체험공간으로 운영 중이다. 몰입형 미디어아트가 우리나라에서 몇 해 전부터 인기몰이를 하는데, 원조가 바로 '빛의 채석장'이다.

입장권을 받고 호기심과 기대에 가득한 채 호흡을 가다듬고 어둠 속으로 들어갔다. 한기가 훅 온몸으로 느껴지는 것은 찰나일 뿐 상상을 초월하는 상황에 온몸이 붕붕 뜨는 느낌이 들었다. 생각했던 것보다 훨씬 넓은 내부공간에는 소리와 빛이 가득했다. 어둠이 익숙해지는 동안 사방에서 들려오는 음악 소리와 비현실적으로 큰 이미지들이 온몸의 신경을 자극하며 감동의 도가니로 몰아넣었다. 정신을 가다듬고 보니 피카소의 작품들이 거대한 벽에 쉴 새 없이 흘러가고 있다. 사용되는 벽면의 면적은 4,000제곱미터가 넘는다고 한다. 빛과 소리를 함께 감상할 수 있는 거대한 갤러리에 들어와 있는 셈이다. 피카소 작품 〈게르니카〉가 거대한 석회석 캔버스에 입체적으로 투사되고 있었다. 빛과 소리가 공간을 가득 메워 온몸으로 예술을 느끼는 순간, 넋을 놓게 된다. 우리나라에도 제주 '빛의 벙커', 강릉의 '아르테움' 등 몰입형 아트를 즐길 수 있는 공간들이 하나둘 문을 열었는데 빛의 채석장은 그 원조 격인 공간이다.

　이 지역의 산들은 흰색 석회암으로 이뤄져 있다. 성을 짓거나 건물을 지을 때 주로 사용되는데 산업발전으로 많은 건물이 지어지게 되면서 많은 양의 석재가 필요하게 되자 1800년 채석장(Les Grand Fonds)을 운영하기 시작했다. 강철과 콘크리트 같은 새로운 건축 자재가 등장하면서 비용이 많이 소요되는 채석장은 1935년 폐쇄됐다. 방치된 채석장은 어마어마한 규모와 무대장치 같은 분위기 덕분에 많은 창작자에게 영감을 주었고 영화 촬영장으로 사용되기도 했다. 장 콕토는 이곳에서 〈오르페우스의 유언〉을 촬영했다. 현실과 꿈의 중간 지점과 같은 몽롱한 분위기를 묘사하기에 최적의 장소였다. 20세기 후반의 시나리오 작가인 요세프 스보보다(Joseph Svoboda)는 채석장의 거대한 암벽이 소리와 빛의 쇼를 위한 훌륭한 배경이 될 것이라는 아이디어를 제시한다. 이어 1975년 저널리스트 알베르 플레시는 버려진 채석장을 최첨단 테크놀로지를 사용해 오디오와 비주얼이 결합한 멀티미디어 쇼를 보여주는 문화예술 체험공간으로 변화시키자는 아이디어를 제안했다. 1976년 '이미지의 성당(Cathedrale d'Images)'이라는 이름으로 채석장의 개조 작업이 시작됐다. 무대 설치가와 음향전문가, 조명 전문가들이 동원되어 70개의 비디오 프로젝터와 3차원 오디오 시스템을 도입한 스피커 22개를 설치했고 음악을 온몸으로 느끼면서 거장의 미술작품들을 거대한 화랑의 돌벽에 투영하는 슬라이드 쇼를

빛의 채석장에서 보여주는 몰입형 미디어아트 작품들.

구현하게 된다. 레보드프로방스 시의회는 2010년 말 이후 이곳의 관리 주체를 '카리에르 데 뤼미에르'로 바꿔 현재에 이른다.

구석기 시대 인류가 동굴 벽화를 그렸다면 현재의 인류는 빛과 음향을 도구로 한 미디어아트를 동굴에서 실현하고 있었다. 귀스타브 클림트, 반 고흐 등 거장들의 작품과 클래식 음악의 조화는 물론 좋고 그래픽 이미지와 비틀스의 음악도 좋다. 한번 들어가면 3개 정도의 영상 쇼를 볼 수 있고 입장권만 있으면 그날 중에는 몇 번이든 나왔다가 다시 들어갈 수도 있다. 거장의 작품을 바탕으로 한 이미지와 음악의 우주 속을 유영하는 기분은 중독성이 있어서 흠뻑 취할 때까지 머물렀다. 글을 정리하면서 2023년에는 무슨 프로그램을 보여주는지 들어가봤다. 네덜란드 거장들의 작품을 모은 '페르메이르부터 반고흐까지'와 색채의 건축가 몬드리안, 그리고 지금까지 만들어진 작품들을 종합 편집해 보여주고 있었다. 우리나라에서도 제주 빛의 벙커, 강릉 아르테움, 서울 워커힐 호텔 등지에서 몰입형 미디어아트를 볼 수 있지만 그 규모와 현장감은 빛의 채석장을 따르지 못할 것이다.

레보드프로방스 자체는 아주 작지만, 동화같이 아기자기한 산골 마을이다. 산악 지방에서 나는 재료를 사용한 음식을 전문으로 하는 레스토랑도 있고, 올리브유와 라벤더 등 기념품을 파는 가게들이 옹기종기 모여 있는 골목길은 매력이 넘친다. 시간 가는 줄 모르고 골목길의 상점들을 구경하다 보니 어느새 바람이 차갑게 느껴지고 해가 뉘엿뉘엿 넘어가려 한다. 갈 길 먼 나그네의 마음이 갑자기 바빠졌다.

아를, 반고흐의 영혼
【Arles】

별이 빛나는 밤의 노란 카페와 해바라기

나는 항상 어디론가,
어느 목적지를 향해 가는 여행자 같아.

떠나기를 좋아하는 사람의 넋두리 같다. 빈센트 반고흐(1853~1890)가 동생 테오에게 쓴 편지의 일부이다. 1888년 8월 6일 남프랑스 아를(Arles)에서 썼다.

비교적 늦은 나이에 화가가 되기로 결심하고 나서 고흐는 동생 테오가 있는 파리에 와서(1886년 2월 28일 파리 도착) 파리 예술가들의 열정적인 작업에 큰 감동을 받는다. 그러나 팍팍한 도시의 삶에 압박감을 받던 반고흐는 좀 더 예술에 집중할 수 있는 환경으로 떠나기로 한다.

1888년 2월 20일 남프랑스 아를에 도착했을 때 반 고흐의 나이는 서른다섯이었다. 본격적으로 그림을 시작한 지 6년째 되는 해였다. 강렬한 태양과 찬란한 빛을 찾아 프로방스에 왔지만 도착했을 때는 아직 북풍이 매섭게 불고 눈까지 쌓여 있었다. 처음엔 실망했지만, 날씨가 풀리면서 그를 사로잡은 것은 빛나는 노란색이었다. 해바라기꽃 같은 노란색.

아를에 도착한 반고흐는 성벽 바로 안쪽 아메데피쇼 가 30번지에 자리한 카렐 호텔에 방 하나를 빌리고 옥상을 아틀리에 삼아 그림

노란 카페.

을 그린다. 남쪽으로 출발할 때부터 동료 화가들과 함께 화실을 만들
고 작업할 포부를 가졌던 그는 호텔을 떠나 단독으로 쓸 셋집을 찾던
중 가격도 훨씬 적당하고 공간이 꽤나 널찍한 집을 발견한다. 라마르
틴 광장 2번지의 '노란 집'이다.

　"밖은 노란색이고 내부는 회반죽이 발려있어. 세는 한 달에 15프
랑이야."

흥분된 어조로 테오에게 보낸 편지(1988년 5월 1일)에 썼을 정도로 대만족이었다. 노란 집은 기차역과 사창가 사이에 위치해 그다지 살기 좋은 지역은 아니었다. 제대로 관리되지 않아 손볼 곳이 무척 많았다. 하지만 반고흐가 독립적으로 생활하며 그림을 그리기에는 충분한 크기였다. 특히 방이 두 개여서 동료 화가들을 초대해도 무리가 없는 공간이었다.

페인트도 칠해야 하고 가구도 들여놓아야 했는데, 돈이 없었던 그는 노란 집에서 멀지 않은 카페 드 라 가르(Café de la Gare)에 작은 방 하나를 구해 생활한다. 고흐는 이즈음 〈밤의 테라스 카페〉를 그렸다. 아를 중심부의 포럼 광장에 있는 그랑카페를 그린 이 작품은 빈센트 반고흐가 처음으로 실외에서 빛을 그린 작품이다.

반고흐가 '노란 집'에서 처음 잠을 청한 것은 9월 17일이었다. 집은 4개월 전에 빌렸지만 수리하고 가구를 살 돈이 없어 미루다가 테오가 가족 유산에서 300프랑을 떼어 형에게 보내준 돈을 받고 나서야 가구를 들일 수 있었다. 새로 꾸민 '아를의 방'을 10월 중순 그림으로 남겼다. 나무 침대와 세면대, 그리고 의자 2개가 고작인 소박한 방은 그에게 큰 행복과 기대감을 주었으리라.

노란 집은 1층에 거실과 부엌이 있고 2층에는 침실이 두 개 있었다. 하나는 자신이 사용하고 다른 하나는 손님용이었는데 반고흐는 노란 집에서 동료 화가들과 함께 공동생활을 하면서 예술적 공동체를 이루고 창작이 영감을 나누기를 원했다. 노란 집에서 함께 작업할 동료 화가로 가장 먼저 생각한 사람이 파리에서 알게 된 폴 고갱이었다. 부르타뉴 지방의 퐁타방에서 그림을 그리는 고갱에게 편지를 보내 아를로 오라고 권했다. 고갱을 기다리는 동안 다양한 주제를 다뤘다. 론 강의 제방 길을 따라 걸으며 스케치하며 작품 구상을 했다. 특히 그의

아를의 골목.

고흐가 잠시 있었던 정신병원은 '에스파스 반 고흐'라는 이름으로 운영되고 있다.
고흐가 이곳에 머물며 그린 그림과 정원(오른쪽).

방 벽을 장식할 요량으로 해바라기 그림들을 그린다.

'아! 이곳 한여름의 태양은 어찌나 아름다운지! 내 화실을 여섯 점의 해바라기 그림으로 꾸밀 생각이네. 원래의 색을 죽인 크롬옐로 장식품들은 다양한 배경에서 불타는 듯 튀어나와 보일 거야.'(친구 에밀 베르나르에게 쓴 편지, 1988년 8월 21일경.)

황금을 머금은 해바라기는 프로방스와 미래의 행복을 상징하는 것 같았다. 고흐는 아를에서 총 7점의 해바라기 그림을 완성했다. 기다리던 고갱이 1888년 10월 23일 아를에 도착했다. 이후 그들은 열정적으로 그림을 그리지만 불 같은 성격의 두 사람은 예술방식을 놓고 치열하게 논쟁을 벌였다. 고갱은 상상력을 매우 중시하지만, 고흐는 눈앞에 풍경이나 인물, 사물이 있어야 한다고 주장했다. 물론 다른 이유가 또 있었을 것이다. 말다툼은 결국 감정싸움으로 비화하고 고흐의 예술적 공동체에 대한 꿈은 극단적인 자해로 끝나고 말았다. 당시의 자해 사건은 일간지《르 프티 주르날》의 지방 소식 난에 짧게 실렸다.

'뱅상 반 고그'(프랑스식 발음)라는 네덜란드인 화가가 자신의 한쪽 귀를 자르는 자해 사건을 벌였다. 그는 자른 자신의 신체를 인근의 여인 집을 찾아가 건네며 "언젠가 쓰일 데가 있을 것"이라고 말했다고 한다.'

끔찍한 순간을 보내고도 고흐는 작품을 그렸다. 〈귀에 붕대를 감은 자화상〉은 귀를 자르고 3주 후에 그린 것이다. 고흐의 상태가 호전되자 테오와 고갱은 아를에서 크리스마스를 보낸 뒤 파리로 떠났다.

나는 지금 아를의 강변에 앉아있다. 욱신거리는 오른쪽 귀에서 강물 소리가 들려. 이 강변에 앉을 때마다 목 밑까지 출렁이는 별빛의 흐름을 느낀다. 나를 꿈꾸게 만든 것은 저

별빛이었을까? … 별은 심장처럼 파닥거리며 계속 빛나고,
캔버스에서 별빛 터지는 소리가 들린다.

고흐는 1월 17일 노란 집으로 돌아왔다. 상처도 아물고 있었다. 하지만 2월 신경쇠약증이 재발해 아를 병원에 입원했고 생마르탱 광장의 이웃들은 그의 퇴거를 요청하는 진정서를 낸다. 노란 집은 공식적으로 폐쇄됐다. 반고흐는 1989년 4월 말 노란 집을 정리하고 5월 8일부터 알피유산맥의 언덕 아래에 있는 생레미드프로방스의 정신병원에서 지낸다. 생레미의 병원에 있으면서도 그는 열정적으로 그림을 그렸다. 정원에서 본 '보라색 붓꽃'과 '담장 너머로 보이는 산의 풍경', '올리브 과수원' 등을 그렸다.

뉴욕 현대미술관(MoMA)이 소장한 〈별이 빛나는 밤〉은 1889년 생레미 요양원에 있을 때 동트기 전 밤하늘을 그린 것이다. 요양원에 가기 전에 아를에서 그린 〈아를의 별이 빛나는 밤〉(1888~1889, 오르세 미술관 소장)과 소재는 비슷하지만, 분위기와 화법은 뚜렷한 차이를 보인다. 뉴욕 현대미술관이 소장한 〈별이 빛나는 밤〉에서 별빛은 차갑게 느껴진다. 반면 정신병원에서 상상하며 그린 〈아를의 별이 빛나는 밤〉에선 전경에 둑을 따라 팔짱을 낀 한 쌍의 연인이 걸어가고 있다. 평원처럼 펼쳐진 코발트 빛 밤하늘에 비친 별은 붉은빛이 도는 금색과 청동빛이 도는 초록색으로 칠해져 전반적으로 따스한 분위기를 풍긴다. 고흐는 기억과 상상을 결합해 병실 밖으로 보이는 프로방스의 밤 풍경을 그렸다. 평화롭고 고요해 보이는 마을과 잔잔한 론강을 비추는 별빛은 마치 그가 처한 상황과는 상반되게 축복을 내리는 것 같다. 고독한 이방인이 세상에 보내는 처절한 마지막 몸짓이 아니었을까. 북적거리는 '밤의 카페'를 벗어나 론강의 강변을 걸으며 그의 심정을 헤아

려 본다.

〈밤의 카페〉 외에 아를에는 반고흐가 귀를 자르고 치료를 받았던 병원이 있다. 병원은 1573년 세워져 1973년 문을 닫았다가 지금은 '에스파스 반고흐'라는 예술공간으로 운영되고 있다. 사각형에 가운데 정원이 있는 건물에는 기념품 가게가 있고 2층으로 올라가면 정원이 한눈에 들어온다.

남프랑스의 햇빛이 쏟아지는 들판과 과수원을 보려면 시 외곽으로 나가야 한다. 〈타라스콩으로 가는 길〉과 비슷한 풍경은 타라스콩에서 몽마주르로 가는 길에서 만날 수 있다. 몽마주르에서는 베네딕트 수도원의 폐허, 수확 장면 그림 속에 보이는 들판을 만난다. 몽마주르에서 3마일을 더 가면 나오는 퐁비에유(Fontvieille)에는 알퐁스 도데의 소설 『풍차 방앗간의 편지(Les Lettres de mon moulin)』 무대가 된 풍차가 있다. 지중해 어촌 마을 생트마리드라메르는 반고흐가 며칠간 머무르며 그림 그렸던 곳이다. 생레미에는 반고흐가 입원 치료를 받았던 생폴드무졸 정신병원이 있다. 아를에서 북쪽으로 25킬로미터 정도 거리에 있는 작고 조용한 마을이다.

고흐는 1890년 5월 17일 파리로 돌아왔다. 프로방스로 떠난 지 2년 만이었다. 동생 테오는 결혼을 해서 아들을 낳았고, 고흐 자신은 정신질환이 점점 심해져 고통스러웠다. 번잡한 도시를 떠나 다시 시골로 가기를 원했고 파리에서 1시간 정도 떨어진 오베르쉬르와즈로 갔다. 화가인 카미유 피사로가 자신의 친구인 폴 가셰 박사가 그를 잘 돌봐줄 수 있을 것이라며 제안한 곳이었다. 와즈강의 좋은 골짜기 안에 자리한 시골 마을 오베르는 아름답고 그림 소재가 풍부했다. 빈센트 반고흐는 읍사무소 맞은편 라부 가족이 운영하는 카페 겸 여인숙의 다락방에 묵었다. 고흐는 한적한 시골 마을에서 정신적 안정을 찾

빈센트 반고흐 〈아를의 별이 빛나는 밤〉(1888, 오르세 미술관).

빈센트 반고흐 〈별이 빛나는 밤〉(1889, 뉴욕현대미술관).

빈센트 반고흐, 〈타라스콩으로 가는 길〉(1888).

빈센트 반고흐, 〈사이프러스가 있는 밀밭〉(1889, 뉴욕 메트로폴리탄 미술관).

고 첫 두 달간 어마어마하게 열심히 작업했다. 매일 한 점씩 완성할 정도로 열정적이었다.

> 무척이나 아름답다. 무엇보다 수많은 낡은 초가지붕들이
> 아름다워. 요즘에는 점점 보기 힘든 모습이지. … 정말이지
> 아름다워. 진짜 시골이야. 특색도 있고, 그림처럼 아름답지.
>   — 1890년 5월 20일 편지 중에서

하지만 그는 파리를 다녀오고 나서 극도의 불안 증세를 보인다. 〈까마귀가 나는 밀밭〉을 그린 그는 1890년 7월 27일 위쪽 밀밭에 가서 권총으로 자신의 가슴을 쐈다. 피투성이가 된 몸을 끌고 간신히 카페 라부로 돌아와 자신의 다락방으로 올라간 그는 이틀 뒤 한 많은 세상을 떠났다. 마을 동쪽에 있는 오베르의 교회에서는 자살했다는 이유로 고흐의 장례식을 거절했지만, 공동묘지에는 안장할 수 있었다. 형을 묻고 파리로 돌아온 테오는 6개월 뒤인 1891년 1월 25일 사망했다. '오베르 쉬르 와즈 교회'는 그림 속 그대로의 모습이다. '까마귀가 나는 밀밭'도 그대로다. 교회에서 길을 건너면 나오는 마을 공동묘지에는 반 고흐가 누워 있다. 동생 테오가 그 옆을 지키고 있다.

아를의 이우환 미술관

아를은 프로방스 지방의 대표 도시로, 반고흐가 사랑했던 것으로 유명하지만 원형극장 등 고대 로마 시대의 유적도 풍부하다. 아를 시내에 지난 2022년 4월 새로운 미술관이 문을 열었다. 한국 출신의 세계적인 현대 미술가 이우환 화백의 작품을 상설 전시하는 아를 이우환 미술관(Lee Ufan Arles)이다. 일본 나오시마, 한국의 부산에 이어 이우환의 작품만을 위해 세워진 세 번째 공간이다.

일본에서 오래 지낸 이 화백은 주로 프랑스에서 작업해왔고, 오랜 세월에 걸쳐 이름을 알리는 데 다각적으로 공을 들인 결과 그토록 원하던 명성을 얻는 데 성공했다. 지난 2007년엔 프랑스 최고 권위의 레지옹도뇌르 훈장을 받았으며 2014년에 베르사유궁 야외 정원에서 개인전을 열기도 했고 그의 작품이 전통 있는 명품 와인 샤토 무통 로쉴드의 라벨에 들어가기도 했다. 그가 자신의 이름을 건 미술관을 세우는 곳으로 수많은 남프랑스의 도시 중에 아를을 선택한 이유가 무엇인지 궁금하다. 어느 사이 80대 후반이 된 예술가의 머릿속을 들여다볼 수는 없지만 아마도 '반고흐의 도시'라는 점이 작용했을 것 같다. 미술애호가라면 반고흐가 열정적으로 작품을 그린 아를을 찾을 것이고, 자연스럽게 이우환 미술관도 방문할 것이기 때문이다.

아를의 이우환 미술관은 포럼 광장에서 오래된 도로를 따라 강쪽으로 내려오다가 오른쪽으로 꺾은 지점에 있다. 16~18세기에 지어진 베르농 저택(Hotel de Vernon)을 미술관으로 개조했다. 25개의 방이 있는 3층짜리 옛 저택 규모는 연면적 1,350제곱미터 오래된 역사를 지닌 저택을 이우환의 예술작품이 주인공이 되는 공간으로 바꾸는 작업은 이우환과 오래 친분을 유지하고 있는 일본의 건축가 안도 다다

이우환 미술관 입구.

오가 맡았다. 안도는 일본 나오시마에 있는 이우환 공간도 설계했다.

옅은 사암색의 건물에 나무로 된 육중한 문을 들어서면 리셉션이 나오고 왼쪽으로 들어가면 전시공간이다. 전시공간의 초입에서 만나는 콘크리트 구조물은 노출 콘크리트를 매끈하게 갈아 만든 것이 딱 보니 안도의 작품이다. 안도와 이우환의 협업 작품으로 소라처럼 속으로 뱅글뱅글 돌아서 들어가는데 가장 안으로 들어가면 바닥에 하늘을 담은 영상이 있다. 돌 그림자에 영상을 비춘 작품과 비슷한 느낌이다.

1층 공간들에서는 천연재료인 돌과 철판, 유리를 다양한 형태로 설치한 〈관계항(Relatum)〉 시리즈를 만난다. 1층 야외 정원과 1층의 방들에도 〈관계항〉 시리즈가 전시되어 있다. '관계항'은 다분히 철학적인 용어다. 예술작품이 작품 자체로만 존재하는 것이 아니라 그것을 이루는 자연의 물질들과 인간(관람객)이 특정 공간에서 만났을 때 그 관계에서 완성된다는 내용일 것으로 짐작해볼 뿐이다. 이우환은 미술관 개막 당시 가진 언론 인터뷰에서 "아를이라는 역사적 공간에서 내 작품이 사람들과 어떤 관계를 맺는지를 보고 싶다"라고 말했다.

관람객으로서 아를에 가서 이우환 미술관을 수소문해서 찾아가 본 감흥은 어땠을까? 일단 이우환은 참 대단하다는 것을 인정해야 할 것 같다. 경남 함안에서 태어나 서울대 미대를 중퇴하고 일본으로 건 너가 철학을 공부한 뒤 일본의 아방가르드 운동인 '모노하'의 이론적 배경을 구축했다. 이우환의 작품은 엑상프로방스 교외의 라코스테 와 이너리 조각 공원에서도 만날 수 있는데, 뒤에 다시 다루기로 한다.

2층에는 평면 작업들이 시기별로 전시되어 있다. 이우환은 1973년쯤부터 〈점으로부터〉, 〈선으로부터〉 연작을 시작했다. 형태나 색깔로 평면 캔버스를 채우는 일반적인 회화 작품과 달리 이우환은 오랜 시간 정신을 집중하고 기운을 모아서 그것을 캔버스 위에 펼쳐 낸다. 점을 찍고 선을 긋는다. 선은 면이 되지 않고 바람처럼 흩어지기 도 한다. 면처럼 보이는 점도 있다. 여러 색의 물감을 묻힌 굵은 붓으 로 점을 하나 찍기도 하고 둘, 혹은 셋을 찍기도 한다. 가장 최근의 작 품에서는 점에 파란색과 앰버 컬러가 들어가기도 한다.

이우환의 평면 작업에서 위작 시비가 많이 일어나는 이유는 흉 내 내기가 쉽기 때문이다. "기를 모아 작업하기에 누구도 흉내 낼 수 없다"라고 장담하지만, 위작범들이 마음만 먹으면 못할 것이 없을 것 이다. 몇 해 전 홍콩 바젤 아트페어에 갔을 당시 위작 시비가 한창이었 다. 전시장에 걸린 작품을 보면서 "이것 혹시 위작 아닌가?" 하는 의심 을 하며 봤던 기억이 새롭다.

이우환 미술관 내부.

이우환 미술관에 걸린 작품들은 이우환 작가가 미술관에 대여한 것이라고 한다. 따라서 모두 진품일 터이니 의심할 필요가 없다. 한 자리에서 그 많은 이우환의 작품(진품)을 다 모아서 본다는 것은 분명 눈의 호사다.

프랭크 게리의 '루마 아를'
아를의 새 명소

자타공인 세계적 스타 건축가 프랭크 게리(Frank Gehry)의 나이는 올해 93세. 그에게 나이는 숫자에 불과하다는 것을 보여주듯 해체주의 건축의 진수를 보여주는 건축물이 최근 프랑스 남부 도시 아를에 완공됐다. 반사 알루미늄 패널의 화려한 외관을 자랑하며 우뚝 선 '루마 아를(Luma Arles)'이다.

게리의 건축물들이 그렇듯 디자인이 너무나 독특해서 도시의 경관과 맥락에 어울리지 않는다는 비난을 받기도 했지만, 완성된 건축물은 그런 비난이 무색할 정도로 멋지고 매혹적이다. 유럽 최대 규모의 민영 문화 프로젝트인 루마 아를은 아를의 새로운 랜드마크가 될 뿐 아니라 세계적인 명소가 되어 침체한 지역 경제를 살려줄 것으로 한껏 기대를 모으고 있다.

루마 아를은 코로나 시절에 다시 해외여행을 하게 되면 반드시 가볼 곳으로 찜해놓은 곳이기도 해서 아를 여행 일정 중 반나절을 할애했다. 오전에 이우환 미술관을 보고 오후에 루마 아를을 방문하면 훌륭한 하루를 보낼 수 있다. 시내 한가운데로 차가 들어가지 못하기 때문에 외곽에 있는 주차장에 차를 세우고 걸어 다니면 된다. 이우환 미

루마 아를.

술관이나 루마 아를 모두 주차장에서 걸어서 30분 반경에 위치한다.

　루마 아를은 프랑스 국영철도공사(SNCF)의 기차 생산기지가 있던 자리에 들어섰다. 게리가 디자인한 루마 아를 타워는 높이가 56미터로 고층건물이 거의 없는 아를에서는 멀리서도 눈에 띈다. 특히 한쪽 벽면을 타고 올라가는 알루미늄 패널들이 시시각각 바뀌는 태양을 반사하며 낮에는 은색으로, 밤에는 황금색으로 번쩍인다. 멀리서 보면 거대한 암석 바위를 디지털 픽셀로 쌓은 것 같다. 건물 외벽에 총 1만 1,000개의 알루미늄 패널을 사용해 하루 중 시간에 따라 반사되는 각도에 따라 사용하는 빛을 번갈아 가며 반사하기 때문이다. 그 빛을 따라가는 발걸음이 설렌다.

　콘크리트 코어와 강철 프레임으로 지어진 건축물은 하부에 아를에 있는 로마 시대 원형극장을 연상하는 원형의 유리로 된 포디움을 갖추었다. 그 위로 솟은 들쭉날쭉한 형태는 이 지역의 거친 산맥을 상징한다고 한다. 반사 알루미늄 패널과 돌출된 유리 상자들이 만들어내는 외관도 화려하지만 내용적으로는 지속 가능한 건축물의 조건을 갖추고 있다. 자연 환기가 이루어지도록 특수 디자인됐으며 건물의 에너지 중 일부는 태양광 패널을 통해 얻어지는 재생 에너지를 사용한다. 전시, 연구, 교육 및 아카이브 공간을 갖춘 루마 아를 타워의 설계부터 건설까지 10년이 걸렸다. 부지 매입부터 설계비, 운영비 등 천문학적 비용은 스위스 억만장자이며 미술계 거물인 마야 호프만(Maja Hoffmann)이 지원했다. 음악과 미술에 조예가 깊은 스위스의 명문가이자 세계 최대의 제약 회사 중 하나인 스위스 제약 그룹 호프만-라로슈(Hoffmann-La Roche)의 공동 후계자로 집안 내력대로 문화예술에 대한 사랑이 남다르다. 반고흐 재단 이사이기도 한 마야 여사는 뉴욕에 있는 스위스 연구소의 회장이며 뉴욕 뉴뮤지엄의 이사회에서도 활동하

루마 아를 내부.

루마 아를에서 내려다본 아를 시내.

고 있다. 그 이전에는 런던의 테이트모던과 파리의 팔레 드 도쿄 이사
회에 몸담았다.

마야 여사는 2004년 비상업적인 독립 예술가들의 활동을 지
원하기 위해 루마 재단(Luma Foundation)을 설립했다. 루마(Luma)는 마
야 여사의 두 자녀 루카스와 마리나의 이니셜에서 따왔다. 습지보호
를 위한 람사르 협약이 맺어지는 데 중요한 역할을 한 환경운동가이
자 세계야생동물기금(WWF)의 공동 창립자인 마야의 아버지 한스 루
카스 호프만(Luc Hoffmann)이 자녀들의 이니셜을 따서 자선 보호단체
'MAVA'의 재단명을 지은 방식을 따른 것이다. 한스 호프만은 러시아
백작 가문의 다리아 라주몹스키와 결혼해 마야를 비롯한 네 자녀를
낳았다. 천연습지 보호를 위해 남프랑스를 자주 찾았던 호프만은 죽
기 전 아를에 반고흐 재단을 만들었고, 그 재단 사업을 마야 여사가 물
려받았다.

마야 여사는 예술가 후원을 위해 취리히에서 예술 단지를 운영하
고 크슈타트(Gstaad)에서 겨울 비엔날레를 기획하기도 했지만 루마 아
를 프로젝트에 특별히 공을 들였다. 10년 전 수 헥타르에 이르는 넓은
지역을 약 1,000만 유로(약 141억 원)에 인수했고 여기에 1억 5,000만
유로(약 2,143억 원)를 추가로 들여 유럽에서 가장 큰 민간 문화 프로젝
트의 실현에 들어갔다.

아를은 고대 로마의 원형경기장을 비롯해 많은 문화유산이 있
어 도시 전체가 유네스코가 지정한 세계문화유산이다. 또한 남프랑
스의 태양을 찾아 아를에 정착한 반고흐가 짧은 인생 중 가장 열정적
으로 작업했던 곳으로 유명하다. 그런데 다른 많은 지방 도시와 마찬
가지로 아를도 지역 산업의 쇠퇴로 큰 타격을 받았다. 한때 1,200명
의 직원을 고용했던 프랑스 국영 철도의 기계 공장이 1984년 문을 닫

으면서 높은 실업률과 우울한 경제전망으로 지역경제는 큰 타격을 받았다. 바로 이 공장 부지에 아를 타워가 들어선 것 자체만으로도 지역경제는 활기를 되찾았다. 아를 시장도 마야의 프로젝트를 적극적으로 지원했다.

2018년 첫 단계가 시작되고 2022년 5월 루마 아를 타워가 완공되면서 파크(Parc des Ateliers) 전체가 문을 열었다. 타워의 내부 아트리움에는 카르스텐 휠러(Carsten Höller)의 회오리 같은 나선형 미끄럼틀이 설치되어 있고 지하층을 비롯해 상설전시실에서는 마야 여사의 현대미술 컬렉션을 만날 수 있다. 루마 아를은 일종의 학제 간 싱크 탱크로 운영되고 있다. 이 센터는 현대미술과 뉴미디어를 연구하고 전시하는 것뿐만 아니라 아이디어풀과 생태, 문화 및 인권에 대한 활발한 교류를 제공하는 것을 목표로 한다. 다양한 분야의 예술가, 과학자, 철학자, 연구자들이 함께 모여 공동 프로젝트를 진행하는 실험적인 공간이다.

예술에 대한 무한 애정을 지닌 억만장자가 프로젝트를 지휘하고, 휘황찬란한 건물까지 들어서니 아를에서도 '빌바오 효과'를 기대하는 것은 무리가 아닐 것이다. 큰 변화를 가져올 것은 확실하다. '루마 아를'은 예술을 사랑하는 기업가의 열정이 예술과 도시에 미칠 수 있는 영향이 얼마나 큰지를 보여주는 또 하나의 성공 사례다.

프랑스의 로마, 님

【Nîmes】

지중해와 프랑스 중남부의 세벤느(Cévennes) 사이에 자리한 도시 님 (Nîmes)은 고대 로마제국까지 거슬러 올라가는 긴 역사를 지니고 있다. 로마 시대 당시에는 인구가 5만~6만 명(현재 인구는 15만 명)에 이르는 지역의 중심도시였으며 고대의 교통 요충지였다. 님은 '프랑스의 로마'라고 불릴 정도로 로마 시대의 유적이 많다. 그중 최고로 꼽히는 것은 완벽하게 보존된 원형극장(les Arènes de Nîmes)이다. 그 밖에 님의 얼굴이라고 로마 시대의 신전 메종 카레(Maison Carrée), 그리고 시 외곽으로 나가면 로마 시대 수도교인 퐁 뒤 가르(Pont du Gard, 가르 다리) 등 반드시 방문해 봐야 할 중요한 유적이 많이 있다.

퐁 뒤 가르가 워낙 세계적인 문화유적이라 예전에 몇 차례 방문한 적이 있어서 코로나 직전의 남프랑스 여행 중에 건너뛰었더니 아쉬운 부분으로 남았다. 특히 '님의 얼굴'이라고도 불리는 메종 카레와 그 맞은편에 자리한 영국의 국보급 건축가 노먼 포스터 경(Norman Robert Foster)이 디자인한 카레 다르(Carré d'Art) 현대미술관을 가보고 싶어서 포스트 코로나 시기인 2022년 10월의 남프랑스 여행에 님을 추가했다.

여행은 어디든 가보면 역시 오길 잘했다는 생각이 드는데 님도 그랬다. 더 정확하게는 기대 이상이었다. 예약한 호텔은 원형경기장 바로 앞 광장에 있고 시설도 만족스러웠다. 계절이 좋아서 춥지도, 덥지도 않은 데다 남프랑스답게 파란 하늘에 공기는 맑고 투명했으며, 도시는 아름다웠고, 문화유산이 풍부해서 볼거리가 많았다. 그리고 음식도 맛있었다.

옛 로마의 영화를 간직한 도시에선 과거와 현대가 조화롭게 만나 여유와 품위가 느껴진다. 호텔에서 나오면 만나는 원형극장은 1세기 말에 건설된 것으로 프랑스에서 가장 잘 보존된 로마 시대의 경기장이다. 로마 시대에

로마 시대 원형경기장.

는 잔인한 격투가 벌어졌지만, 오늘날에는 투우 경기와 콘서트장으로 사용되고 있다. 원형극장 광장의 검은 소와 투우사의 조각상은 포토존으로 유명하다.

원형극장 바로 앞에 예전에 보지 못했던 독특한 외관의 건물이 있기에 가보니 2018년 개관한 로마역사 박물관(Musée de la Romanité)이다. 고대 로마 시대의 유적이 남아 있는 오래된 도시의 역사를 여러 시기에 걸쳐 다루는 고고학 박물관은 원형극장을 현대적으로 변형한 것 같은 외관을 하고 있다. 특수 유리 패널을 물결치듯이 설치한 건물 외관이 범상치 않은데 마침 건물 외부에 적힌 이력을 보니 프랑스에서 활동하는 브라질 건축가 엘리자베트 드포르장파르크(Elizabeth de Portzamparc)이 디자인했다. 파리의 시테 드 라 뮈지크를 설계한 크리스티앙 드포르트장파르크의 부인이다.

유리 외관이 마주하고 있는 아레나의 벽돌을 표현하기 위한 것이 아닌가 했는데, 설명을 검색해보니 고대 로마의 전통의상인 토가(toga)의 드리워진 천을 연상하기 위한 디자인이라고 한다. 건물의 상부층을 둘러싸고 있는 7만 개의 정사각형 유리판은 고대 모자이크 장식 예

로마역사 박물관. 마당으로 나오면 로마유적 발굴 현장으로 이어진다.

술을 연상시키며 부드럽게 드레이프된 직물처럼 유동적인 표면을 만들어낸다. 부드러운 박물관의 형태와 유리라는 물질성, 그리고 현대적인 디자인의 건물 유리 표면에 비친 로마 시대 건물(원형극장)은 고대와 현대의 묘한 대조를 보여주면서 역사적 유적지의 기념비적 성격과 구조적 엄격함이 풍기는 긴장감을 완화해준다.

개구부는 원형극장 주변으로 형성된 광장과 인근의 건물들을 연결하는 관문 역할을 한다. 역사적 맥락을 살리고 현재와 과거의 공간을 이어주는 디자인의 힘이 대단하다고 느꼈다. 박물관의 내부는 광장과 같은 모임 장소를 연결하는 내부 전시공간과 전시물을 보관하는 반개방형 공간, 그리고 여전히 답사 작업이 진행 중인 고고학 정원까지 연속석으로 이어지는 것이 마치 도시 구조가 이 건물을 통과하며 펼쳐

로마 시대 유물들이 잘 보존된 님에 지어진 로마역사 박물관의 물결무늬 외관과 내부의
나선형 계단은 바로 맞은편에 위치한 로마 시대의 콜로세움과 멋진 조화를 이룬다.

지는 듯한 느낌이 든다. 건물을 따라 올라가면 전경에 원형극장이 있
는 스카이라인을 가로지르는 전망이 펼쳐지는 옥상 테라스가 있다.

길을 따라 구시가지 안쪽으로 걸어가면 메종 카레 광장이 나온
다. 메종 카레(Maison carrée)는 '사각의 집'이라는 뜻이다. 광장 한가운
데 계단 위에 코린트식 기둥 30개가 지탱하는 건물은 이름 그대로 정

면에서 보면 사각형인 신의 집, 즉 신전이다. 1세기에 로마 식민지 네마우수스(Nemausus, 님이 로마 속주일 때 이름)의 포럼에 건립됐다. 지역에서 채취한 석회암으로 지어진 이 신전은 4세기에 그리스도교 교회에 바쳐진 덕분에 상태나 비례의 원형이 상당히 잘 보존돼 있다. 17세기 이후 사원복원 작업을 통해 큰 구조적 변화 없이 원래의 형태를 회복하고 장식 요소를 보존할 수 있었다.

　이 신전은 아우구스투스 황제의 친구로 로마 판테온의 건축을 의뢰하기도 했던 마르쿠스 빕사니우스 아그리파의 의뢰로 지어진 것으로, 후에 아우구스투스의 두 아들인 가이우스와 루키우스에게 헌정됐다. 이들은 '청년 왕자'라는 칭호를 받았으며, 이를 통해 아우구스투스 왕조가 신성화되었고 건물은 아우구스투스 왕조와 로마제국에 대한 숭배를 나타내는 공간이 되었다. 코린트 기둥이 아름다운 건축물과 정교한 장식은 고대 로마를 공화국에서 제국으로 전환하고 '팍스 로마나(Pax Romana)'라는 황금시대를 열었던 아우구스투스의 이념과 제국숭배를 상징적으로 나타냈으며, 그 영향은 후대에까지 지속됐다. 형태의 단순함이 돋보이는 메종 카레는 신고전주의 건축물의 모범이 되어 파리의 마들렌 성당, 미국의 국회의사당 디자인에 영감을 주었기 때문이다. 메종 카레는 로마 속주에서 제국 숭배를 위해 바쳐진 로마 사원의 초기이자 가장 잘 보존된 사례로 2023년 9월 유네스코 세계문화유산 목록에 등재됐다.

　메종 카레와 마주하는 위치에 현대적인 디자인의 유리로 된 투명한 건축물이 바로 1993년 문을 연 카레 다르(Carré d'Art)다. 1984년 실시된 지명 설계 공모에는 프랑크 게리(Franck Gehry), 장 누벨(Jean Nouvel), 세자르 펠리(César Pelli) 등 12명의 건축가가 초대됐고, 영국 건축가 노먼 포스터 경이 우승했다. 노먼 포스터 경은 구시가지의 보석

노먼 포스터가 디자인한 카레 다르. 맞은편에 있는 로마 시대의 유적 메종 카레를
현대건축으로 멋지게 재해석했다.

1세기에 지어진 메종 카레는 가장 잘 보존된 초기 로마 시대의 사원이다.

중 하나인 메종 카레에서 영감을 받아 완벽하게 순수한 선이 드러나는 대형 유리로 구성된 직육면체의 건물을 디자인했다. 로마 시대 지어진 메종 카레와 대구를 이루면서 서 있는 모습이 매우 인상적이다. 과거와 현재가 공존하며 미래로 나아가는 도시 님의 이미지를 대변하는 듯하다.

하이테크 건축가로 알려진 그의 설계 특징이 잘 드러나는 카레 다르의 특징은 투명성이다. 님 지역 주택의 특징인 내부 안뜰을 연상시키는 중앙 아트리움의 꼭대기에 캐노피를 설치해 그곳에서 들어오는 자연광이 건물 전체를 비추도록 했다. 지상 4층과 지하 5층까지 총 9층으로 이루어진 이 건물에 현대미술관과 도서관이 있다. 위의 2개 층이 카레 다르 현대미술관(Carré d'Art-Musée d'art contemporain)으로 2,000제곱미터에 달하는 전시공간을 갖추고 있다. 소장품을 보여주는 상설전시장과 기획전시장 공간의 평면은 건물의 생김새처럼 단순하고 고전적인 구조다. 미술관에 들어서면 리처드 롱이 이곳을 위해 특별히 제작한 〈머드 라인(Mud Line)〉과 엘스워스 켈리의 〈골(Gaul)〉이 눈길을 끈다.

카레 다르 현대미술관은 1980년대 프랑스에서 시행된 문화 분권화 정책의 결과로 탄생했다. 서쪽의 보르도 현대미술관(CAPC)과 툴루즈의 수도원(Abattoirs de Toulouse), 동쪽의 니스 MAMAC, 남쪽의 마르세유 MAC 사이에 위치하며 현대미술관 네트워크를 형성하고 있다. 지중해 지역 전체에 현대미술을 알리면서 수년간 내용도 풍성해졌다. 모델로 삼고 있는 파리의 퐁피두 센터와 마찬가지로 카레 다르에는 멀티미디어 도서관과 현대미술관이 들어서 있어 지역 주민과 방문객에게 활기 넘치는 장소가 되고 있다. 현대미술관의 컬렉션은 1960년부터 현재까지의 기간을 다룬다. 600여 점에 이르는 미술관 컬렉션

캬레 다르 내부.

외에 랑그도크 루시용 지역 미술연합(FRAC, Languedoc-Roussillon)과 국가 현대미술기구(Fonds National d'art Contemporain)에서 대여한 작품도 있다. 지하층의 도서관에는 예술가 논문, 전시회 카탈로그, 에세이, 예술가 서적을 포함하여 20세기 및 21세기 예술, 특히 1960년부터 현재까지 예술 관련 시청각 자료, 정기 간행물, 예술 관련 리플렛 등 2만 9,000여 건을 제공한다. 문서 라이브러리는 건축, 회화, 조각, 사진, 그래픽 아트, 비디오 아트, 디지털 아트, 패션, 무용, 디자인, 문화 정책 및 박물관학 등 다양한 주제를 다루고 있다. 이 건물 꼭대기에 있는 식당에서 메종 카레를 바라보며 멋진 지중해식 요리를 즐길 수 있다. 배불리 먹고 나서 느긋하게 도시를 산책해보는 것도 좋다.

프랑스 최초의 시민공원인 분수정원.

님 구도심에서 분수정원으로 이어지는 운하.

님이라는 도시의 이름은 강의 신인 네마우수스의 이름을 따서 지었다고 전해진다. 로마인들이 갈리아 땅을 정복했을 때 샘을 중심으로 발전한 도시를 발견했고, 그들이 좋아하는 온천장을 만들고 즐겼다. 로마 시대부터 있었던 온천장을 중심으로 기하학적 모양의 분수 정원(Jardins de la Fontaine)이 만들어졌다. 프랑스 최초의 시민 정원으로 1738년부터 1755년에 건설돼 지금까지 시민들의 사랑을 받고 있다.

원형극장과 메종 카레, 카레 다르를 거쳐 석조 테라스가 있는 분수 정원까지 산책하면 님의 중요한 지점은 웬만큼 다 본 셈이다. 다음으로 시 외곽으로 나가 로마 식민지 네마우수스의 통치관이었던 아그리파가 건설한 퐁 뒤 가르를 보고 놀랄 차례다. (사진으로만 보다가 처음 실제 장소에 갔을 때 그 규모에 놀랐던 기억이 생생하다.) 가르동(Gardon)강 계곡을 가로질러 로마 식민지 네마우수스(님)까지 50킬로미터가 넘는 거리를 물을 운반하던 수로교가 2천 년 가까이 되었지만 거의 원형 그대로 보존되어 있다. 오랜 세월 퐁 뒤 가르와 함께해온 늙은 올리브나무가 일품이다.

1세기에 건설된 퐁 뒤 가르는 석회암으로 만든 3개 층의 아치로 이루어져 있다. 다리의 높이는 48.8미터, 길이가 274미터이다. 너비는 하단 9미터, 제일 위쪽이 3미터이다. 무게가 최대 6톤에 달하는 돌 블록은 모르타르 없이 서로 결합하도록 정밀하게 절단됐으며 교량은 매우 정교하게 설계됐다. 로마의 엔지니어들은 수로교가 견고하게 버틸 수 있도록 3층으로 된 각 레벨에 서로 다른 수의 아치를 설치했다. 아래층은 6개, 중간은 11개, 상단은 47개(현재 35개만 남아있다)의 아치로 구성되어 있다. 모든 로마 수로교 중 가장 높을 뿐만 아니라 가장 잘 보존된 다리 중 하나다. 탁월한 보존 상태, 역사적 중요성, 건축적 독창성으로 인해 1985년 유네스코 세계문화유산 목록에 등재됐다.

퐁 뒤 가르.

로마제국이 붕괴하고 수로가 더 이상 사용되지 않게 된 후에도 퐁 뒤 가르는 유료 교량으로서 보조 기능을 거의 그대로 유지하다가 18세기부터 중요한 관광지가 됐다. 지방 당국과 프랑스 정부의 의뢰로 진행된 일련의 개조 작업이 마무리되어 2000년에 새로운 방문객 센터를 개장하고 다리와 주변 지역을 보호할 수 있게 됐다. 오늘날 프랑스에서 가장 인기 있는 관광 명소 중 하나로 꼽힌다.

세잔의 도시, 엑상프로방스

【Aix en Provence】

폴 세잔의 생트빅투아르산이 보이는 집

산에 가면 행복한 이유가 뭘까? 자연 속에서 안식을 찾고 힐링할 수 있다는 것은 산을 찾아본 사람은 너무 잘 안다. '인자요산 지자요수(仁者樂山 知者樂水)'라는 말이 있지만. 최근 산과 행복의 상관성에 대해 들었는데 정말 그럴듯했다. 산에 가면 행복한 이유는 산이 나를 사랑해서가 아니라 내가 산을 사랑하기 때문이라고 한다. 사랑하는 곳에 찾아가는데 행복하지 않으면 이상한 것이다. 아무런 보상이 따르지 않아도 사랑을 향해 간다는 것만으로도 행복할 테니까.

폴 세잔(1839~1906)은 파리 생활을 접고 고향으로 돌아온 뒤 엑상프로방스의 대자연을 화폭에 담으며 자연의 본질과 그 깊이를 회화로 재현해 내려고 했다. 그가 선택한 것은 긴 세월 변치 않고 위용을 자랑하는 산, 생트빅투아르(Sainte-Victoire, 해발 1,011미터)이었다. 폴 세잔이 그린 생트빅투아르산은 유화 44점, 수채화 43점이다. 자신이 만족해서 서명한 것이 그 정도이니 스케치까지 하면 셀 수 없을 정도로 그렸을 것이다. 세잔에게 엑상프로방스의 자연 풍광은 곧 생트빅투아르산이었다. 그는 1891년 고향으로 돌아온 후 집중적으로 산을 되풀이해 그렸다. 그는 눈에 보이는 자연을 화폭에 옮기는 풍경화를 그리기 위한 것이 아니라 시시각각 변화하는 빛 속에서 모습을 달리하는 자연의 깊이를 어떻게 하면 단순화시켜 표현할 수 있을지를 고민했다. 자연의 본질을 단순화시키며 그 진수를 전달하는 것은 세잔이 평생을 붙

잡았던 화두였다. 그래서 세잔은 평생 사과의 미묘하고 다양한 모양과 색채에 파고들었고, 생트빅투아르산을 그리며 자연의 순수한 기본을 찾아내려 했다.

사실주의 화가들이 했던 사물의 재현이 아니라, 그 안에 담긴 정신을 자신의 붓을 통해 표현하고자 했다. 시각성의 탐구를 통해 완성한 개성적 표현과 완벽한 구도, 순수한 색면 추상적인 그의 회화는 20세기 큐비즘과 추상미술의 출발에 중대한 영향을 미쳤다. 세잔을 일컬어 '현대회화의 아버지'라고 하는 이유다.

폴 세잔의 고향 엑상프로방스는 프로방스 여행의 하이라이트라고 해도 과언이 아니다. 님에서 100킬로미터, 마르세유에서는 30킬로미터 거리에 위치하고, 파리에서는 TGV로 3시간 만에 바로 갈 수 있는 이곳은 18세기에 '작은 베르사유'라고 불리었을 정도로 아름다운 곳이다. 파리 특파원 마지막 해에 엑상프로방스로 출장을 다녀온 적이 있다. 아마도 그해가 폴 세잔 서거 100주년이었던 듯하다. TGV역 외벽에 걸린 커다란 포스터에 세잔의 생트빅투아르산 그림이 있고 저 너머로 아스라이 실제 생트빅투아르산이 보이던 풍경은 매우 인상적이었다. 당시 일정 관계로 긴 시간 머물지 못했던 아쉬움이 있었는데, 그 후로 여러 차례 엑상프로방스를 찾게 되어 좀 더 깊이 그 도시를 알게 되어 좋아하게 됐다.

코로나 전 여행을 하면서는 곧바로 도시로 진입하는 것보다 적당히 에둘러 가는 것을 선택했다. 세잔을 사로잡았던 생트빅투아르산이 바라보이는 작은 마을에서 하룻밤 머물기로 하고 샹브르 도트(Chambre d'Hote, 민박) 리스트 중에서 한 집을 골랐다. '프로방스 스타일 안 도미니크의 집, 멀리 생트빅투아르산이 보이는 곳'이라고 적어놓았는데 사진으로도 깔끔하고 괜찮아 보였다. 그런데 예정보다 너무

액상프로방스 가는 길에 본 생트빅투아르산.
폴 세잔은 생트빅투아르산을 그리며 자연의 원형을 탐구했다.

시간이 지체된 데다 주소를 보고 아무리 주변을 돌아도 집을 찾을 수 없어서 할 수 없이 주인에게 전화해서 우리를 찾으러 나와 달라고 부탁했다. 한밤중에 우리를 위해 차를 몰고 나와 준 민박집 주인 아주머니 안 도미니크는 마음씨 좋아 보이는 미소로 길 잃은 우리를 맞아주었다. 여행자를 배려해주는 마음에 미안함과 불안함이 동시에 가라앉았다.

깔끔하고 조용한 별채에서 편하게 잠을 자고 아침을 맞았다. 남프랑스에서 만날 수 있는 맑고 파란 하늘과 눈부신 햇살이 싱그럽다. 별채에서 올라오는 나무계단에서 고양이 로키가 한가로이 늦은 아침의 평화를 즐기고 있다. 안 도미니크는 정원에 아침 식사를 준비해 주었다. 야트막한 구릉에 조성된 타운하우스라 정원이 크지는 않지만 깔끔하게 가꿔놓았고 풀장과 금붕어들이 사는 작은 연못도 있는 집이었다.

안 도미니크는 원래 파리 출신이지만, 호텔에서 일하다 은퇴 후 친척들이 많은 이곳으로 내려와 산다고 했다. 직업 경험을 살리고 다양한 사람을 만날 수 있어서 집의 별채를 수리해 민박을 받기 시작했는데 즐겁다고 했다. 지난봄 유방암 수술을 받고 치료를 받는 중인데 간호사가 방문해 건강 체크를 해주고 딸도 자주 놀러 오고, 이렇게 민박에 오는 사람들을 위해 집안 관리하면서 보내니 크게 힘들지 않다고 한다. 집 구경도 시켜주었는데 약간 언덕진 곳에 조성된 타운하우스여서 부엌에서 진짜 생트빅투아르산이 보였다. 안 도미니크에게 꽃 그림이 그려진 부채를 선물했다. 생트빅투아르산을 바라보며 행복한 미소를 짓고 있을 안 도미니크가 늘 건강하길.

엑상프로방스(Aix en Provence)는 즉 '프로방스의 엑스(Aix)'인데 프랑스인들은 줄여서 '엑스'라고 한다. '엑스'는 물을 뜻한다. 샘물이 많이 있었던 까닭에 붙여진 이름이다. 샘이 있는 곳에는 아름다운 분수를 만들어 놓아서 '분수의 도시'라고도 한다.

엑스는 로마 시대의 분위기와 풍물, 문화가 시간과 함께 켜켜이 쌓여 있어 아름다움을 더하는데 특히 도시 곳곳에서 발견할 수 있는 수많은 분수가 이 도시의 매력을 한껏 풍요롭게 한다. 오래된 골목길들이 교차하는 곳에는 어김없이 매력적인 광장과 아름다운 분수가 있다. 분수는 늘 신선한 식수를 공급하기도 했고, 더운 여름에는 포도주를 신선하게 보관하는 역할도 했다. 보기에도 아름다우니 일석삼조라고 할 수 있다. 엑스의 중심축인 미라보(Mirabeau) 대로에는 예술과 정

엑상프로방스 시내.

엑상프로방스 시내의 표지판과 이끼 분수.

의와 농업을 상징하는 여신이 도시를 내려다보고 있는 원형의 분수 '로통드'를 비롯해 4개의 분수가 있다. 그중 이끼 분수는 온천수가 나오는 덕분에 겨울에도 초록색 이끼를 볼 수 있어 명물로 꼽힌다.

엑상프로방스는 화가 폴 세잔을 좋아한다면 반드시 들러야 할 도시다. 폴 세잔은 엑상프로방스에서 태어나 예술가로 살다 죽었다. 정말 단순 명쾌한 삶이다.

자신만의 예술을 완성하기 위해 치열하게 살다 간 폴 세잔은 엑상프로방스의 성공한 은행가이자 사업가의 아들로 태어났다. 이탈리아에서 건너온 이민의 후손이라는 이유로 지역 유지들 사이에서 약간 무시당하는 처지였던 아버지 루이 오귀스트 세잔은 아들이 법학을 공부해 가문을 빛내주길 바랐다. 아들은 아버지의 뜻에 따라 엑스에 있는 법과대학에 입학하지만, 그림에 대한 미련을 버리지 못하고 미술학교에서 데생 공부를 계속했다. 부르봉중학교 동창인 에밀 졸라는 1858년 파리에 올라간 뒤 세잔에게 법관이 되는 걸 그만두고 파리에 와서 진정한 화가가 되라고 부추긴다. 친구 따라서 강남 가듯이 폴 세잔은 법학 공부를 그만두고 1861년 4월 파리에 올라가 아카데미 쉬스에 입학했다. 카미유 피사로가 세잔의 재능을 발견하고 독려하지만, 세잔은 파리 생활에 적응하지 못하고 엑스로 돌아가 아버지의 은행에서 잠시 일하다 엑스의 미술학교에 등록한다. 엑스와 파리를 오가며 그림을 그리면서 1863년부터 매년 살롱전에 작품을 내지만 계속 낙선했다. 상심한 세잔은 엑스와 파리, 레스타크 등에 체류하며 그림에 열중했다. 세잔은 프로이센-프랑스 전쟁이 끝난 뒤 파리 외곽에 자리잡고 피사로와 함께 작업한다. 피사로는 세잔에게 자연과 접촉하며 느낀 감각을 표현하라면서 인상주의 기법을 전수한다. 1874년 첫 인상주의 작품전이 열렸을 때 드가, 모네, 르누아르, 피사로 등이 출품했고 세잔도 세 점을 출품했다. 비평가들의 혹평에 환멸을 느낀 세잔은 두 번째 인상주의 전시는 건너뛰고 세 번째 전시에 열일곱 점의 작품을 내지만 더 심한 비평이 쏟아진다. 충격을 받은 세잔은 파리 북쪽 퐁투아즈에 머물며 피사로와 함께 작업을 이어간다. 생활은 곤궁했다. 비밀리에 마리 오스탕스와 결혼해 아들까지 낳은 것을 알게 된 아버지가 매달 보내주던

세잔과 에밀 졸라가 함께 다닌 중학교.

생활비를 절반으로 줄여버렸다. 그림까지 팔리지 않자 작가로서 명성을 얻은 친구 에밀 졸라에게 돈을 빌려 쓰는 처지가 되었다. 자존심이 상할 대로 상해 있던 차에 졸라는 1886년 실패한 화가를 주인공으로 『작품(L'Oeuvre)』이라는 제목의 소설을 발표했는데, 폴 세잔은 자신을 염두에 두고 쓴 것으로 생각하고 에밀 졸라와 절교했다.

　다행히 파리의 일부 애호가 사이에 세잔을 인정하는 그룹이 생기기 시작했지만, 세잔은 1891년 가족과 함께 고향에 내려가 은둔자처럼 작업에만 열중했다. 한편 파리의 화가들과 화상들 사이에서 세잔의 명성이 점차 높아지고 있었다. 당시 화구상인 탕기 씨의 가게가 세잔의 그림을 볼 수 있는 유일한 장소였다. 이 가게를 드나들던 미술상 앙브루아즈 볼라르가 세잔의 그림에서 번뜩이는 천재성을 발견하고 1895년 11월 12일 자신의 갤러리에서 세잔의 첫 개인전을 열었다. 대중은 여전히 그를 외면했지만 르누아르, 드가, 피사로, 모네 등 동료 화가들은 찬사를 보냈다. 세상의 변화에 아랑곳하지 않고 세잔은

1901년 로브 가에 작업실을 짓고 그림에 더욱 열중한다.

> 늘 자연을 따라 배우고 있지만, 발전이 더딘 것 같아. 자네가
> 곁에 있으면 좋으련만. 고독이 나를 늘 야금야금 끌어내리니
> 말일세. 난 이제 늙고, 병들었어. 무거운 납 같은 무기력으로
> 가라앉는 것은, 열정에 자신을 맡겨 감각을 거칠게 만들기로
> 한 노인네에게는 위협이야. 그렇게 되느니 차라리 그림을
> 그리다가 죽겠다고 맹세했네.

말년의 세잔이 젊은 화가이자 작가인 에밀 베르나르(1868~1941)에게
1906년 9월 21일 쓴 편지 일부다. 그 다짐대로 그는 세상을 떠나는 순
간까지 그림을 그렸다. 1906년 10월 5일 야외에서 그림을 그리던 중
의식을 잃고 쓰러져 몇 시간 동안 비를 맞았다. 세탁물 마차에 실려 집
으로 돌아왔지만, 다음날 다시 그림을 그리러 산을 올랐다가 다시 쓰
러졌다. 폐렴이 악화되어 영영 일어나지 못했다. 1906년 10월 23일
세잔은 세상을 떠났다.

엑스 시에서는 도시 곳곳에 세잔의 자취가 남아 있는 장소를 따
라 '세잔의 길'이라고 이름 짓고 그 노정에 금속판을 박아놓았다. 시
관광청에서 만든 세잔의 길을 따라 안내지도는 32곳을 방문 포인트로
안내하고 있다. 관광청 사무실 앞의 세잔 동상부터 시작해 폴 세잔이
다니던 부르봉중학교(지금은 미네중학교), 그가 묻힌 생피에르 공동묘지,
오페라 가에 있는 생가, 마지막 거주지, 아틀리에, 어머니의 집, 외할
머니 집, 어린 폴이 세례를 받은 생장바티스트 뒤 포부르 교회까지 그
의 생애를 밟아갈 수 있다.

로브 가에 있는 세잔의 아틀리에는 1902년부터 생을 마감한

엑상프로방스의 거리에는 세잔의 발자취를 따라 금속판을 박아놓았다.

1906년까지 그가 작업하던 곳이다. 한낮에는 눈을 뜰 수 없을 정도로 강한 햇살이 비추는 아틀리에는 커다란 유리 벽을 통해 그 햇살을 그대로 다 받아들여서 자연광 아래에서 작업하는 것 같은 효과를 준다. 2층 작업실 벽 한쪽을 터서 길게 문을 만들어놓았는데, 작품을 내놓고 자연광 아래에서 비교해보기 위해 만들었다고 한다. 아틀리에는 그때 그대로 보존하고 있다. 프로방스풍의 도자기와 작업복, 모자 등 세잔이 아끼던 물건들이 보존되어 있다.

자 드 부팡(Jas de Bouffan) 별장은 세잔의 가족들이 40년 동안 소유했던 장소로 폴 세잔에게 다양한 영감을 제공했다. 1층 거실의 벽에 직접 그림을 그리기도 했다. 세잔은 별장 앞의 정원에 화판을 설치하고 농장, 연못, 마로니에 나무 등을 그렸다. 자 드 부팡에서 총 36점의 유화 작품과 17점의 수채화에 가족들의 생활 모습을 담았다.

세잔은 수십 년 동안 사용을 중단한 비베뮈스(Bibémus) 채석장에 화판을 설치하고 그 모습을 화폭에 담았다. 사람들에게 버려진 채석장의 어지럽고 황망한 풍경은 1895년부터 1904년까지 약 11점의 유화와 16점의 수채화에 담겼다. 그중에는 파리 오랑주리 미술관에 소장된 〈붉은 바위(le rocher rouge)〉가 있다. 비베뮈스 채석장은 리노베이션을 거쳐 최근 공개됐다는데 가보진 못했다.

세잔의 작품을 엑상프로방스에서 보는 것은 특별한 감회를 안겨준다. 붉은색의 건물들이 골목골목에 자리한 마자랭(Mazarin) 구역에 있는 그라네 미술관(Musée Granet)은 세잔의 〈목욕하는 사람들〉, 〈생트 빅투아르산〉 등 세잔의 작품 10점을 소장한 곳이다. 1676년 지은 팔레 드 말트(Palais de Malte)에 자리 잡은 그라네 미술관은 프로방스 출신의 화가 프랑수아 마리위스 그라네(François Marius Granet, 1775~1849)가 자신의 소장품과 회화 작품들을 엑스 시에 기증하면서 만들어졌고 여기에 세잔의 작품이 추가됐다. 세잔의 화풍을 이어받은 세잔파(école de Cézanne)의 작품과 세잔 작품실(la salle Cézanne) 외에 렘브란트, 루벤스, 앵그르, 다비드, 그라네의 작품들과 오랫동안 엑상프로방스 미술학교의 현장 그림학습에 사용됐던 프랑스, 플랑드르, 네덜란드, 이탈리아 작가들의 회화 작품을 상설 전시하고 있다. 그라네 미술관의 자매 공간으로 인근의 성당을 미술관으로 개조한 곳에서는 장 플랑크(Jean Planque)의 컬렉션을 상설 전시하고 있다. 컬렉터였던 장 플랑크가 기증한 작품을 중심으로 구성한 상설전 '세잔부터 자코메티까지'는 19점의 자코메티 작품 외에 레제, 몬드리안, 클레, 스타엘, 피카소, 탈코트의 작품 등 20세기 미술을 한눈에 조망해볼 수 있다.

코몽 아트센터 내부.

　우아하고 세련된 프로방스 스타일의 귀족저택을 미술관으로 개
조한 코몽 아트센터(Hotel de Caumont)에서는 '엑스의 세잔(Cezanne au
pays d'Aix)'이라는 제목의 영상(28분)을 볼 수 있다. 코몽 아트센터는 엑
상프로방스에서 빼놓지 말아야 할 중요한 미술관이다. 메인 스트리트
인 미라보 거리에서 가까운 코몽 아트센터는 18세기 남프랑스의 화려
한 저택을 그대로 살려 미술관으로 복원했는데, 화려한 로코코 양식
의 실내 장식과 18세기 상류사회의 삶을 보여주는 내부는 무척이나

세련되고 아름다우며 분수가 졸졸 평화로운 소리를 내는 정원도 정말 감탄이 나올 정도로 잘 가꿔져 있다. 고전적이고 아름다운 건물에서는 시즌마다 유명 근현대 작가들의 전시를 기획해서 보여주는데, 매번 남프랑스 지역에서 가장 화제를 불러 모은다. 예전에 갔을 때 니콜라 드 스탈(Nicolas de Staël, 1914~1955) 회고전을 봤고, 코로나 이후에 갔을 때는 마침 프랑스의 실험미술가 이브 클랭의 회고전이 시작한 날이었다. 정원 쪽으로 열려 있는 카페, 우아한 실내 장식의 레스토랑, 그리고 매혹적인 기념품점이 있다. 코몽 아트센터의 대각선 방향에는 영어 서적을 판매하는 서점도 꼭 둘러보길 추천한다.

프로방스 지방의 오래된 도시 엑상프로방스는 오래된 골목들이 아주 매력적이다. 골목마다 프로방스 특산품을 판매하는 상점들이 가득하다. 레잘레 프로방살(Les allées provençales, 프로방스 스타일 골목들)은 쇼핑, 휴식, 문화를 테마로 하는 복합 문화 구역으로 상점과 카페가 늘 사람들로 붐빈다. 엑상프로방스의 지역 특산품으로는 칼리송(calissons, 으깬 아몬드를 주재료로 한 디저트), 채색 인형(santons, 상통), 지역 와인 코토 덱상프로방스(Coteaux d'Aix en Provence), 코트드프로방스 생트빅투아르(côtes de Provence Sainte Victoire), 올리브와 치즈, 비누 등이 있다. 프로방스 스타일의 지역 특산품들은 아이 쇼핑만 하기엔 너무나 유혹이 강하다.

바자렐리 재단 미술관

몸으로 느끼는 옵아트

남프랑스의 프로방스는 예술가들의 영감을 자극하는 마력이 있는 것 같다. 19세기 말 20세기 초에 마티스, 고흐, 피카소, 샤갈 등 미술사에 족적을 남긴 거장들이 남프랑스의 태양 아래 창작열을 불태웠고, 2차 대전 후에도 이어져 많은 예술가를 불러 모았다. 엑상프로방스 시 외곽에는 20세기 추상미술의 한 장르인 옵아트(Op Art, 옵티컬아트)의 창시자로 불리는 빅토르 바자렐리(Victor Vasarely, 1906~1997)의 대표 작품을 소장한 바자렐리 미술관이 있다. 바자렐리는 헝가리 태생의 프랑스 화가로 20세기 추상미술부터 공공미술, 디자인 등 다양한 영역에 지대한 영향을 미친 선구적 아티스트다.

옵티컬아트는 기하학적 형태나 색채의 장력(張力)을 이용하여 시각적 착각을 불러일으키는 추상미술이다. 시각적 특성이 강한 옵티컬아트는 미술 사조에서는 큰 비중을 차지하지 않지만, 장식 디자인과 패션의 패턴에 큰 영향을 미쳤다. 그는 옵아트뿐 아니라 그래픽 아트, 기하학적 추상미술, 키네틱아트를 거쳐 특유의 조형 언어인 플라스틱 유닛을 창안해 이를 조각과 다양한 작품에 적용해 보이며 독창적인 예술세계를 펼쳤다.

바자렐리의 원래 전공은 의학이었으나 데생과 드로잉을 배우고 헝가리의 바우하우스로 불리는 '뮤힐리 아카데미'에 입학했다. 이곳에서 말레비치, 몬드리안, 칸딘스키, 그로피우스 등 추상미술과 아방가르드 그룹의 작품을 접하게 된다. 1930년 파리로 이주한 그는 그래픽 디자이너와 상업광고 디자이너로 성공하지만, 화가의 꿈을 포기하지 않고 다양한 시도를 하며 자신만의 조형 언어를 찾아 나간다. 엄격한

바자렐리 미술관 외부.

구성에 의한 기하학적 추상을 거쳐 순수한 기하학적 요소와 색상으로
자연과 인간, 감정을 표현하는 법을 찾아내는가 하면 공공건축과 도
시개발 등의 다양한 프로젝트를 통해 자기 작품의 무한 복제와 적용
을 시도하기도 했다. 1959년 프랑스에 귀화했고 1970년 프랑스 문화
훈장을 받았다.

  그는 남프랑스 고르드(Gorde)의 고성에 1970년 바자렐리 교육미
술관(1996년까지 운영)을 만들었고, 1976년엔 엑상프로방스에 자신이 설
계한 바자렐리 재단 미술관을 개관했다. 육각형의 방들을 마치 무한
복제되는 벌집처럼 이어 붙인 형태의 미술관 건물이 언덕 위에 우뚝
서 있는데 그 자체가 예술작품이다. 바자렐리는 르네상스 시대의 회
화처럼 전통적인 방식으로 보여주는 예술의 시대는 끝났다고 주장하

바자렐리 미술관 내부.

며 자신의 예술을 공간에서 제대로 보여주기 위해 이 미술관을 디자인하고 작품을 제작했다. 영혼을 갈아넣었다고 해야 하나. 육면체의 각 내면에 주제별로 옵티컬아트 작품을 그려 넣었는데 작품은 폭 6미터, 높이 8미터로 엄청나게 크다. 방이 끝없이 이어지는데 방마다 색채의 톤과 디자인이 각기 다르다. 2층 전시실에서는 바자렐리의 옵티컬아트가 어떻게 변화했는지, 그의 작품이 어떻게 다른 예술 장르와 현대 디자인에 영향을 주었는지를 보여준다. 그는 초기에는 흑백으로 시작했다가 점차 컬러풀하게 변화하고 여기에 은색 등 금속색이 추가되기도 한다.

한국-헝가리 수교 33주년을 기념해 아시아에서 최초로 서울 예술의전당에서 "빅토르 바자렐리: 반응하는 눈"(2023.12.21~2024.4.21) 전이 열렸다. 2022년 가을 여행 때 엑상프로방스의 바자렐리 미술관을 다녀온 터라 반가운 마음에 예술의전당 한가람 미술관 전시를 찾아가 보았다. 헝가리 국립 부다페스트 뮤지엄과 바자렐리 미술관 소장작품 200여 점을 선보인 전시는 바자렐리의 예술세계 전반을 총체적으로 이해할 수 있어서 좋았지만, 엑상프로방스의 바자렐리 미술관에서 느꼈던 그런 감동에는 비교할 수 없었다.

샤토 라코스트

와인, 아트, 건축의 삼박자

엑상프로방스에서 자동차로 25분 거리에 있는 샤토 라코스트(Château La Coste)는 와인과 예술, 그리고 건축을 사랑하는 사람들에게는 필수 방문 코스로 추천하고 싶은 곳이다. 여유 있게 조각과 설치 작품과 건축물을 감상하며 산책하고 라코스트에서 나오는 로제 와인을 곁들인 식사까지 하는 것을 염두에 두고 반나절을 온전히 할애해서 다녀와도 후회하지 않을 것이다.

원래 오랜 역사를 지닌 샤토 라코스트 와이너리(Domaine Vinicole du Château La Coste)는 현대미술, 건축, 와인 문화가 독특한 조화를 이루고 있는 곳이다. 포도원과 올리브나무들 사이로 언덕을 오르내리며 이어지는 건축 예술 산책로(Promenade Art & Architecture)에서는 유명 작가들의 현대미술 작품들이 설치되어 있고, 저명한 건축가들이 디자인한 건축물들을 만날 수 있다. 현대미술 작품 중에는 이우환의 〈관계항〉 시리즈에 속하는 작품도 있다. 와이너리를 방문하는 것은 별도 비용이 들어가지 않지만, 건축 예술 산책로를 탐방하며 현대미술 작품

샤토 라코스테의 입구에 위치한 메인 건물은 안도 다다오가 설계했다.
연못에 루이스 부르주아의 작품 〈마망〉이 설치되어 있다.

산책로에서 만나게 되는 안도 다다오의 채플과 오토니엘의 붉은 십자가.

과 건축물을 보려면 입장료를 지불해야 한다. 지도를 들고 걸어서 다니면서 36개의 설치 작품을 찾아보는 재미가 쏠쏠하다. 소요시간은 2시간 정도 걸린다.

처음 이곳에 갔을 때 별다른 정보 없이 간 탓에 시간이 없어서 예술공원을 관람하지 못했다. 그다음(2022년)에는 예술공원을 반드시 경험하리라 마음먹고 다시 찾아갔다.

라코스트는 130헥타르의 포도 재배 지역을 포함해 총 200헥타르에 걸쳐 포도원과 밤나무숲, 그리고 올리브밭이 끝없이 펼쳐진다. 도착해서 바로 눈길을 사로잡는 작품은 호수 위에 있는 프랑스계 미국인 예술가인 루이스 부르주아(Louise Bourgeois)의 거대한 거미 조각상이다. 그 뒤로 보이는 것이 안도 다다오가 2011년 설계한 아트센터(Centre d'Art)다. 아트센터 건물은 삼각형과 직선, 직사각형 등 기하학적 선으로 이뤄져 안도 건축물의 특징을 고스란히 나타낸다. 이곳 1층에 산책로 탐방 티켓을 판매하는 매표소와 기념품점, 그리고 식당 '안도 다다오'가 있다. 건물 뒤편으로 히로시 스기모토의 〈수학적 모델 012〉와 알렉산더 칼더의 모빌 작품 〈스몰 크링클리〉를 볼 수 있다. 잔디밭에는 션 스컬리의 〈박스들〉이 놓여 있다.

샤토 라코스트의 주인이 안도 다다오를 어지간히 좋아했는지 예술 산책로에 암석으로 만든 정육면체 〈파빌리온〉도 안도의 작품이고 건축적 산책로가 이어지는 언덕 위에는 안도가 디자인한 예배당도 있다. 예배당 옆 나무에는 특이한 붉은색 유리 십자가가 걸려 있다. 우리나라에서 서울 시립미술관 서소문관과 덕수궁 특별전으로 유명한 프랑스 작가 장-미셸 오토니엘(Jean-Michel Othoniel)의 작품이다. 숲의 입구에는 미국인 예술가 마이클 스타이프의 작품인 청동 여우상들이 마치 살아있는 여우처럼 보인다. 지도를 따라 산책로를 걷다 보면 폴 마

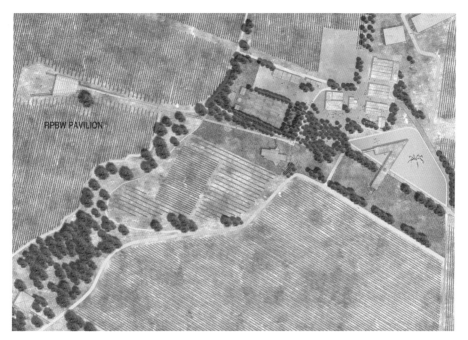

샤토 라코스트 지도.

티스의 거대한 메디테이션 벨이 서 있고, 리처드 세라의 철제 조각 설치물 〈포르티코〉와 천연 자석으로 만든 통가의 조각 작품이 색다른 경험을 선사한다. 프로방스의 자연을 상징하듯 알록달록한 색의 금속 벽은 리암 길릭의 2010년 작품이다.

지도에 그려진 대로 언덕을 따라가면서 곳곳에 작품들이 숨어 있다. 제니 홀처, 프란츠 웨스트, 아이웨이웨이, 소피 칼, 트레이시 에민, 리처드 롱, 오노 요코 등 유명한 현대미술 작가들의 작품을 볼 수 있다. 포도밭 옆에 이우환의 작품도 있다. 건축가들의 작품으로는 프랭크 게리의 음악 파빌리온이 있고, 렌초 피아노, 리처드 로저스, 장미셸 빌모트, 장 누벨이 디자인한 건축물들이 있다.

로마 시대로부터 이어져왔다는 와이너리에는 카베르네 소비뇽,

그르나슈, 소비뇽 블랑, 시라, 베르멘티노, 샤르도네, 생소 등이 자라고 있다. 이곳에서 나오는 레드도 좋지만, 로제가 특히 사랑받는다. 2009년부터 공식적으로 유기농법을 택해 와인을 생산하고 있다. 카베르네 소비뇽 포도밭이 보이는 레스토랑 '안도 다다오'는 예약을 해야 하지만 언제나 열려있는 '테라스'에서 와인을 곁들여 가벼운 식사를 하는 것만으로도 충분히 즐겁고 신선한 경험이다.

라코스트의 레스토랑 '테라스'. 테라스 앞의 나무에 오토니엘의 작품이 설치되어 있다.

샤갈과 마티스의 흔적을 찾아
[St-Paul-de-Vence]

생폴드방스 마그 재단 미술관

마그 재단 미술관(Fondation Maeght)은 오래전부터 가보고 싶었던 곳이 었다. 보석 같은 곳이라고, 남프랑스에 가면 꼭 방문해 보라고 방혜자 화백도 추천해주었던 미술관이다. 허나 대중교통을 이용해선 여간해 선 갈 수 없다. 그동안 못 가본 곳 위주로 짜는 이번 여행에서 마그 재 단 미술관은 반드시 들러야 할 곳 리스트 맨 위로 올랐다.

생폴드방스와 앙티브, 니스 등을 둘러보는 남프랑스 여정의 마지 막 거점은 중간 지점에 있는 그라스로 잡았다. 향수의 고장으로 잘 알 려진 그라스 역시 전부터 가보고 싶었지만 일단 생폴드방스의 마그 재단 미술관부터 가보기로 하고 아침 일찍 그라스를 출발했다.

마그 재단 미술관은 마르크 샤갈, 파블로 피카소 등 많은 예술가 가 사랑했던 생폴드방스에서 자동차로 10분 거리의 산속에 있다. 소 나무 숲에 둘러싸여 있는 미술관은 규모가 거창하지는 않지만, 매우 프라이빗한 느낌이 든다. 개관시간에 맞춰 도착해 거의 첫 번째 방문 객으로 티켓을 구입해 입장했다. 소나무 숲을 정원으로 삼아서인지 아침 공기가 청량하고 새소리가 더욱 선명하게 귓전에 울리는 가운데 호안 미로, 알렉산더 칼더, 헨리 무어 등 거장들의 조각 작품들이 눈에 들어온다.

마그 재단 미술관은 현대미술 작품 컬렉션의 양과 질에서 수준이 매우 높은 것으로 유명한데, 역시 정원에 설치된 조각부터 달랐다. 맑

마그 재단 정원.

은 공기 속에 새소리를 들으며 걸작들을 감상하며 산책을 하니 오감
이 열리고 이것이 진정한 아트 힐링이구나 싶었다.

연한 분홍빛을 띤 미술관 건물은 말아 올려진 흰색 지붕이 무척
인상적이다. 마치 수녀님들의 흰색 모자(?), 혹은 중세 여자들의 머리
장식을 건물에 씌워 놓은 것 같다. 1960년대 이 시골에 이런 미술관을
지은 사람들은 정말 대단하다.

마그리트와 에메 마그 부부는 칸에서 판화 공방을 하면서 갤러
리도 함께 운영해 꽤 성공을 거뒀다. 예술가들과도 친분이 깊었다.
1953년 막내아들 베르나르가 11살의 나이에 병으로 세상을 떠나자 큰
슬픔에 잠겨 있던 마그 부부는 친하게 지내던 화가 페르낭 레제의 조
언을 받아 미국 여행을 떠난다.

미술관 외부.

예술을 사랑하는 미국의 부호들은 미술재단을 만들어 미술관을 짓고 자신들이 수집한 작품을 대중들과 공유하고 있었다. 반스, 필립스, 구겐하임 등 재단 미술관을 돌아본 마그 부부는 당대에 활발하게 활동하는 예술가들이 작품도 하면서 교류하는 공간을 생폴드방스에 만들겠다는 계획을 세운다. 전쟁으로 파괴된 예술 생태계에 활기를 불어넣어주는 역할을 할 수 있는 예술 플랫폼을 구상했다. 1956년 마요르카에 있는 호안 미로의 미술관 겸 작업실을 방문한 부부는 주변 환경과 멋지게 어우러진 건축과 분위기에 매료돼 건축가 주제브 류이스 세르트(Josep Lluis Sert)에게 미술관 설계를 의뢰하게 된다.

마그 부부의 뜻에 공감한 많은 예술가가 참여했다. 세르트의 설계를 기반으로 호안 미로가 세라믹 설치 작품을 했고, 조르주 브라크

마그 재단 내부의 칼더와 샤갈 작품.

와 마르크 샤갈이 건물 외벽의 모자이크 작업을 했다. 조르주 브라크
는 예배당의 스테인드글라스 작업도 했다. 샤갈은 전시장 한쪽 벽면
을 채운 대작 〈인생(La Vie)〉과 〈연인(Les Amoureux)〉을 그렸다. 청동으로
된 램프, 벤치, 문손잡이 등은 자코메티가 디자인한 것이다. 1957년 설
계 의뢰를 시작한 미술관은 1964년 개관식을 가졌다. 당시 문화부 장
관이었던 앙드레 말로가 참석해 축하했을 정도로 화제가 된 이벤트였
다.

　　미술관 마당에는 마그 부부의 아들을 위해 지은 작은 예배당이
있다. 마그 재단 미술관이 생기게 된 계기를 제공한 곳으로 아담하지
만, 그 안에서는 특별한 예술적, 영적 체험을 하게 된다. 브라크의 푸
른빛 스테인드글라스를 통해 들어오는 빛 때문인 것 같다. 나무로 만

든 십자가상의 예수님 얼굴에는 고통보다는 평화가 깃들어 있다.

미술관에는 호안 미로의 작품이 특히 많다. 서쪽 벽면의 모자이크를 비롯해 조각들, 설치 작품들로 꾸며진 야외 정원을 만들어 놓았다. 메인 전시공간에 전시된 소장품은 정말 놀랍다. 자코메티의 조각 작품들이 특히 많아서 눈 호강을 제대로 한다.

마그 재단 미술관은 예술가들과 교감을 원했던 설립자의 뜻을 이어 동시대 예술가들을 초대해 기획전을 열고 있다. 세계적인 예술가들이 초대되는데, 그곳을 방문했을 때는 벨기에의 현대미술가 얀 파브르 회고전이 열렸다. 뇌를 드러내서 곤충, 과일, 상징적 사물, 미니어처 등을 가져다 놓음으로써 시각적 충격을 주는 작품들이다. 예술 관련 서적이 갖춰진 서점 겸 기념품점까지 둘러본 뒤 미술관 전체를 다시 한 바퀴 돌아보고 또 돌아봐도 공간들이 다양하게 안과 밖을 오가면서 구성되어 있고 곳곳에서 예술작품들을 만날 수 있어 전혀 지루하지 않다.

미술관 투어를 마치고는 예술가들이 특별히 사랑했던 생폴드방스 마을로 내려가봐야 한다. 예술가들이 많이 찾았던 곳으로 지금도 언덕길을 따라 갤러리들이 무척 많이 들어선 것을 볼 수 있다.

중세부터 산 언덕에 자연 형성된 마을로 들어가는 성문을 통해 들어가면 골목을 따라 예쁜 상점들이 많은데 식사 후에 둘러보기로 했다. 1920년대 예술가들이 들렀다는 유명한 호텔 겸 식당 '콜롱브 도르도'에 가보고 싶었지만, 시간이 여의치 않아 패스하고 절벽에 만들어진 식당에서 절경을 감상하며 점심을 먹었다.

본격적으로 마을 구경을 하려는데 소나기가 내린다. 비를 피하려고 기념품 가게에 들어가 테이블보, 비누 등을 사며 시간을 보냈는데도 비는 그칠 줄 모른다. 그래도 꼭 들러봐야 할 곳이 있었다. 마르크

생폴드방스 시내와 샤갈의 무덤.

샤갈(1887~1985)의 무덤이다.

생폴드방스는 고향을 떠나 전 세계를 돌아다니던 샤갈이 생의 마지막을 보낸 곳이다. 주변을 걷다 보면 그림의 배경지에 간판을 세워놓아서 샤갈의 발자취를 쉽게 발견할 수 있다.

샤갈은 1887년 7월 7일 러시아 서부 벨라루스공화국의 비쳅스크 (유대인 거주지역)에서 태어났다. 비교적 유복한 어린 시절을 보낸 샤갈은 상트페테르부르크에서 미술수업을 받다가 후원자의 재정지원으로 파리에 가게 된다. 모이셰 세갈이라는 이름도 프랑스식인 마르크 샤갈로 바꾸고 모딜리아니 등 다른 나라에서 온 화가들과 교감하며 열정적으로 그림을 그렸다. 1차 대전 중인 1914년 고향 비쳅스크로 돌아간 샤갈은 이듬해인 1915년 벨라 로젠펠트와 결혼했다. 보석 세공사의 딸 벨라는 미모와 교양을 갖춘 여인이었다. 샤갈은 비쳅스크의 인민 미술위원으로 미술학교 교장을 맡아 일하다 곧 그만두고 모스크바로 옮겨 무대미술에 열중했다. 모스크바 국립 유대 극장의 벽화 장식을 의뢰받아 작업하던 중 사회주의자들과 마찰로 1922년 가족과 함께 영구히 러시아를 떠나야 했다.

베를린에서 파리로 옮겨 다니며 힘들게 생활했지만, 판화 연작 등을 발표하며 국제적 명성을 쌓았고 1926년 뉴욕에서 개인전을 가졌다. 유대인인 샤갈은 2차 대전이 발발하자 가족과 함께 뉴욕으로 도피해 유럽에서 피신해온 다른 예술가들과 어울려 예술 활동을 이어갔다. 그러던 중 1944년 사랑하는 아내이자 뮤즈인 벨라가 감염으로 갑자기 세상을 떠났다. 큰 상실에 빠져 9개월간 붓을 들지 못하다가 1948년 프랑스로 돌아와 오르주발에 살면서 유럽의 도시에서 전시회를 이어갔다. 1952년 발렌티나(바바) 브로드스키와 결혼하면서 예술적으로도 새로운 활력을 받아 성경 시리즈 작업과 파리 오페라 천장화 등을 제작했다. 1977년 프랑스 정부로부터 문화훈장을 수훈한 샤갈은 생애 마지막 20년간 생폴드방스에서 살다가 1985년 97세의 나이로 삶을 마감했다. 긴 세월 동안 세계를 떠돌면서도 아름다운 색채와 초현실적인 이미지로 우리에게 꿈과 환상을 심어주었던 그는 생폴드방스의 언덕 아래 유대인 묘지에 생의 후반을 함께한 바바와 함께 조용히 묻혀 있다. 화가의 무덤에는 돌들이 놓여 있다. 방문객들이 추모하는 마음을 담아서 유대인의 전통에 따라 올려놓은 것이다.

방스 마티스 채플 Chapelle du Rosaire de Vence

내가 좋아하는 화가들은 여럿인데 앙리 마티스(1869~1954)는 그중 최고로 꼽는 화가다. 순수하고 강렬한 색채와 단순한 형태, 그러면서도 리듬감이 느껴지는 작품들을 좋아한다. 밝고 따뜻한 순수한 색채로 된 형상들이 리드미컬하게 어우러진 작품을 보면 가라앉았던 기분도 저 멀리 사라지는 것 같다.

생폴드방스에서 멀지 않은 거리에 있는 방스(Vence)에는 마티스가 말년에 혼을 담아 작업한 스테인드글라스와 벽화가 설치된 '로사리오 경당'이 있다. '마티스 채플'로 더 유명하다. 마티스의 작품은 프랑스 파리의 퐁피두 센터, 뉴욕 현대미술관, 러시아 푸시킨 미술관 등 전 세계 최고의 미술관에서 볼 수 있으나, 딱 한 곳만 꼽으라고 한다면 방스의 마티스 채플로 알려진 로사리오 경당을 선택하겠다. 마티스의 예술적 여정을 그대로 함축한 곳이기 때문이다.

비가 오락가락하면서 기온이 뚝 떨어졌지만 길 위의 방랑을 멈출 수 없었다. 마티스 채플이 문을 닫기 전에 서둘러 도착했다. 비구름이 깔려있어 어둑하기까지 했던 늦은 오후였다. 우산의 비를 털며 채플에 들어서니 바깥의 어둠은 순식간에 사라지고 밝고 따뜻한 기운이 느껴졌다.

야수파를 대표하는 화가 마티스는 파블로 피카소와 함께 20세기 최고의 화가로 꼽힌다. 20세기 초 파리에 머물며 예술가들을 벗으로 두고 후원했던 미국인 거트루드 스타인은 마티스를 북극점, 피카소를 남극점이라고 부르며 그들이 개척해 나가는 예술에 찬사를 보냈다. 두 화가의 혁신적인 시도는 그 자체로 현대미술사를 장식했다. 피카소가 번득이는 천재성으로 순식간에 사람들을 사로잡았던 반면 마

마티스 채플.

말년의 마티스는 방스의 채플에 마지막 열정을 쏟았다.
마티스 채플에는 그가 디자인한 사제의 미사 전례복이 전시되어 있다.

티스는 느리지만 확고한 걸음으로 아름다움의 본질을 향한 여정을 계
속했다.

　마티스는 파리 교외 이시레물리노에 작업실이 있었지만, 건강이
나빠지면서 거의 니스에 머물렀다. 72세였던 1941년 큰 수술을 받게
되고 두 차례 생사의 고비를 넘긴 뒤 6개월 시한부 판정을 받는다. 그
는 마지막 순간에도 삶에 대한 의지를 놓지 않았고 그로부터 한참을
더 살았다. 덤으로 두 번째 삶을 산다고 생각했던 그는 니스의 레지나
호텔에서 요양하면서 더욱 순수의 핵심에 다가가고자 했다. 붓을 들
수 없을 때 그는 목탄을 나무 막대기 끝에 매달고 드로잉을 했고 가위
를 들어 이미지를 만들어내는 등 열정을 버리지 않았다.

　당시 간호학교에 다니던 모니크 부르주아가 밤에 찾아와 거동이

마티스의 로자리오 경당(마티스 채플)을 가리키는 표지판.
마티스가 디자인한 십자가가 세워져 있다.

불편한 예술가 마티스를 보살펴줬다. 간병인과 환자로 만났지만 두
사람은 긴 시간 동안 많은 대화를 나누며 우정을 쌓았다. 마티스는 모
니크 부르주아의 초상을 그리기도 했다. 모니크의 헌신적인 간호 덕
분에 그는 창작의 열정을 지속해 나갈 수 있었다.

　마티스는 니스가 연합군의 공습 목표가 되자 황급히 니스를 벗어
나 시골 마을 방스로 거처를 옮겼다. 별장의 이름은 르레브, 꿈이란 뜻
이다. 도미니크 회의 수녀로 서원하고 자크 마리 수녀가 되어 1944년
아베롱의 수녀원으로 들어간 모니크의 기숙사가 근처에 있었다. 자크
마리 수녀는 필요할 때마다 마티스를 찾아가 대화를 나누고 보살폈
다.

　간호 수녀의 일을 하게 된 자크 마리 수녀와 마티스는 이후로도

오래 편지를 나누며 대화를 이어갔다. 수녀회에서는 마침 헛간으로 사용하던 곳을 경당으로 개축하기로 했다. 자크 마리는 1948년 마티스에게 편지를 보내 그 경당 건축에 참여해달라고 부탁했다. 마티스는 건축은커녕 그림에서도 종교를 주제로 다뤄본 적이 없었지만, 자크 마리 수녀의 부탁에 "기꺼이 도와주겠다"라고 답했다.

77세의 마티스는 1949년부터 4년간 성당 건립에 열정을 쏟아부었다. 성서의 창세기에 나오는 생명의 나무를 모티프로 성당의 스테인드글라스를 비롯해 벽화, 십자가, 촛대 등 배치와 신부들이 입을 전례복도 디자인했다. 마티스는 동쪽 벽은 스테인드글라스를 설치하고 서쪽 벽엔 성모 마리아를 주제로 타일 벽화를 장식해 변화를 주었다. 북쪽벽에는 거친 선으로 '십자가의 길 14처'를 그렸다. 채플은 1951년 완공됐다.

두 사람의 우정이 낳은 성당은 그래서 참 따뜻하다. 순수하고, 맑고, 밝으며 신성한 기운마저 풍긴다. 실제로 마티스 채플은 마티스 예술의 집약이며 명쾌함과 단순함에 넘치는 조형미를 지닌 최고의 작품으로 평가받는다. (채플 내부에선 사진 촬영을 할 수 없었다. 채플 내부 사진은 로사리오 경당의 홈페이지에서 받아왔다.)

마티스는 프랑스 북부 노르파드칼레의 르카토캉브레지에서 태어났다. 스무 살 때까지 법률 공부를 하던 그는 우연한 기회에 창작의 기쁨을 발견한다. 곡물 종자 사업을 하는 완고한 아버지를 설득해 화가가 되기로 하고 파리에 올라온 것은 그가 22세 때였다. 늦게 시작한 공부로 밤새는 줄도 모르고 작업에 몰두하는 일이 많았다. 파리 국립미술학교에 들어가 귀스타브 모로에게 배우면서 인연을 맺게 된다. 모로는 늦깎이였던 마티스의 잠재력을 발견하고 늘 그를 지지했다. 그러면서도 "자네는 그림을 너무 단순화시키려 하는군"이라고 애정을 담아 얘기하곤 했다.

마티스는 인상파 화가들과 친하게 되면서 그들의 작품에 강한 인상을 받았다. 영국 여행을 하면서 윌리엄 터너의 작품을 접하고 깊은 감명을 받는다. 가난했지만 아내 아멜리가 결혼할 때 어머니로부터 물려받은 보석을 전당포에 잡혀 마련해준 돈으로 1900년 화상 앙브루아즈 볼라르로부터 폴 세잔의 〈목욕하는 세 여인〉을 구입해 탐구의 교과서로 삼았다. 마티스는 37년간 이 작품을 가까이 두고 보았는데 생활이 어려울 때마다 그림을 팔라는 유혹을 받았지만 팔지 않고 지니고 있었다. 1936년 파리 현대미술관에 그 작품을 기증하면서 그는 이렇게 말했다. "세잔은 우리 모두의 스승이다."

마티스는 인상파, 후기 인상파 화가들의 작품을 탐구하면서 자신의 회화기법을 발전시켜 나갔다. 폴 시냐크가 창시한 점묘법에 심취돼 있던 그는 앙데팡당 미술전에 점묘법으로 그린 작품을 출품하고 드랭, 블라맹크와 사귄다. 마티스 부부는 1905년 친구 앙드레 드랭과 함께 지중해 여행을 했다. 파란 하늘과 햇살을 받아 자연은 원색의 향연을 펼쳤다. 그 강렬한 색채는 마티스의 감정을 사로잡았고 마티스는 감정이 선택하는 대로 색채를 구사하며 화면을 채웠다. 단순하고도 강렬한 색상을 기반으로 한 혁신적인 회화기법을 발전시킨 그는 1905년 가을 살롱전에 아내의 모습을 담은 〈모자 쓴 여자〉를 출품했다. 전시회 개막 전날 프리뷰에서 미술 잡지 《질 블라스》의 루이 복셀 기자는 마티스의 귀에 대고 "야수들 사이에 도나텔로가 서 있군"이라고 말했다. 점잖은 조각 작품 주변에 설치된 강렬하고 직관적인 마티스의 회화 작품이 전시된 것을 비유해 한 말이었다. 미국인 컬렉터 스타인은 '야수파의 기수'가 된 마티스의 작품 〈모자를 쓴 여자〉를 구입했으며, 미국에 마티스를 알리는 일에 적극적으로 나섰다.

마티스는 1차 대전 후부터 주로 니스에 머물며 모로코와 타히티 섬을 여행했다. 마티스가 처음 니스를 찾은 것은 1917년 12월 25일이었다. 무척 흐리고 추운 날씨였고 그가 묵은 싸구려 호텔은 난방도 제대로 되지 않았다. 며칠 동안 방에 갇혀 바이올린을 켜며 스스로를 위로하던 그는 화구를 챙겨 밖으로 나가 그림을 그리려다 너무 추워 다시 호텔로 들어왔다. 그런데 잠시 후 언제 그랬냐는 듯이 따스한 햇살을 느끼고 창문을 열어젖혔다.

> 창을 여니 밖에는 야자나무 끝자락이 팔랑거리고, 하늘과
> 바다에는 파랑, 파랑, 파랑이 가득했다.
>
> — 앙리 마티스

말년에 류머티즘으로 고생하면서 치료를 위해 니스를 자주 찾았다. 니스에 가면 그가 머물렀던 레지나 호텔, 해변 산책로, 작업공간 등을 볼 수 있고 마티스 미술관도 만날 수 있다. 10여 년 전 니스의 마티스 미술관을 찾아갔는데, 사전에 프랑스문화원 담당자를 통해 마티스 전을 한국에서 열고 싶다는 얘기를 그곳 담당자에게 이메일로 보내 놓았었다. 그쪽에서 관심은 보였는데 정작 그때는 진행을 어떻게 해야 할지 몰라서 그냥 미술관만 다녀왔다. 아쉬웠지만 너무나 멋진 〈폴리네시아 바다〉, 〈재즈〉 시리즈 등을 모두 볼 수 있어서 그것만으로도 충분했다.

마티스는 1921년 뉴욕 현대미술관에서 열린 '인상주의, 후기 인상주의 작품전'에 3점 출품했다. 비평가들은 혹평했지만, 그와 달리 밝고 강렬한 마티스의 작품은 불티나게 팔렸다. 마티스의 관심은 색채의 추상적 표현력에 있었다. 자연의 색채가 아니라 직감적으로 다가오는 색채를 화폭에 옮겼다. 1930년 미국을 거쳐 남태평양의 타히

의자에 앉아 채플의 벽화 작업 밑그림을 그리는 마티스.

티를 여행하고 나서는 평면화, 단순화된 화면에 역동성을 가미한 작품을 구현했다. 조각, 동판화에도 뛰어났으며 디자인, 삽화 등 새로운 분야를 개척했다.

니스 마티스 미술관이 소장하고 있는 〈왕의 슬픔〉은 제목과 달리 그야말로 색채의 향연이다.

마티스는 프랑스 미술애호가였던 알버트 반스(1872~1951) 박사가 미술 대중교육을 위해 설립한 반스 재단(The Barnes Foundation)의 벽화를 의뢰받았다. 세 개의 아치에 들어갈 벽화를 그리면 되는 거였는데 마티스는 주제를 '춤'으로 정하고 니스에서 작업 구상에 들어갔다. 벽화의 높이 때문에 2미터 가까이 되는 막대기 끝에 목탄을 고정하고 그림을 그렸다. 그리고 그 모양에 맞게 종이를 오려 이리저리 옮기며 구성을 다듬어 나갔다. 1년 넘게 걸려 작업한 그림은 펜실베이니아 메리언에 있는 반스 재단 건물 로비에 무사히 설치됐다. 그런데 이 작품을 설치한 뒤 반스는 무슨 영문인지 작품을 대중에 공개하지 않았다. 반스 박사의 사후 법정 소송을 통해 1960년대 초 중앙 홀의 일반 관람이 허용된다.

과슈로 색을 칠한 종이를 가위로 오려 작업하는 것은 반스 재단 벽화를 준비하면서 시도했던 것인데 방스의 별장으로 옮긴 후 시력이 급격히 나빠지면서 그는 종이를 오려 만드는 작업을 본격적으로 시작한다. 그의 도구는 색을 칠한 종이와 가위였다. 가위질하는 그는 마치 드로잉을 하는 것 같았다.

가위질은 비행의 느낌이다. 비행기도 선을 그리면서
날아간다. 가위질과 비행은 동의어다.
— 앙리 마티스

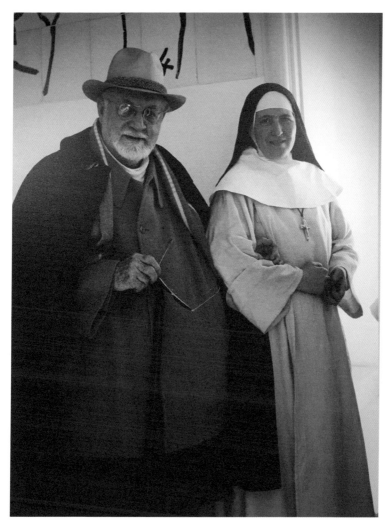

마티스와 자크 마리 수녀.

방스의 르레브로 옮긴 지 3개월 뒤 그는 〈이카루스의 추락〉을 완성하고 그 연작 작품집『재즈』를 발표했다.

마티스의 작품 〈파란 누드〉는 4가지 형태를 보이는데 마티스 미술관에서 눈을 가까이하고 보니 그 안에 수많은 고민의 흔적이 남아있었다. 예술이 곧 신앙이었던 마티스는 로사리오 경당이 완성된 지 3년 뒤인 1954년 심장마비로 세상을 떠났다. 자크 마리 수녀는 2005년 하느님 곁으로 갔다.

피카소와 만나는 앙티브,
지중해가 보이는 땅의 끝에서 일단 멈춤
【Antibes】

마티스가 남긴 불멸의 작품 '로사리오 경당'을 나오니 하루 해가 뉘엿 뉘엿해지고 있었다. 피카소 미술관이 있는 앙티브(Antibes)로 갈지 말지 망설이다 가는 것으로 정하고 출발했다. 다음 날이면 한국으로 돌아가야 해서 잠깐이라도 들러 보고 싶은 생각에서였다. 비는 그쳤지만, 하늘에는 먹구름이 가득하다. 여행을 끝내야 하는 아쉬운 마음까지 겹쳐져 기분이 가라앉았는데 구름 낀 하늘과 그 아래의 풍광은 또 어찌나 멋지던지.

왼쪽으로 바다를 보며 차를 달려가다 보니 부슬비가 내리기 시작한다. 해안도로의 절경을 애써 외면하며 피카소 박물관에 도착했지만, 불행하게도 마지막 입장이 끝나서 들어갈 수 없었다. 내일이면 한국으로 돌아가야 한다고 안내원에게 부탁했지만 통하지 않았다. 매정한 얼굴로 내일 다시 오라는 말만 반복하는 야속함에 화가 났지만 어쩔 수 없는 것은 어쩔 수 없다. 시간은 돌이킬 수 없고, 미술관은 문을 닫아야 하고, 직원들은 집으로 돌아가 빗소리를 들으며 따스한 저녁 식사를 해야 할 테니. 먼 나라에서 찾아온 나그네의 사정은 아랑곳하지 않았다. 다행히 여행 마지막 날 금쪽같은 오전 시간이 남아 있었다.

결국 찾아온 마지막 날이다. 최대한 서둘러 움직이기로 하고 칸에 잠시 들렀다가 앙티브로 다시 갔다. 어제와 정반대로 화창해진 날씨가 마음을 들뜨게 한다. 솔직히 말하면 이런 아름다운 날씨를 두고 떠나는 게 몹시 아쉬웠다.

어제와는 전혀 다른 풍경이 펼쳐진다. 하늘을 덮었던 구름이 모

피카소가 머물며 작업했던 그리말디 성에 만들어진 피카소 미술관.

두 사라지고 밝은 태양 아래 지중해가 빛나고 있다. 바다는 깊은 청색이었고 하늘은 맑은 청색이었다. 맑은 공기와 햇살 아래 꽃들이 아우성치듯 피어나고 있었다. 마지막 날 이런 환상적인 날씨를 만나는 것은 큰 행운이리라. 기억 속에서 지중해는 늘 파랗고 그 하늘 또한 이렇게 파랄 테니 말이다. 미술관 근처에 차를 대기가 어려워서 좀 멀리 차를 대고 미술관까지 걸어서 갔다. 몸의 기억이 희한해서 어제 잠깐 와 봤다고 낯설지가 않다. 다시 찾은 미술관이 이번엔 양팔을 벌리고 나를 반겼다.

프로방스의 맑은 공기와 강한 햇살, 푸르른 바다를 사랑했던 파블로 피카소(1881~1973)는 생폴드방스를 자주 찾아 휴가를 보내곤 했다. 그러던 중 1939년 고고학 박물관으로 운영되던 앙티브의 그리말

316

앙티브 피카소 미술관 정원에 설치된 피카소의 도자기 조각작품.

디 성을 방문했다. 로마 시대의 기초 위에 연한 크림색 돌로 지어진 견고한 성채가 푸른 지중해 바다와 어우러져 만들어내는 환상적인 풍경에 매료됐다. 그로부터 7년이 지난 1946년 이곳으로 다시 돌아온다. 앙티브 박물관 관장이던 도르 드 라 수세르가 피카소에게 성채의 위쪽에 있는 밝고 넓은 홀을 아틀리에로 사용할 것을 제안했기 때문이었다. 소박한 마을도 좋았고 지중해가 코앞에 내려다보이는 견고한 성채도 마음에 쏙 들었다. 이곳에서 피카소는 두 달간 머무르며 소묘 등 많은 작품을 제작했다. 그리고 일부를 이곳에 기증했다.

　이듬해 피카소를 위한 방이 만들어져 방문객들에게 그의 작품을 공개했다. 1948년 피카소는 발로리스에서 만든 78점의 도자기를 포함해 다른 작품을 추가로 기증했다. 1957년 앙티브 명예시민이 된

피카소 미술관에 전시된 피카소의 조각과 회화작품.

피카소는 자신의 이름을 단 미술관으로 바꿀 수 있을지를 제안했고 1966년 그리말디 성은 공식적으로 피카소 미술관이 되었다. 1990년 피카소의 미망인 재클린 피카소가 작품을 추가로 기증하고 미술관에서도 구매를 이어가 현재 피카소의 작품 245점을 소장하고 있다.

피카소는 그의 고향인 스페인 말라가, 작업을 했던 프랑스 파리, 스페인 바르셀로나, 그리고 앙티브까지 자신의 이름을 단 미술관 4개를 갖고 있으니 정말 대단한 화가다. 발로리스에는 그의 도자 작품으로 만들어진 미술관도 있다는데 다음에 찾아볼 계획이다.

피카소는 여성 편력도 유명하지만 아흔 살까지 장수를 한 덕분에 청년 시절부터 평생 했던 작업량은 누구도 따라가지 못할 정도로 많다. 회화 작품 1,885섬, 조각 1,228점, 도자기 2,880점에 판화 수천 점

앙티브 피카소 미술관은 지중해를 내려다보는 곳에 위치헤 멋진 풍광을 자랑한다.

을 남겼다.

피카소가 작업실로 사용했던 꼭대기 층 창을 통해 바다가 보인
다. 밖으로 나와 테라스에서 바라보니 파란 지중해가 한 폭의 그림이
다. 저 멀리 바다의 잔물결이 은빛으로 빛나고 흰색 돛을 단 요트들이
그림처럼 떠있다. 테라스에서 바라보는 지중해는 그야말로 압권이다.
미술관에는 피카소 작품 외에도 프로방스를 사랑했던 니콜라 드 스
타엘의 대형 회화 작품을 비롯해 페르낭 레제, 앙스 아르퉁, 호안 미로
등의 작품을 소장하고 있다.

이탈리아 국경에서 멀지 않은 앙티브는 예로부터 군사 요충지였
다. 기원전 5세기 그리스인들이 식민지로 건설했고, 이어 로마의 카이
사르에게 정복됐던 곳이다. 루이 14세 시절 프랑스에 편입돼 건축가

보방(Vauban)이 국경 지역의 성곽을 건설하도록 했다. 작은 어촌에서 도시로 개발된 것은 1865년 식물학자 뒤레가 아름다운 소나무숲의 풍광을 재발견하면서부터다. 이후 샤를 가르니에가 네덜란드 백만장자의 부탁으로 호화 별장 에일렌로크(Eilenroc)를 세우고 난 뒤 부호들의 별장들이 들어서고 부자들의 휴양지로 각광받게 된다. 여유롭고 오래된 이 도시는 어딜 가나 꽃들이 가득하다. 화초와 덩굴식물로 예쁘게 치장한 현관문을 구경하면서 골목을 헤매다 보면 바다로, 혹은 시장으로 통한다. 좀 더 머물고 싶지만, 시간이 없다. 아쉬운 마음으로 앙티브를 뒤로 한 채 고속도로를 달려 엑상프로방스 TGV 역으로 돌아왔다.

렌터카를 반납하고 역 카페에서 숨을 좀 돌리며 샌드위치를 먹고 있는데, 너무 비현실적인 장면이 펼쳐졌다. 눈앞에서 파리로 가는 기차가 출발하고 있었다. 아차 하는 순간에 기차를 놓친 것이었다. 우리나라 KTX도 그렇고, 프랑스의 초고속열차 TGV도 정말 정확하게 출발하기 때문에 출발 5분 전에 착석하고 있어야 한다는 걸 잊고 있었다. 몸은 떠나야 했지만, 마음은 아직 갈 준비가 안 된 것일까. 오전에 너무 많은 것을 하느라 넋이 나간 것 같기도 했다. 다행히 다음 기차표를 살 수 있어서 비행기 시간에 맞춰 파리 샤를 드골 공항에 도착할 수는 있었다.

인천행 비행기에 올라타 좌석을 찾아 앉았다. 숨을 돌리고 있는 사이 비행기는 이륙했다. 눈을 감았다. 방금 본 지중해 바다가 반짝이고 있었다. 테라스에 서 있는 조각상이 내게 말하는 것 같았다. '언젠가 다시 오게 될 거야!'

'언젠가'는 생각했던 것보다 오래 걸렸다. 그럼에도 오긴 왔다. 팬데믹을 넘어서.

프랑스의 끝과 아프리카의 시작, 마르세유의 변신
【Marseille】

프랑스 국가를 〈라 마르세예즈〉라고 한다. 마르세유 사람을 가리키는 여성명사인데 프랑스 혁명기에 마르세유 출신 육군 의용병들이 1792년 8월 10일 파리에 입성할 때 부르던 것이 널리 알려졌고 프랑스 혁명을 계승한 프랑스 제5공화국의 국가로 채택되었다. 프랑스 축구의 전설 지네딘 지단은 마르세유가 낳은 축구 영웅이다. 알제리 혈통인 지단은 1972년 마르세유 16구의 라카스테얀에서 5남매 중 막내로 태어나 동네 어린이 축구선수로 출발해 백넘버 10번을 달고 프랑스 국가 대표가 됐다. 공격형 미드필더였던 그의 환상적인 드리블은 '마르세유 턴'이라고도 불린다.

마르세유는 도시 분위기가 험악해서 잘 안 갔던 곳인데 코로나 이후 프랑스 여행을 했을 땐 마르세유까지 내려갔다. 여행의 주요 테마였던 르코르뷔지에 건축물 답사 중 하나였던 유니테 다비타숑을 답사하고, 그곳에서 하룻밤을 머물고 파리로 올라오는 길에 롱샹에 들르는 것으로 여정을 짰기 때문이었다.

생선요리 부야베스의 향기가 공기 중에 떠돌 것 같은 마르세유는 프랑스를 대표하는 '제국의 항구'이지만 가장 프랑스적이지 않은 도시기도 했다. 기원전 600년 그리스인에 의해 처음 세워진 이 항구는 프랑스 영토가 된 이후에도 모든 지중해 사람의 거처였다. 20세기 초반에는 이탈리아인들이 대거 들어왔고 러시아 혁명 이후에는 동유럽인들이 밀려 들어왔다. 프랑스의 북아프리카 식민지 개척과 독립과정을 거치며 알제리 등 북아프리카인들이 늘어났다. 1950년대 이후 100만 명이 넘는 이주자들이 프랑스로 유입될 때 거치는 관문이 되면

이탈리아 건축가 루디 리치오티가 디자인한 지중해 문명 박물관.
정사각형인 큐브는 미세한 콘크리트 메쉬로 둘러싸여 있다.

서 마르세유 인구의 25퍼센트가 북아프리카인들로 채워졌다. 다양한
인종과 문화의 사람들이 자연스럽게 어울려 사는 마르세유는 독특한
매력을 지닌 도시로 꼽힌다.

　마르세유 항에서 멀지 않은 곳에 외벽 전체가 곡선 문양으로
장식된 흑색 콘크리트 건물인 유럽-지중해 문명 박물관(Musée des
Civilisations de l'Europe et de la Méditerranée, MuCEM)이 있다. 알베르 카뮈
탄생 100주년에 맞춰 마르세유가 유럽의 문화수도로 지정된 2013년
개관한 MuCEM은 독특한 외관과 규모 등으로 '마르세유를 상징하
는 새로운 랜드마크' 중 하나로 꼽힌다. 생장 요새(Fort Saint-Jean)와 마
조르 대성당(cathédrale de la Major) 사이에 자리 잡은 이 박물관은 시대
와 양식이 다른 두 건물과 조화를 이루며 독특한 아름다움을 빚어내

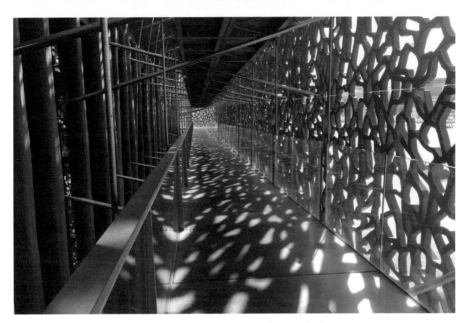

지중해의 물결을 상징하는 콘크리트 메쉬의 안쪽.
빛과 그림자가 마치 물결이 일렁이는 것 같다.

고 있다. 두 건물 사이로 다리를 건너면서 지중해가 은비늘처럼 부서지는 장면을 볼 수 있다. 이 박물관의 소장품은 신석기 시대에서 현대미술까지 광범위한 시대에 걸쳐 지중해와 유럽의 문명사를 다룬다. 3,690제곱미터의 전시공간을 포함한 1만 6,500제곱미터 규모의 박물관에는 19세기부터 수집했던 25만 점 이상의 유물과 35만 점의 사진 자료, 20만 점의 포스터와 인쇄물, 15만 점의 현대미술 작품으로 구성된 독창적인 복합 컬렉션을 이루고 있다.

햇빛에 부서지는 지중해의 물결을 상징하는 듯한 독특한 외양의 건물은 이탈리아 건축가 루디 리치오티(Rudy Ricciotti)가 디자인했다. 각 변이 72미터에 달하는 완벽한 정사각형인 큐브는 미세한 콘크리트 메쉬로 둘러싸여 있다. 바다를 마주한 지중해 문명 박물관(MuCEM)

의 J4 건물은 주요 상설 및 임시 전시회가 열리는 지중해 문명 박물관의 심장과도 같은 곳이다. 유리 전시실, 옥상 테라스, 건물을 둘러싸는 외부 경사로에서 볼 수 있는 생장 요새와 지중해의 360도 파노라마가 압권이다. 135미터 길이의 공중 통로로 생장 요새와 연결되어 있다.

12세기의 군사 요새인 생장 요새는 2013년 이전에는 대중의 접근이 불가능한 난공불락의 요새였다. 지중해 문명 박물관 건물을 지으면서 다리로 연결한 덕분에 누구나 자유롭게 이용할 수 있는 공공의 공간이 됐다. 1,100제곱미터의 전시공간과 1만 2,000제곱미터의 정원을 포함한 1만 5,000제곱미터 크기로 산책을 하며 지중해의 파노라마를 즐길 수 있다. 생장 요새의 사령부 안뜰에 있는 박물관 연구소에는 워크숍, 세미나, 인턴십 또는 여름 학교 등이 열리는 강의실과 회의실이 있다.

마르세유 북서쪽에 있는 작은 어촌 마을 에스타크(L'Estaque)는 프로방스 지역에 기반을 둔 인상주의와 후기 인상주의 작가들이 즐겨 화폭에 담았던 곳이다. 폴 세잔은 파리에서 내려와 이곳에 머물며 자신의 방에서 아침, 저녁, 그리고 계절에 따라 달라지는 풍광의 변화를 그리곤 했다.

르코르뷔지에의 현대도시 프로젝트인 '빛나는 도시(La Ville radieuse)'를 대표하는 유니테 다비타송(Unité d'Habitation)에서 하룻밤을 보내고 마르세유에서 마지막으로 방문한 곳은 시 외곽의 담배공장을 그대로 살려 만든 복합 문화공원 프리슈 라벨 드매(Friche la Belle de Mai)였다. 제2의 바르셀로나를 꿈꾸며 대대적인 변신을 꾀하는 21세기의 마르세유를 보여주는 듯했다. 그것은 관이 주도하거나 유명 건축가나 예술가들을 초빙해 화려한 변화를 꾀하는 것이 아니라, 도시에 사는 지역 예술가들과 주민들의 움직임으로 변화를 시도하는 것이다. 다종

담배공장을 살려 만든 프리슈 라벨 드매 문화공원은 다양한 사람들이 찾아와
각자 원하는 대로 편안하게 즐기는 장소다.

프리슈 라벨 드매는 과거 담배공장의 모습 그대로를 간직한 채
다목적 문화시설로 재활용하고 있다.

다양한 문화를 지닌 도시에서 예술과 문화를 통해 하나가 되는 시민
주도형 문화공간이 프리슈 라벨 드메다. 원래 담배공장이 자리 잡고
있었으나 공장이 문을 닫으면서 방치될 위기에 처하자 지역 예술가들
이 손을 잡고 복합 문화공간으로 탈바꿈시켰다. 여러 미술 프로젝트
가 펼쳐지는 집단 창작촌이며 특히 마르세유 기반의 힙합 아티스트들
의 중요한 활동무대가 되고 있다. 건물 공간에 전시장과 공연장, 창작
센터, 지역 라디오 방송국 등으로 활용하고 카페와 레스토랑, 서점과
기념품점 등이 들어서 있다. 이곳을 찾아간 날이 마침 일요일이어서
가족 단위로 산책 나온 사람들이 무척 많았다. 어른, 아이 할 것 없이

자연스럽게 문화생활을 즐기는 모습이 너무 편하고 여유로워 보였다. 지중해를 바라보는 마르세유 항을 떠나며 나는 다시 주문을 건다. '다시 오게 될 거야….'

3장

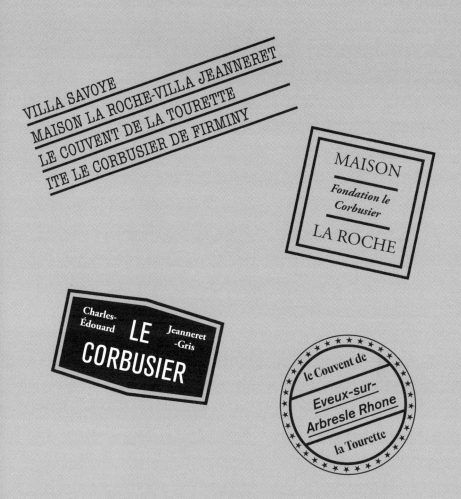

VILLA SAVOYE
MAISON LA ROCHE-VILLA JEANNERET
LE COUVENT DE LA TOURETTE
ITE LE CORBUSIER DE FIRMINY

MAISON
Fondation le Corbusier
LA ROCHE

Charles-Édouard   LE   Jeanneret-Gris
CORBUSIER

le Couvent de
Eveux-sur-
Arbresle Rhone
la Tourette

르코르뷔지에 건축을
찾아가는 여행

르코르뷔지에 건축의
다섯 가지 원칙

코로나 팬데믹으로 발이 묶였다가 풀리면서 실로 오랜만에 프랑스 여행을 떠났다. 여행을 준비하면서 특별히 계획했던 것은 르코르뷔지에의 건축 답사였다. 파리에 있을 때 건축에 관심을 기울이기 시작하면서 파리 근교 푸아시에 있는 빌라 사부아(Villa Savoye)를 방문한 적이 있었다. 그런데 제대로 살펴보지도 못하고 그저 민숭민숭 사진만 찍고 왔던 기억이 있다. 아마도 그때는 건축에 흥미를 느꼈을 뿐 건축에 대한 지식이 모자라 그 의미를 충분히 간파할 역량이 되지 않았기 때문이다. 그리고 르코르뷔지에의 건축물 가운데 가장 아름답다고 하는 롱샹 성당은 차일피일 미루다 결국 못 가 본 것이 못내 아쉬웠던 터였다. 그사이 《서울신문》에 '건축 오디세이'를 연재하면서 건축을 좀 더 깊이 있게 들여다보게 됐다. 르코르뷔지에가 모더니즘 건축에서 얼마나 중요한 비중을 차지하는지 알게 됐고, 그래서 좀 더 충실하게 그의 작품들을 보고 싶었다. 2016년 튀르키에 이스탄불에서 열린 유네스코 세계문화유산회의에서 르코르뷔지에가 남긴 7개국 17곳의 건축물을 유네스코 세계문화유산으로 선정했다는 점이 더욱 동기를 부여했다.

1887년 스위스에서 태어난 르코르뷔지에의 본명은 샤를-에두아르 자너레(Charles-Edouard Jeanneret)이다. 1917년 파리에 정착했으며 젊은 시절 알게 된 화가 아메데 오장팡과 함께 순수주의(le Purisme)를 제창했고 예술 평론지 《에스프리 누보(Esprit Nouveau)》를 간행했다. '집은 살기 위한 기계'라는 등 급진적인 주장과 함께 저서 『건축을 향하여』(1923) 등을 발표하며 문화예술계에 영향력을 발휘했다. 라로슈 주택, 빌라 사부아, 롱샹 성당, 유니테 다비타숑 등 혁신적인 그의 작품은 늘 화제를 낳았고, 당시 사회에서 논쟁의 중심에 섰다.

　　르코르뷔지에는 단순히 아름답고 실용적인 건축물을 남긴 건축가가 아니라 기존의 건축 개념을 혁명적으로 전환한 혁신가였다. 건축가이면서 도시계획가, 작가, 사상가, 화가, 가구디자이너, 조각가 등 어느 한 분야에 국한할 수 없는 재능을 지닌 인물이었다. 완벽한 모더니스트였던 그는 '형태는 기능을 따라야 한다'라는 기능주의를 바탕으로 미니멀리즘을 포용하고 장식을 거부하는 현대 건축 미학을 정립한 건축이론가이자 이를 실행에 옮긴 실천가다. 세상은 바뀌었으니 새롭고 혁신적인 건축 기술과 재료(유리, 강철, 철근 콘크리트)를 기반으로 건축도 새로워져야 한다는 신념으로 현대 건축의 기틀을 세웠다. 이후의 건축가들이 작업한 건축물에서 르코르뷔지에가 처음 주창한 요소들이 들어가지 않은 것이 없다. 약간의 변형과 새로운 조합일 뿐 대부분 르코르뷔지에의 아이디어에 기반한다.

　　철근 콘크리트 구조를 기반으로 기능성을 확장한 돔이노 구조, 시대정신에 적합한 새로운 건축을 모색하며 예술잡지 《에스프리 누보(새로운 정신)》에서 선언한 '현대 건축의 5가지 요소(Cinq points de l'architecture moderne)', '모뒬로르(modulor)', '건축적 산책(la promenade architecturale)'의 개념 등은 르코르뷔지에 건축의 근간을 이루는 이론과 방법론들이다. 그는 다양한 변주로 이들 요소를 실제 건축에 적용하고 있다. 답사를 다니면서 더 놀랐던 점은 현재 우리의 삶에서 너무 익숙해진 건축적 요소가 상당 부분 그의 아이디어에서 비롯되었다는 사실이다.

1920년대 르코르뷔지에 건축의 출발점인 돔이노(Dom-ino) 구조는 프랑수아 앙네비크(Francois Hennebique)가 특허를 받은 철근 콘크리트 구조체계를 재해석한 것이다. '돔이노'는 옛 로마와 폼페이의 귀족 저택을 가리키는 도무스(Domus)와 혁신(Innovation)의 'ino'를 합친 것이다. 건축을 학교에서 공부하지 않은 르코르뷔지에가 도무스 이론은 정립할 수 있었던 것은 고향 친구이자 구조연구가인 막스 뒤부아(Max du Bois)의 역할이 컸다. 혁신 주택이라는 뜻의 '돔이노'는 기둥과 보를 하나의 일체적 요소로 통합하고 표준화함으로써 대량생산을 통해 저렴한 건물을 빨리 지을 수 있도록 한 것이다. 전쟁으로 파괴된 도시의 재건이 신속하게 이뤄져야 한다는 시대적 요구에 부합하는 이론이요, 실제였다. 가로 6미터, 세로 9미터의 바닥 판을 두 줄로 세 개씩 4미터 간격으로 놓인 여섯 개 기둥으로 받치는 철근 콘크리트 구조인데 기둥, 슬래브, 계단은 모두 대량생산이 가능한 표준요소들이다. 구조적으로 안정적이어서 내력벽의 굴레에서 벗어나 외벽의 자유로운 구성과 내부 칸막이를 이용한 공간분할로 자유로운 평면구성이 가능해진다.

단순한 구조체계로 풍성한 내부를 지닌 건축을 만드는 가능성을 열어준 돔이노를 기반으로 르코르뷔지에가 주창한 새로운 건축의 다섯 가지 원칙은 이렇다.

첫째, 필로티(pilotis) – 건물의 구조적 무게를 가볍게 지상에서 들어 올리는 철근 콘크리트로 된 기둥 같은 것이다. 건물을 지면에서 분리함으로써 공간이 만들어지고 이는 땅의 습기로부터 거주자를 보호하고 자유로운 순환을 허용한다. 마당(혹은 정원)이 건물 내부로까지 확장되어 들어오는 기능도 한다. 건물 아래에 생긴 공간은 아이들의 놀이 장소나 비와 태양광으로부터 안전하게 차를 세워 둘 수 있는 주차장 역할까지 한다. 심미적이면서 기능적인 장치다.

둘째, 자유로운 평면(le plan libre) — 철근 콘크리트로 만든 기둥들이 건물 하중을 감당하는 돔이노 구조체계에 의해 내부 벽은 무게를 지탱하지 않아도 되게 됐다. 건물이 내력벽에 의지할 필요가 없어지면서 구조물과 독립적으로 평면을 자유롭게 디자인할 수 있다. 층마다 필요에 따라 칸막이로 자유로운 공간 구획이 가능해지고 생활공간의 디자인과 활용 면에서 유연성이 생긴다.

셋째, 자유로운 파사드(facade libre) — 구조적 제한에서 벗어난 건물은 파사드(건물 정면)의 디자인이 자유롭다. 기능적·미적 필요에 따라 다양한 크기와 모양을 가진 창이나 문 같은 개구부를 자유롭게 둘 수 있다. 더 가볍고 더 개방된 파사드가 가능해진다.

넷째, 수평창(fenetre en longueur) — 돔이노 구조체계 덕분에 하중에서 해방된 외벽에 수평으로 긴 창을 내는 것이 가능해진다. 옆으로 길게 창을 내어 파노라마로 주변 경관을 누릴 수 있고 각 공간에서 최대한의 자연 채광을 누릴 수 있다. 실내에 있으면서도 개방감을 느낄 수 있게 해 주는 장치다.

다섯째, 옥상 테라스(toit-terrasse) — 요즘 유행하는 루프탑이다. 필로티로 발생한 면적 손실을 평평한 지붕으로 된 옥상에서 만회한다. 땅에서 벗어난 곳에 녹지 공간을 마련하면 건물이 밀집한 도시 생활에서도 전원의 기분을 만끽하며 계절의 변화를 느낄 수 있다. 일광욕과 전망을 즐기는 휴식 장소인 동시에 옥상에 흙을 덮고 꽃과 풀을 심어 공중정원을 꾸밈으로써 건물에 자연스럽게 단열층을 만들어 준다.

그리고 '모뒬로르(le Modulor)'도 르코르뷔지에 후기 건축에서 아주 중요한 개념이다. 간단히 말하면 인체의 표준 치수를 감안한 건축 척도이다. 르코르뷔지에는 B.C. 1세기에 활동한 로마 건축가 비트르뷔우스나 르네상스 시대의 레오나르도 다빈치가 만들었던 인체 척도처럼 인간의 움직임과 활동을 담은 인간척도를 건축에 도입하고 싶어했다. 오랜 연구를 거쳐 평균 키를 1.83미터로 삼고, 피보나치 수열을 통해 사람이 쾌적하게 활동할 수 있는 최소한의 규모와 인체치수의 연관성을 찾아냈다. 1940년대 중반 이후 자신의 모든 건축 작품과 도시계획에 이를 적용했다.

'건축적 산책' 개념도 '건축은 동선(circulation)'이라고 강조했을 정도로 건축의 내·외부 동선을 중시했던 르코르뷔지에의 생각이었다. 건축의 동선은 건축에 시간과 공간 개념을 부여한다. 그가 '건축적 즐거움을 일으키는 수백 개의 연속적 지각'이라 부른 '건축적 산책'은 내부와 외부공간을 경험하는 동안 연속적으로 다가오는 시각적 자극과 공간 경험의 기억을 집적해 건축 전체를 이해하게 만들어준다. 동선을 따라 변화하는 건축적 장면(시퀀스), 다양한 빛의 유입, 면과 볼륨의 변화, 투명성과 불투명성의 대비 등이 건축가에 의해 기획되고 공간에 펼쳐지는 것이 건축적 산책이고, 이는 '감동으로서 건축'으로 이어진다. 이런 개념들을 떠올리며 르코르뷔지에와 건축적 산책을 떠나보자.

빌라 자너레-메종 라로슈 Maison La Roche-Villa Jeanneret

르코르뷔지에는 스위스 라쇼드퐁(La Chaux-de-Fonds)에서 1887년 10월
6일 조르주-에두아르 자너레-그리와 마리-샤를로트-아멜리 자너레-
페레 사이에서 샤를-에두아르 자너레(Charles-Édouard Jeanneret)라는 이
름으로 태어났다. 아버지는 시계세공 디자이너, 어머니는 피아노를
잘 치는 음악 교사였다. 그의 형 알베르 자너레(Albert Jeanneret)는 어
릴 때부터 바이올린에 뛰어난 재능을 보였고, 샤를-에두아르는 미술
에 재능을 보였다. 샤를-에두아르는 미술대학에서 조각을 공부했고
건축 지식을 독학으로 습득한 뒤 열여덟 살에 '빌라 팔레'를 지었다.
1908~1909년엔 파리의 페레 형제 아틀리에에서 디자이너로 일하며
철근 콘크리트 구조를 익혔다. 1910~1911년 베를린의 페터 베렌스 사
무소에서 일한 뒤 스위스의 미술전문대학에서 강의하다 1917년 완전
히 파리로 이주했다. 이때 화가 아메데 오장팡을 만나 그림을 다시 그
리기 시작하고 1919년 오장팡과 《에스프리 누보》를 창간해 혁신적인
아이디어를 개진했다. 르코르뷔지에는 《에스프리 누보》에서 사용했
던 필명이었다. 1922년 사촌 피에르 자너레와 파리에 건축사무소를
열었다.

빌라 자너레(Villa Jeanneret)는 바이올리니스트이자 작곡가인 르코
르뷔지에의 형 알베르 자너레를 위해 지은 집이다. 이 집과 L자형으로
붙어 있는 집이 메종 라로슈(Maison la Roche)이다. 프랑스어 'maison'은
집이란 뜻이니 간단히 라로슈 주택이다.

르코르뷔지에는 1935년 자신이 1920년대에 설계했던 주택들의
공간 유형을 정리하는 '네 가지 구성방식'을 발표했는데 '빌라 자너레-
메종 라로슈'는 그 첫 번째 케이스로 필요한 공간을 수평적으로 덧붙

여가는 방식이다. 현재 빌라 자너레에는 르코르뷔지에 재단(Fondation le Corbusier)이 있다. 외부인의 방문은 받지 않고 연구자들을 위한 도서관으로만 개방되고 있다. 반면 바로 옆에 있는 라로슈 주택은 방문이 가능하다.

라로슈 주택은 르코르뷔지에의 든든한 후원자였던 스위스 바젤 출신의 기업가이자 미술작품 수집가인 라울 라로슈(Raoul la Roche)를 위해 지은 집이다. 건축사무소를 개소한 이듬해 설계를 시작한 이 집은 처음 필로티를 적용한 건축물이며, 이후 지어질 순수주의 빌라, 즉 하얀 집 시리즈의 첫 케이스라는 점에서 의미가 있다.

파리 16구는 파리에서도 중상류층이 사는 동네다. 아파트 건물도 고급스러운 것들이 많은데 길에서 보면 별로 드러나지 않지만 큰 문을 열고 들어가면 안뜰(정원)을 예쁘게 가꿔놓고 있다. 정원을 외부와 차단하고 그곳에 사는 사람들만 즐기도록 한 파리의 고급 아파트와 달리 라로슈 주택은 '독퇴르블랑슈 스퀘어'라고 쓰인 문을 들어서서 안으로 길게 난 진입로를 따라 들어가 가장 안쪽에 위치한다. 진입로 안쪽에 건물을 배치한 점이 특이한데 거주자의 시선이 밖으로 향하게 하는 역할을 한다. 설계 당시 지형의 입지가 까다로워 그렇게 했다는 설도 있지만 파리 주택의 폐쇄성을 비판했던 르코르뷔지에가 보란 듯이 지어 보인 개방형 주택이라고 할 수도 있겠다.

가을비가 내리는 날이었는데 골목 양쪽으로 나무가 서 있고 골목에 주차해 놓은 자동차 위에 떨어진 낙엽이 운치를 더했다. 지금은 빛이 바래 옅은 베이지색으로 보이지만 처음에는 흰색이었을 건물 두 채가 나란히 있는데 먼저 빌라 자너레가 있고 안쪽에 있는 건물이 라로슈 주택이다. 가장 왼쪽 건물이 필로티 위에 올라앉아 있어 마당이 비좁은 이 건물에서 나무와 풀들이 자라는 공간을 확보하게 해준다.

르코르뷔지에 메종 라로슈.

라로슈 주택은 파리에서 첫 작품이며 필로티가 처음 적용된 건물이다. 그 오른쪽에 3층 규모의 메인 건물이 있고 현관의 벨을 누르면 안내인이 문을 열어준다.

입구 홀에 들어서니 갑자기 3층까지 확 트인 보이드(빈 공간)가 나타난다. 우중충한 날씨여서 더 그런지 몰라도 정신이 번쩍 든다. 사진에 담기엔 아주 넓은 1층 홀은 작품 전시와 이곳을 찾는 사람들을 접대하기 위한 로비 공간이다.

라울 라로슈는 파리에 있는 스위스인 친구들이나 파리에서 만난 지인들을 초대해 파티를 열고 자신의 소장품을 함께 감상하는 것을 즐겼다. 파티에 참석하러 온 사람들은 들어서자마자 나타나는 입구홀의 공간감에 압도되는 동시에 환대받는 느낌을 받았을 것 같다.

르코르뷔지에 메종 라로슈.

라로슈 주택의 핵심은 3층 높이로 트인 입구 홀과 볼록한 곡벽을 따라 경사로가 있는 전시실(살롱)이다. 필로티 위에 들어 올려진 공간이 전시실이다. 생활공간은 수평으로 한 블록을 붙여놓은 것처럼 되어있다. 입구에서 볼 때 오른쪽으로 좁고 어두운 복도(2층 생활공간으로 올라가는 계단)가 보인다. 동선은 자연스럽게 좀 더 넓은 왼쪽 계단을 따라가게 되어있다. 계단을 오르다 보면 중간에 작은 발코니가 있어서 현관으로 들어오는 사람들에게 인사를 건넬 수도 있다. 방문객들은 이곳에서 잠시 멈추어 보이드의 공간감을 다시 한번 느낄 수 있다. 계단을 따라 위로 올라가면서 도대체 뭐가 기다리는 것일지 궁금증이 일 때 기다렸다는 듯이 정면에 긴 복도가 나타난다. 힘이 들었다면 잠시 르코르뷔지에가 디자인한 안락의자에 앉아 숨을 고를 수도 있다. 계단 맞은편(의자에 앉았다면 오른쪽)으로 넓은 살롱이 보인다. 라로슈 주택은 중앙 보이드 공간을 기준으로 좌측은 수집품을 걸어놓고 즐기는 갤러리와 서재가 있는 공용 공간이고, 우측은 식당과 침실, 화장실이 있는 사적인 생활공간이다. 긴 복도를 지나면 사적 공간이 되는 셈이다. 생활공간은 입구 홀에서 오른쪽의 계단으로도 진입할 수 있다.

2층의 살롱(갤러리)에는 남쪽으로 넓은 가로 창이 나 있어 개방감과 함께 자연 채광 아래에서 작품들을 감상할 수 있게 했다. 북쪽 벽에 붙여서 3층으로 올라가는 경사로를 두었다. 아래층부터 긴 건축적 산책로가 이어지는 셈이다. 이 경사로를 올라가 자신의 소장품을 감상하며 흐뭇한 미소를 지었을 집 주인을 상상해본다. 라로슈 주택의 갤러리에서는 간간이 전시가 열리고 내가 방문했을 때는 이탈리아 화가 카를라 아코르디의 옵티컬아트 작품들을 전시하고 있었다.

2층에서 복도를 따라 개인 생활공간으로 이동한다. 긴 창을 둔 식당이 있는데 아래층 부엌에서 음식을 만들어 올리도록 도르래를 만들어 놓았다. 3층 침실의 창문은 작게 나 있어서 아늑해 보인다. 위층에서 계단을 올라가면 옥상으로 이어진다. 원래 이곳에 옥상정원을 두었는데 지금은 사진만 남아 있다.

생활공간에서는 3층과 2층에서 아래층의 현관을 내려다볼 수 있다. 생활공간의 계단을 따라 내려오면 1층에는 손님방과 화장실이 있다. 들어오면서는 있는지도 몰랐던 공간이다. 내 집처럼 편하게 쉴 수 있도록 손님의 프라이버시를 존중해주고 싶은 건축가의 마음을 읽을 수 있었다. 초기의 작품인 라로슈 주택은 르코르뷔지에의 건축적 사유에 조금 더 다가갈 수 있는 장소다. 이제 파리에서 건축가로서 일을 시작한 젊은 르코르뷔지에의 세심한 손길이 느껴지는 공간이다.

라로슈 주택은 화~일 오전 10시부터 오후 6시까지 방문할 수 있다. 월요일은 휴관이다.

빌라 사부아 Villa Savoye

르코르뷔지에는 라로슈 주택을 짓고 3년 뒤 20세기 주택 가운데 가장 유명한 사부아 주택(Villa Savoye)의 설계를 시작했다. 부유한 보험회사 사장은 스위스에서 온 젊은 건축가 샤를-에두아르 자네레, 스스로 지은 필명 '르코르뷔지에'라는 이름을 사용하는 그에게 주말주택을 지어달라고 주문했다. 건축주는 르코르뷔지에에게 전권을 맡겼고, 그 결과 '불멸의 걸작'이라 할 수 있는 혁신적인 건축물이 탄생한다. 르코르뷔지에는 라로슈 주택보다 더 과감하게 필로티를 적용하고, 수평창, 옥상정원, 자유로운 평면, 건축적 산책로, 붙박이 수납장 등 그의 건축적 이상을 모두 적용해 디자인했다. 그가 생각할 수 있는 모든 요

빌라 사부아.

빌라 사부아의 나선형 계단(왼쪽)과 필로티.

소를 갖춘 개방된 백색의 빌라는 1928년 시작해 원래 예산을 네 배나 초과한 뒤 1931년에 완성됐다. 빌라 라로슈에서 시작된 '순수주의 빌라'의 마지막 작품이다.

> 단순하지만 단순하지 않다. 이 집은 가능한 최고의 기능성과
> 은근한 우아함의 결합을 보여준다.
>
> — 르 코르뷔지에

파리에서 서쪽으로 20킬로미터 떨어진 푸아시(Poissy)에 있는 사부아 주택은 모더니즘 교과서를 현실에 옮겨놓은 듯하다. 센강 골짜기를 바라보는 높은 초지의 한가운데 활엽수 숲의 한가운데에 흰색 건물은 '풀밭 위에 있는 하나의 오브제'처럼 서 있다. 건물은 정면 파사드가 따로 없이 사방이 다 열려 있다. 흰색 필로티로 가볍게 들어 올려진 주거동 아래는 (집주인이) 자동차를 주차하고 출입문으로 들어오게 되어 있다. 경사진 진입로를 따라 2층에 이르면 미닫이 창문(르코르뷔지에가 특허를 낸 살롱 창문)이 네 방향의 정면부를 둘러싸고 있다. 2층은 공간분할로 기능에 따라 구획되어 있다. 입구 홀을 통과해 살롱에 이르고, 거대한 유리문을 지나면 테라스로 연결된다. 램프를 따라서 오르면 일광욕실이 있는 평평한 옥상에 이른다.

빌라 사부아에서 르코르뷔지에는 외부공간과 내부공간의 연속성을 두어 건축적 산책로를 체험하게 함으로써 건축에 대한 두 가지 기본원칙을 실현했다. 기능적이고 합리적인 '거주 기계'로서 집, 그리고 이미지와 인상들의 연속성을 통한 '감성 기계'로서 건축이다.

당시의 방수재로는 평평한 지붕에 빗물이 새는 것을 막을 수 없었던지라 유난히 비가 많이 온 해에 집주인과 심각한 다툼이 벌어졌

지만, 르코르뷔지에는 "뾰족한 박공이 없고 금속판처럼 매끈한 벽에 공장 창문 같은 창문이 있는 집에서 산다는 것을 부끄러워할 필요는 없다. 타자기처럼 아름다운 집을 소유한 것을 자랑스럽게 여기시라" 고 응수했다고 한다.

이 집은 2차 대전 당시 독일군이, 이어서 연합군이 사령부로 사용했고 1950년대에는 너무 낡아 철거가 고려되기도 했다. 마을 사람들과 전 세계 건축가들의 항의가 빗발치자 1965년 프랑스 정부는 이 건물을 국가 소유로 하고 문화재로 지정했다. 비로소 수리가 가능해진 빌라 사부아는 1986년 복구작업이 완료되어 '새로운 건축'의 박물관으로 전 세계의 관람객을 맞고 있다. 주소는 82 Rue de Villiers, 78300 Poissy, 프랑스

라투레트 수도원 le Couvent de la Tourette
빛과 색채로 빚은 진실의 건축

모더니즘 건축의 거장 르코르뷔지에의 작품을 놓고 우열을 가리는 것은 어리석은 일이다. 각 작품이 나름의 스토리가 있고 건축사에서 차지하는 의미가 그만큼 특별하기 때문이다. 그럼에도 '라투레트 수도원'을 최고로 꼽는 사람들이 적지 않다. 거대한 콘크리트 덩어리와 빛으로 빚어진 영성의 공간, 라투레트 수도원은 자연광을 건축의 기본으로 삼고 빛을 능숙하게 사용했던 르코르뷔지에의 예술혼과 재능이 만들어낸 걸작이다.

원래 이곳에서 하루를 묵을 계획이었으나 내가 방문했던 시기에는 자리가 이미 다 차 있어서 다음을 기약해야 했다. 아쉬운 대로 가이

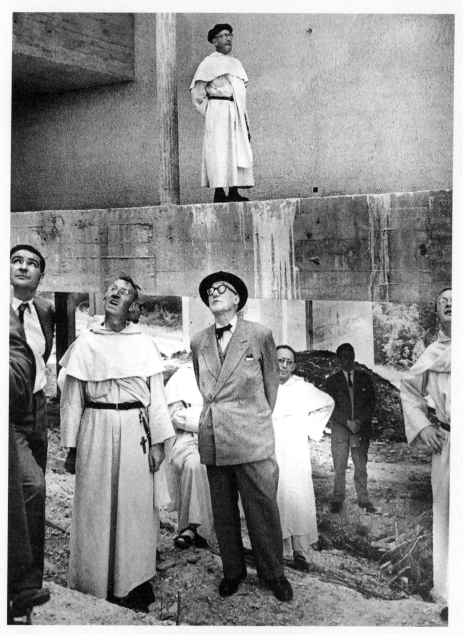

도미니크회 수도사들이 직접 공사에 참여한
라투레트 수도원 작업 현장을 방문한 르코르뷔지에.

드의 안내를 받는 방문(매주 일요일 오후 2시와 3시 두 차례)을 예약해서 내부를 관람하는 계획을 세웠다.

라투레트 수도원은 프랑스에서 제3의 도시로 꼽는 리옹(Lyon)에서 30킬로미터 정도 떨어진 조용한 시골 마을 에브쉬르아브렐론(Eveux-sur-Arbresle Rhone)에 있다. 수도원이니 도시에서 벗어나 있는 것은 당연하다. 달리 말하면 대중교통으로 가기가 매우 어렵다는 얘기다. 3킬로미터 정도 떨어진 곳에 아브렐 기차역이 있을 뿐이어서 승용차나 택시를 타야 한다. 프랑스 사람들이 질색하면서도 결국 받아들일 수밖에 없는 글로벌 미국문화는 맥도널드만이 아니다. 인터넷 예약이 가능한 우버(Uber) 택시 서비스를 이용했다.

고불고불 언덕길을 한참 올라 키 높은 나무가 양쪽으로 줄지어 선 진입로에 도착했다. 맑은 바람이 부는 화창한 초가을의 일요일, 숲에 산책을 나온 사람들도, 르코르뷔지에의 수도원을 방문하러 온 사람들도 꽤 많았다.

예약한 시간보다 좀 일찍 도착해서 주변을 둘러볼 여유가 있었다. 수도원은 언덕 경사면에 남향으로 서 있다. 뒤로는 우거진 숲으로 연결되는 산책로가 있다. 저 멀리 언덕 아래로 마을이 자리 잡고 있고 지평선이 펼쳐져 있다. 그림처럼 평화로운 풍경, 르코르뷔지에가 수도원 설계를 의뢰받고 쿠튀리에 신부의 안내로 사이트를 방문했을 때 보았을 그 풍경일 것이다.

라투레트 수도원은 리옹의 도미니크회에서 세웠다. 도미니크 수도회는 도시 사람들과 가까이에서 신앙을 연구하고 전파한다. 엄청난 희생자를 내고 무의미한 죽음이 난무했던 2차 대전 직후에 종교에 귀의하려는 젊은이들이 많아지면서 이들을 교육하기 위한 수도원을 리옹 부근에 짓기로 했다. 무신론자인 르코르뷔지에가 이 수도원의 설계를 맡을 수 있었던 것은 도미니크회 신부이자 예술이론가인 마리-알랭 쿠튀리에 신부가 있었던 덕분이었다. 원래 화가 지망생이었던 그는 세속 화가가 되는 길을 포기하고 대신 도미니크회 신부가 되어 1930년대부터 종교예술 운동을 펼쳤다. 종교예술을 다루는《아르 사크레(L'Art Sacre)》라는 잡지를 간행하며 종교와 현대미술의 접목을 시도했던 그는 전쟁 후 폭파된 성당 등 종교시설 재건 책임자가 되어 프랑스 종교건축 현대화에도 크게 기여했다. 쿠튀리에 신부는 라투레트 수도원에 앞서 롱샹 성당의 디자인도 르코르뷔지에에게 의뢰했다. 연이은 종교건축의 설계는 무신론자인 데다 독일이 점령지 프랑스에 세운 괴뢰정부에 협력한 의심을 받은 그에게 프랑스 가톨릭교회가 주는 일종의 사면령 같은 것이었다. 그런 만큼 르코르뷔지에는 혼신을 기울였고 걸작 중 걸작을 만들어냈다.

수도원 부지를 처음 방문한 르코르뷔지에는 지평선이 아스라이 펼쳐지는 부드러운 풍광에 감탄하며 "이 땅의 지형과 자연에 어울리지 않는 건축물을 짓는 것은 죄악일 것"이라고 말했다고 한다. 수도원은 1953년 설계를 시작해 1956년 첫 삽을 떴고, 1960년 10월 19일 헌당식이 열렸다. (롱샹 성당의 경우 1950년 초 설계를 시작해 1953년 봄 착공하고, 1955년 6월 헌당식이 열렸다.) 르코르뷔지에의 든든한 조력자였던 쿠튀리에 신부는 근무력증으로 투병하다 1954년 2월 9일 세상을 떠나 안타깝게도 완성된 롱샹 성당과 라투레트 수도원을 볼 수 없었다. 하늘나라에서 만족스럽게 미소지으며 바라봤을 것이 분명하다.

르코르뷔지에는 롱샹 성당을 착공하던 해에 라투레트 수도원의 설계를 시작했다. 전통을 중시하는 가톨릭과 현대미술의 간극을 좁히는 데 주력했던 쿠튀리에 신부는 르코르뷔지에에게 건축을 맡기면서 한 가지를 부탁했다. "많은 사람의 육신과 영혼이 평안을 얻을 수 있는

라투레트 수도원.

곳을 만들어 달라"는 것이었다. 그리고 프랑스 남동부 바르 지방에 있는 르토로네(Le Thoronet) 수도원을 방문해볼 것을 권했다.

폐허가 된 채 자연의 일부가 된 르토로네 수도원에는 고요와 침묵이 있었다. 빛과 그림자가 만들어내는 다채로운 이미지는 마치 아름다운 시 같았다. 롱샹 성당에서 그리스 아테네의 신전처럼 하얀 볼륨을 가진 비정형의 자유로운 디자인으로 예술성을 추구했던 르코르뷔지에는 라투레트에선 영적인 삶을 지향하는 수사들을 위해 보다 더 본질(영성)로의 접근을 시도했다. 소박한 재료인 콘크리트와 돌을 외벽으로 사용하되 직각에 기초한 기하학적 구성, 그리고 하늘의 빛에 집중한다는 원칙을 정했다. 젊은 시절 이탈리아 피렌체의 에마 수도원에서 발견한 순수함과 단순함의 미학, 르토로네 수도원의 고요함을 담은 수도원 건축을 추구했다. 여기에 더해 그가 줄곧 주창해온 현대 건축의 기본 요소들을 충실하게 적용하고, 공간을 풍요롭게 하는 예술적 터치를 가미했다. 빛과 색채로 충만한 궁극의 종교건축은 이렇게 완성됐다.

건설자(constructeur)는 축조 예술을 위해 양손, 즉 공학자의
왼손과 건축가의 오른손 사이를 부지런한 대화를 통해서
친근하게 연결시키는 새로운 직업이다.
—『르코르뷔지에의 사유』 중에서

라투레트 수도원은 종교건축으로서 고요함과 숭고함을 갖춘 현대 수도원 건축의 최고봉으로 꼽힌다. 그가 설계한 건축물의 구조와 형태는 수학에 기반한다. 그러면서도 예술가로서 르코르뷔지에의 감성이 곳곳에 묻어난다. 정사각형의 캔버스에 검은색 선과 빨강, 파랑, 노랑

의 색면 구성으로 질서와 조화를 추구한 공간을 이곳에서 자주 만날 수 있다. 그래서 라투레트 수도원은 종교건축이면서도 현대미술 작품을 보는 것 같은 느낌을 준다. 특히 수도원의 중정에서 바라보는 장면은 피에트 몬드리안(Piet Mondrian)의 단순하고 구축적인 기하학적 추상화를 보는 것 같다. 라투레트 수도원에 대한 글을 쓰기 위해 안내 책자를 보면서 쇼스타코비치의 〈Gadfly Suites OP.97〉중 8번 'Romance'를 들었는데 콘크리트로 만들어진 공간의 아름다움이 음악과 너무나 잘 어울렸다. 그만큼 공간이 음악적이라는 애기일 것이다. 그는 건물을 디자인할 때 작곡가가 곡을 짓듯이 하지 않았을까 하는 생각도 든다. 무에서 유를 창조하는 것은 건축 디자인이나 작곡이나 마찬가지일 것이다.

르코르뷔지에는 작품으로서 건축에 대해 "단순한 볼륨에 길이가 부가되고, 비례가 달라질 때 그 건축물의 개성이 드러난다"라고 했는데 라투레트를 방문해보면서 그 말의 뜻을 알 것 같았다.

라투레트 수도원은 경사진 땅에 얹힌 긴 장방형의 부속 성당 볼륨과 필로티 위에 올려진 경첩 모양의 생활공간이 맞물린 형태다. 비탈진 땅에 자리 잡은 철근 콘크리트 건축물의 외관은 너무나 검소해서 무미건조하고 무뚝뚝해 보였다. 저예산으로 인해 별도의 마감 없이 타설된 콘크리트의 거친 질감이 건물의 내외부에 그대로 노출되어 있다.

언덕배기 아래로 내려가 보니 거대한 필로티들이 마치 로봇의 긴 팔처럼 콘크리트 구조물을 받치고 있다. 가까이 다가가서 본 필로티에는 건설 당시 사용했던 나무의 결이 아직도 그대로 살아 있다. 필로티 사이로 바라본 건물의 스카이라인은 기하학 그 자체였다. 삼각형 뿔, 직사각형, 원통형 등 다양한 기하학적 요소들이 역동적으로 배치되어 있다. 안에 들어가 보면 어떤 공간이 펼쳐질지 궁금증을 불러일으킨다.

한 바퀴 돌고 오니 대충 방문 시간이 됐다. 앞의 단체 관람객은 수사님이 안내했는데 이번에는 르코르뷔지에 재단 소속의 도슨트가 안내를 맡았다. 진입로에서 들어와 오른쪽에 있는 정사각형의 콘크리트 구조물이 수도원의 입구다. 이 구조물 앞에서 도슨트가 설명을 시작한다. 도슨트는 "이 문을 통과함과 동시에 르코르뷔지에의 모뒬로르 세계로 들어가는 것"이라고 말했다. 르코르뷔지에는 이 수도원에서 천장의 높이를 비롯해 모든 치수의 기준을 키 183센티미터 건장한 남성을 기준으로 했다. 콘크리트 정사각형은 키 183센티미터의 건장한 남성이 팔을 쭉 펴서 들었을 때의 높이라고 한다.

입구에서 연결되는 층이 건물의 3층에 해당한다. 르코르뷔지에는 지붕의 높이부터 정하는 방식으로 수도원을 설계했다. 지평선을 바라보면서 지붕의 높이부터 정했기 때문에 경사지에 자리 잡은 건물은 지평선을 거스르지 않는다. 경사지에 서 있지만, 필로티를 만들어 3층과 2층, 개인실에서도 탁 트인 전망과 함께 어디서든 시선의 끝에서 지연스럽게 지평선을 만날 수 있도록 했다. 내부지향적인 전통적 수도원과 달리 이곳의 창문은 모두 외부를 향해 있다. 변화하는 자연을 바라보며 위대한 신을 만날 수 있는 환경을 만들어주려 했던 것이리라.

르코르뷔지에는 수도원의 특성을 살려 영적 수행을 위한 사적 공간과 공동체의 활동을 위한 공공공간으로 구분해 디자인했다. 기도와 공부와 휴식 같은 수도원 생활의 다양한 측면을 반영해 일반인에게 개방되지 않는 사적 공간은 4층과 5층에 두고 나머지 세 개 층에 크고 작은 예배실과 기도소, 식당, 회의실, 도서관을 배치했다. 기하학적인

정사각형 콘크리트로 된 라투레트 수도원의 입구.

돌출부가 무엇인지 공간을 둘러보면서 비로소 알게 된다. 외부에서 봤을 때 삼각뿔처럼 보인 것은 기도소였다. 뾰족하게 솟은 천장에 흰색 페인트칠을 해놓은 단순한 공간에서 혼자, 혹은 아주 적은 숫자의 사람들만 들어가서 묵상하면서 신을 만나는 장소다.

생활공간과 부속 성당 사이에 경사진 복도가 있다. 중정을 향한 면이 구획된 유리로 되어 있는 복도를 따라 내려가면 2층 중앙 로비를 만난다. 이곳에서 불규칙한 십자가 모양의 길들이 갈라진다. 남쪽으

라투레트 수도원의 성당 내부. 성가대석으로 빛이 떨어지게 디자인했다.

로 커다란 창이 나 있는 대식당으로 들어가면 동선은 자연스럽게 창을 향하게 된다. 창틀은 단조롭지 않도록 폭과 높이에 변화를 주었다. '몬드리안 패널'이라는 이름에 잘 어울리게 빨강, 파랑, 노랑, 녹색의 원색으로 칠한 문과 벽들이 단조로운 건물에 경쾌한 리듬감을 준다.

조형 요소를 적재적소에서 적절하게 배치하고 사용한 데서 그의 능숙함이 빛을 발한다. 르코르뷔지에는 다 '계획'이 있었다. 공간의 디자인과 볼륨, 빛이 들어오는 시간과 방향, 그림자, 그곳에 있는 사람의 동선과 그곳에서 느껴주었으면 하는 감동 하나하나까지 미세하게 고려한 흔적이 곳곳에 있었다. 그는 종교건축물에서 '빛의 건축가'로서 역량을 최고조로 발휘했다. 그는 벽에 떨어지는 빛을 활용한 채움과 비움의 공간적 효과를 극대화했다. 르코르뷔지에의 탁월한 공간감과 아름다운 빛의 활용을 제대로 볼 수 있는 곳이 롱샹 성당과 라투레트

라투레트 수도원의 지하 경당은 '빛의 건축가' 르코르뷔지에의 예술적 역량을 최고조로 발휘한 공간이다. 외부에서 보면 이런 모습이 빛의 대포가 되어 공간에 생명을 불어넣는다.

　　　3장. 르코르뷔지에 건축을 찾아가는 여행

라투레트 수도원 외부에서 본 지하의 연결 외관

수도원이다. 빛이 얼마나 공간의 형식과 모습을 풍부하고 다채롭게 만드는지 느낄 수 있는 곳은 부속 성당(대예배실)과 크립트(Crypt, 성당이나 교회의 지하에 있는 방)이다. 어느 곳이나 인공조명이 없이도 공간은 빛으로 풍요로웠다.

부속 성당은 천창에서 들어오는 빛이 절묘하게 의자의 성서대를 향해 떨어진다. 약간의 경사를 만들어 오르막으로 오르면 제단과 만난다. 오르막은 성스러운 공간에서 더욱 성스러운 장소를 향하는 방식이다. (국립중앙박물관의 사유의 방에서 그 느낌을 어느 정도 알 수 있다. 오르막 경사를 지나 반가사유상을 만나러 가게 된다.) 지하에 있는 크립트를 가려면 어두운 계단을 내려가야 한다. 그리고 그런 어둠을 지나면 우리가 만나는 것은 황홀한 빛의 교향악이다. 오르막 경사를 따라 올라가면 제단이 있는데 제단을 등 뒤로 하고 내려다보면 왼쪽 벽에 낸 작은 틈을 통해 들어오는 빛들이 공간에서 서로 부딪히는 장관은 경이로움 그 자체다. 건물 밖에서 봤을 때 지붕에 둥근 모양의 굴뚝처럼 보이던 것이 크립트의 천창이다. 오르막 계단식으로 만들어진 공간에 블록과 테이블 형태의 제단을 두었다. 자연의 빛으로 이런 공간을 만들어낸 르코르뷔지에의 천재성에 감탄하지 않을 수 없다. 성스럽고 고요하면서도 생동감이 넘친다. 그 안에 있으니 빛으로 만든 조각품 속에 들어와 있는 듯했다.

가장 위층에 있는 방은 수도사들이 잠자고, 독서하고, 사색하고, 묵상하는 공간으로 방문객들이 머물 수 있도록 하고 있다. 테이블과 책장, 1인용 침대와 작은 옷장이 전부인 소박한 방으로 협소하지만, 밖을 향한 창문이 한쪽 벽을 차지하고 있어 개방감을 느낄 수 있다고 한다. 이번에는 하룻밤 묵는 계획이 이뤄지지 않아서 공간을 직접 볼 수 없어 아쉬웠다. 그러나 뒤집어 생각하면 그렇기 때문에 이곳을 다

라투레트 수도원 식당에서 본 지평선.

시 찾아와야 할 이유가 충분하다. 다음을 기약할 수 있으니 좋다. 기다림은 즐겁다.

20세기 모더니즘 건축의 개척자로 프랑스 정부로부터 훈장을 받은 이듬해인 1965년 8월 27일 르코르뷔지에는 지중해 연안에서 수영하던 중 심장마비로 사망했다. 거장에 대한 예를 갖춰 프랑스 정부가 국장을 준비하던 중 그가 써두었던 메모가 발견됐다. 자신의 시신을 라투레트 수도원의 성당에 하룻밤 안치해달라는 내용이었다. 무신론자로 살았던 그가 자신이 설계한 성소에서 지상에서의 마지막을 보내고 싶었던 이유는 무엇일지 알 수 없다. 그는 신을 만났을까? 만나서 무슨 말을 했을까?

피르미니 르코르뷔지에 건축단지 Site Le Corbusier de Firminy

이상적인 도시의 압축판

피르미니는 리옹에서 먼 거리는 아니지만, 행정구역으로 보면 생테티엔에 더 가깝다. 프랑스 남동부 오베르뉴론알프스(Auvergne-Rhône-Alpes) 지방의 생테티엔(Saint-Etienne) 외곽 도시라고 보면 된다. 피르미니 베르(Firminy Vert)에 '피르미니 르코르뷔지에 건축단지(Site Le Corbusier de Firminy)'가 있다. 르코르뷔지에가 마스터플랜을 세운 이상적인 도시의 압축판이다. 피르미니 베르는 르코르뷔지에의 도시나 다름없다. 도시 중심에 생피에르 성당(피르미니 성당)과 문화센터, 그 옆에 스타디움과 수영장이 있으며 저 멀리 언덕 위에는 집합주택(Unité d'Habitation)이 있다.

프랑스에서 오랫동안 살고 여행을 많이 했으니 안 가본 곳이 없겠다는 말을 듣지만 안 가본 곳 천지다. 생테티엔은 특별하게 갈 이유가 없어서 남쪽으로 가는 고속도로에서 이정표만 보고 지나쳤던 곳 중 하나다. 이번 여행에서도 지나칠 뻔했고, 그랬더라면 아주 중요한 것을 놓칠 뻔했다. 놓칠 뻔했던 이유는 간단하다. 몰랐기 때문이고, 놓치지 않게 된 것은 건축가인 지인에게 르코르뷔지에의 라투레트 수도원을 방문했다고 말했더니 "리옹에서 멀지 않은 곳이니 피르미니 성당을 가보라"고 추천해준 덕분이었다.

피르미니 성당은 1960년 설계를 시작해 우여곡절을 겪었고, 르코르뷔지에 사후 40년만인 2006년 완공됐다. 정식 이름은 생피에르 성당이다. 구상만 해놓은 상태에서 진척을 보지 못하다가 르코르뷔지에가 1965년 8월 27일 심장마비로 갑작스럽게 세상을 떠나면서 묻혔던 프로젝트였다. 세기를 넘어 완공된 거장의 프로젝트를 안 가볼 이유는 없었다. 자동차를 렌트해서 남프랑스로 가는 길이었으니 잠시 시간을 내면 되는 것이었다.

생테티엔에 대해서도 잠시 알아보자. 남동부의 중심도시 생테티엔은 오래전부터 탄광과 견직물, 무기산업이 발달했다. 그런 역사적 배경에서 생테티엔에는 프랑스 최고의 국립광업학교(Ecole nationale supérieure des mines)와 과학기술산업센터(la Rotonde)가 있다. 제2차 세계대전 이후 생테티엔은 예술과 산업을 이어주는 다양한 프로젝트를 통해 시민들의 삶을 향상시키면서 도시를 발전시켰다. 특히 1950년대 중반 이후엔 열악한 주거환경에 처해 있던 시 외곽의 피르미니 베르 지역을 중점적으로 개발하기에 이른다. 1955년 생테티엔시는 탄광 노동자들의 주거지역이었던 피르미니 베르 지구에 스타디움과 청소년센터를 설립하기 위해 르코르뷔지에를 찾았다.

르코르뷔지에는 좀 더 큰 그림을 그렸다. 그가 주창해온 모더니즘 정신이 오롯이 살아 있는 이상적인 도시를 이곳에 구현하고자 했다. 모든 디자인에서 기능과 예술성이 절묘하게 조화를 이루면서 주거와 휴식, 스포츠, 종교시설을 갖춰 완벽하게 쾌적한 삶을 영위할 수 있는 복합 주거단지의 마스터플랜을 세우고 하나씩 진행해 나갔다. 야트막한 절벽을 살려 움푹하게 디자인한 경기장과 수영장, 문화의 집(La Maison de la Culture), 대규모 집합주택(Unité d'Habitation), 그리고 성당을 구상했다. '피르미니 르코르뷔지에 단지'는 르코르뷔지에의 미래 도시에 대한 구상이 들어 있는 유럽 최대의 건축 집합체로 프랑스 정부가 '20세기 유산'으로 분류해놓은 곳이다.

2016년 7월 17일 유네스코가 르코르뷔지에의 건축물 17곳을 세계문화유산으로 지정할 때 피르미니 사이트 중 문화의 집(Maison de la Culture de Firminy)만 등재됐다. 이곳은 1961년 설계를 시작해 1965년

피르미니 문화의 집 외부.

공사를 시작했지만, 그해 르코르뷔지에가 갑자기 세상을 떠나자 그의 제자 앙드레 보겐스키(André Wogenscky)가 완공해 1967년 문을 열었다. 3층으로 음악실, 강당, 공연장, 조형예술 전시실, 로비 바, 회의실, 댄스홀 등이 있는 문화의 집은 거대한 콘크리트 구조물이지만 동양의 맞배지붕처럼 처마가 들린 디자인이 독특한데 구부러진 지붕이 늘어지지 않도록 케이블을 설치했다. 그렇게 해서 53도 기울어진 대담한 파사드는 '파동 섹션'이라는 개구부를 갖고 있다. 르코르뷔지에가 1958년 브뤼셀 엑스포를 위한 필립스전시관 설계 당시 협력작업을 했던 작곡가 크세나키스(I. Xenakis)가 만든 악보를 나타내는 것이라고 한다. 음향적·시각적 이벤트를 위한 환경 조성이 이 공간의 존재 목적임

문화의 집 내부. 르코르뷔지에의 트레이드 마크와 같은 동그란 안경 모양의 조형물이 걸려 있다.

을 보여주는 물리적 장치다. 르코르뷔지에 사후 2년만에 완공된 문화의 집은 드골 정부 시절 문화 정책을 수립한 문화부 장관 앙드레 말로가 참가한 가운데 준공식을 열었다. 현재 '문화의 집'에서는 공연과 예술 창작의 장소, 음악 학교, 연기학교 등의 프로그램이 진행되고 있다.

'문화의 집'에서 언덕길을 따라가면 나오는 경기장(le Stade)은 프랑스에서 역사적 기념물로 분류된 유일한 경기장이다. 앙드레 보겐스키의 지휘로 완공된 이 경기장은 축구장과 육상트랙을 갖추고 있다. 경기가 열리지 않는 중이라 닫혀 있어서 자세히 볼 수 없었지만, 방문자 출입구와 출구를 계단 꼭대기에 만들어 마치 그리스 로마 시대 경기장과 비슷한 구조를 하고 있다. 절벽이었던 자연지형을 살려 설계한 4,000석의 스탠드가 문화의 집 서쪽 파사드와 대화하는 듯하다. 르코르뷔지에에게 있어 몸의 문화와 마음의 문화는 불가분의 관계였다. 그런 그의 철학을 디자인으로 보여주는 곳이다. 르코르뷔지에의 평면도에 따라 1958년에 계획된 시립 수영장은 역시 보겐스키가 1969년부터 시작해 1971년 완공했다. 수영장도 2005년 프랑스의 '역사적 기념물'로 등재되어 2006년 복원됐다.

피르미니 생피에르 성당 L'église Saint-Pierre
르코르뷔지에 사후 41년만의 완공

피르미니 사이트에서 가장 많은 화제를 지닌 곳은 성당이다. 원명이 생피에르 성당(L'église Saint-Pierre)인 피르미니 성당은 피르미니 르코르뷔지에 건축 단지의 일부이자 그것을 완성하는 방점 같은 건축물이다. 그만큼 피르미니 성당은 규모는 작지만, 그 의미가 매우 크다. 르코르뷔지에는 주민들이 문화적으로나 육체적으로, 그리고 영적으로 자신을 고양시킬 수 있도록 사이트를 설계했다. 그러면서 성당은 롱샹 성당과 라투레트에 이은 종교건축의 새로운 유형으로서 탈권위적인 종교건축물을 시도했다. 하지만 르코르뷔지에가 선택한 대지의 지반이 너무 약해 보강작업부터 많은 비용이 들어갔다. 그러던 차에 1965년 그의 갑작스러운 죽음과 함께 이 프로젝트는 설계도면만 남긴 채 긴 시간 어둠에 묻힌다. 건설이 다시 시작된 것은 8년 후인 1973년. 하지만 쌍곡면의 셸(shell)에 대한 해석이 난해했고 설계 및 공사비용 때문에 5층까지 골조만 완성된 채 1978년 중단됐다. 그 후 르코르뷔지에 재단의 후원과 그의 제자인 조제 우브러리(Jose Oubrerie)의

피르미니 생피에르 성당.

피르미니 생피에르 성당 내부.
제단 뒤편의 벽에 뚫린 작은 구멍들로 빛이 들어와 밤하늘의 별자리처럼 보인다.

헌신적인 지휘로 2004년 공사가 재개되어 준공 41년만인 2006년 드디어 완공됐다.

설계와 시현의 시간적 간격이 워낙 컸기 때문에 완공 당시 여러 담론이 있었다. 재현 방식이 변화했고 기술 수준도 설계 당시와 비교해 현격하게 발전했다. 원래의 프로젝트를 어디까지 존중해야 하는지, 현대적인 기술과 재료를 사용할 것인지가 논의됐다. 가장 난해한 문제는 종교건물로서 그가 추구했던 성스러움의 표현과 이것을 담아내는 쌍곡면 조형의 비밀을 완벽하게 이해했느냐였다. 그 대답을 할 수 있는 유일한 인물은 말이 없다. 마치 현대미술 작품처럼 이 '오브제'에 대해선 각자의 해석에 맡기는 수밖에 없을 것이다.

야트막한 언덕에 올라앉은 피르미니 성당은 원형과 사각형으로 된 두 개의 잠망경을 가진 잠수함 같기도 하고, 아무튼 좀 기이한 모습을 하고 있다. 수평의 대지에 세워진 콘크리트 구조물은 끝이 잘린 원추 모양으로 상부는 원형이지만 바닥은 사각형이다. 건물의 외벽 자체가 구조체가 되는데 기울어진 벽은 먼 거리에 위치한 계곡의 절벽, 산맥과 연계돼 방위에 따라 다른 기울기를 갖는다고 한다.

지상 레벨과 반지하처럼 된 아래층은 사제관이었는데 현재는 전시공간으로 사용하고 있다. 공간 대부분을 차지하는 2층은 종교건축의 주요 기능인 예배당이다. 리셉션에서 왼쪽으로 난 작은 계단을 오르면 예배당으로 들어가는 문이 나온다.

육중한 문을 열고 들어간 순간 어둠과 빛이 교차하는 공간에 잠시 숨이 막혔다. 공간에 익숙해지는 데 걸리는 시간은 오래지 않았다. 기둥이 없이 통으로 된 콘크리트 구조물은 꽤 아늑한 느낌으로 공간을 감싸 안아주는 듯했다. 르코르뷔지에가 동방여행 중 들른 이슬람 사원처럼 온전하게 신과 만나며, 기도하는 사람이 그 안에서 편안함

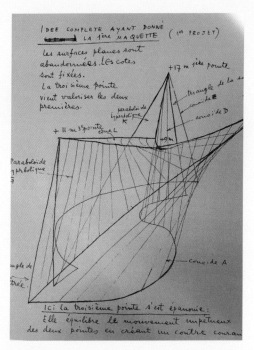

피르미니 성당을 디자인할 때 도안했을 것으로 보이는 2개의 꼭짓점이 있는 도형.

을 느낄 수 있도록 넉넉한 공간감이 특징이다. 크지 않은 공간에서는 아늑함이 느껴졌다. 천장에 있는 2개의 빛 대포에서 쏟아지는 빛과 기울어진 측벽에 가로로 뚫린 띠창에서 들어오는 빛이 반사되면서 공간 가득 신비로움을 연출한다. 제단 쪽의 벽에 뚫린 작은 구멍들을 통해 들어오는 자연광이 아름다운 밤하늘의 별자리(오리온 성좌)처럼 공간에 떠 있다. 외부에서 본 튀어나온 모양들이 모두 안에서는 형언할 수 없는 아름다움 빛의 교향곡을 연주하는 악기의 역할을 한다. 기울어진 벽면을 따라 빛이 산란하며 흩어지는 모습이 매우 아름답다. 예배당 전체를 감싸는 띠창 역시 빨강, 파랑, 초록, 노랑색으로 방위에 따라

다르게 구분해놓았다. 조형 수단의 대립이 빚어내는 긴장과 역동성은 방문자에게 특별한 경험을 선사한다.

정진국 교수가 《공간》 지(2017년 11월)에 쓴 바에 따르면 '건축적 다색채는 르코르뷔지에가 근대 건축의 시기부터 제기했던 문제'다. 1931년 르코르뷔지에는 빨강, 파랑, 초록, 노랑 4개의 색채를 둘로 구분했다. 파랑과 초록은 공간을 확장하고 빨강과 노랑은 공간을 고정한다. 이들 색채는 공간적 의미에 따라 형태와 마찬가지로 대립 쌍을 구성한다. 원형과 사각형이라는 조형 수단의 긴장 관계가 형태와 색채의 대립 쌍으로 시각화되고 있다. 정 교수는 피르미니 성당을 '수직성이 강조된 공중에 떠 있는 기적의 상자'라고 표현했다.

'기적의 상자'가 주는 특별한 감동은 특정 시간에 제단을 비추는 빛의 대포에서 절정에 달할 것이다. 피르미니 성당의 내부는 11초의 메아리가 있는 놀라운 음향효과를 경험할 수 있다고 한다.

내부의 건축적 산책로 역시 특이한 경험을 안겨준다. 입구로 들어가면 왼쪽 계단으로 올라가면서 성당의 건축적 산책로가 시작된다. 마치 뫼비우스의 띠처럼 회전 방향이 반대인 두 개의 나선형 수직 동선이 건물 내벽과 좌석 사이를 지나 방문자를 제단 앞으로 인도한다. 그리고 다시 올라가면서 반대의 동선을 따라 내려가게 되어 있다.

르코르뷔지에는 피르미니 성당이 탈권위적인 종교시설의 상징이 되기를 바랐다. 그가 남긴 기하학적 드로잉은 조형적 대립으로 가득한 성당의 비밀을 담은 듯했다. 롱샹 성당과 라투레트 수도원에 이어 설계한 피르미니 성당은 르코르뷔지에의 종교건축물의 모든 이상이 응축된 공간이다.

르코르뷔지에는 과연 어떤 새로운 유형을 제시하고자 했을까. 다른 건물과 구별되는 특성을 발견할 수 있는가. 아마도 르코르뷔지에가 이 종교적 건축에서 표현하고자 했던 것을 완벽하게 이해하는 것은 영원히 불가능할 것이다. 하지만 이렇게 사유의 단초를 제공하고 있다는 것 자체가 참 대단하지 않은가. 그리고 더 대단하다고 느낀 것은 바로 건축가의 유작을 묻어버리지 않고 시간이 좀 걸렸지만 실현시켰다는 점이다. 있는 것도 생각 없이 부수고야 마는 우리의 풍토를 생각하니 그런 문화가 부럽고 우리의 현실은 참으로 안타깝기만 했다. 성당에서는 현재 정기적인 미사가 없이 연중 특별미사만 진행하고 평상시에는 생테티엔시에서 관리하며 음악회와 전시회 공간으로 활용되고 있다. 방문 당시 전시공간에서는 르코르뷔지에의 작은 집과 그것에서 영감을 받은 다양한 구조물들, 개념들을 보여주는 전시가 열리고 있었다.

성당을 나와서 바라보니 멀리 언덕 위에 거대한 건물이 보인다. 피르미니 유니테 다비타숑(집합주택)이다. 피르미니 유니테 다비타숑은 1959년 르코르뷔지에가 설계하고 1965~1967년 앙드레 보겐스키와 페르낭 가르디앵이 완공했다. 유니테 다비타숑은 쉽게 말하면 주상복합 아파트의 기원이 되는 건물이다. 모더니즘 시대를 연 르코르뷔지에 특유의 기능과 효율을 중시한 설계가 특징이다. 유럽 곳곳에 지어졌는데 최초로 1952년 마르세유에 지어진 이후 피르미니와 베를린 등에 들어섰다. 피르미니는 다섯 번째 지어진 유니테 다비타숑이다. 이 건축물은 르코르뷔지에의 '수직 정원 도시' 개념에 부합한다. 방문할 수 있는 견학용 아파트가 있다고 하는데 시간이 없어서 포기하고 문화의 집에서 집합주택 완공 당시의 모습을 보여주는 기록영화로 완공 당시의 풍경과 내부를 볼 수 있었다.

영상을 통해 보면 마르세유에 있는 유니테 다비타숑과 외관은 비슷한데 디자인이 한 단계 진보했고, 규모 면에서나 실질적 생활 시설

면에서 시대를 앞서간 아이디어가 돋보인다. 르코르뷔지에 건축의 기본 요소가 충실하게 담겨 있다. 바닥에 공간을 확보한 필로티를 비롯해 발코니와 차양, 긴 복도, 마을 광장의 역할을 하는 옥상 테라스가 포함되어 있다. 마르세유처럼 상가가 들어가 있지 않고 대신 건물의 최상층에 유치원이 있었는데 지금은 그 일부를 생테티엔 장모네(Jean-Monnet)대학 캠퍼스로 사용하고 있다. 마르세유의 유니테 다비타숑을 갈 예정이라 방문하지는 않았다. 이곳에서 숙박하고 내부를 본 사람이 브런치에 올린 글을 보니 건물 관리상태가 썩 좋지는 않은 것 같았다. 그럼에도 피르미니 집단주거 단지의 필로티와 정면, 유치원, 테라스 지붕은 1993년 프랑스의 역사적 건축물로 등재됐으나 유네스코 세계문화유산에서는 제외됐다. 사후에 완공된 건물이고, 관리가 부실하며 변형이 많은 탓일 것이다.

마르세유 집합주택 Unité d'Habitation de Marseille

르코르뷔지에는 혁신적인 아이디어가 넘쳐났다. 지나친 나머지 당대의 사람들과 늘 다퉈야 했다. 주택을 '거주 기계'라고 했던 그는 심지어 파리시를 싹 밀어버리고 도시를 날개 건물 4개씩 달린 마천루 18개로 고쳐 짓겠다는 수직 도시 구상을 내놓아 비웃음을 사기도 했다. 영화감독 자크 타티는 〈나의 아저씨(Mon Oncle)〉에서 현대 건축을 비판하며 건축가(르코르뷔지에임이 확실한)를 '혁신에 대한 노이로제 증세가 있는 독재자'라고 조롱했을 정도였다.

이런 비난 속에서도 르코르뷔지에는 전후 복구의 과제가 산적한 프랑스에서 주택문제를 해결해줄 유일한 인물로 지목됐다. 프랑스에

는 적군(독일 나치)과 연합군의 무차별 폭격으로 전쟁 직후 엄청난 주
택난이 찾아왔다. 수백만 명이 집이 없이 거리에 나앉아야 했다. 르코
르뷔지에가 프랑스 정부로부터 받은 최초의 주문은 주택문제를 일거
에 해결할 '사회적 주택'을 짓는 일이었다. 르코르뷔지에는 1920년대
에 발표한 뒤 엄청난 비판을 받아 서랍 속에 넣어두었던 수직 도시 구
상안을 꺼내 들었다. 마르세유의 집합주택은 전후 시대에 닥친 주거
난을 해결할 수 있는 대안이었다. 오랜 시간 연구의 결과물로 제시한
이 주거 형태는 우리가 살고 있는 현대도시에서 흔하게 보는 주상복
합 아파트의 원형이었던 셈이다. 지금은 익숙하지만 70년 전 이 건물
이 지어졌을 당시 이 콘크리트 구조물이 얼마나 거센 비난에 부딪혔
을지는 쉽게 상상할 수 있다. 르코르뷔지에는 1952년 준공 연설에서
"프랑스 정부가 이 실험을 감행한 것에 감사한다"라고 말했을 정도다.
'실험'이라는 말은 진정이었다. 르코르뷔지에는 이 건물에서 그의 건
축적 이상을 실현하는 많은 실험을 감행했다.

프랑스 제2의 도시 마르세유 외곽 미슐레 대로에 있는 유니테 다
비타송에 도착한 것은 해가 진 후였다. 건물 일부를 호텔로 사용하고
있기에 이곳을 숙소로 정해놓았고, 리셉션이 있는 3층에 있는 식당
'건축가의 배(le Ventre de l'Architect)'에서 저녁 식사를 하기로 예약해 놓
았으니 조금 지체된들 걱정할 이유가 없었다.

책에서 숱하게 보아왔고, 유네스코 세계문화유산에 등재된 건축
물이라 뭔가 다를 줄 알고 도착했는데 그냥 커다란 아파트 건물이었
다. 주민들의 차가 마당에 빼곡하게 주차된 것도 의외였다. 세계문화
유산인데 그냥 사람들이 일상을 살아가는 공간이라는 게 신기했다.
여행지에선 최대한 빨리 현지인의 방식에 적응하는 게 상책이다. 빈
자리를 찾아 주차하고 짐을 끌고 아파트 입구로 들어와 엘리베이터를

마르세유의 집합주택 (유니테 다비타숑).

유니테 다비타숑 내부와 호텔 프론트.

탔다. 엘리베이터의 색깔부터 원색으로 뭔가 르코르뷔지에스럽다. 체
크인을 하러 3층 호텔 리셉션으로 갔다. 호텔 르코르뷔지에의 리셉션
에 있는 책상과 의자, 책장, 스탠드 모두가 르코르뷔지에의 디자인이
다. 제대로 르코르뷔지에의 세상에 온 기분이 들었다. 리셉션에서 안
으로 들어가면 카페 르코르뷔지에와 레스토랑 '건축가의 배'가 있다.
　'모뒬로르' 모양의 고리가 달린 열쇠를 받아들고 방으로 갔다. 다
양한 방의 구조를 보기 위해 아주 소박한 1인용 객실 하나와 좀 더 호
화로운 살롱이 있는 2인실을 예약해놓았다. 1인실은 좁은 기차간 모
양이었지만 맞은편에 베란다가 있어 개방감을 느낄 수 있다. 좁지만

샤워 공간과 붙박이장, 책상 등 있을 건 모두 구비되어 있다.

2인실 방은 호화롭지는 않아도 있을 건 다 갖춰진 넓은 방이다. 소파가 있는 거실이 있고 침대, 그리고 붙박이장이 있다. 욕조가 있는 목욕실이 있는데 문짝이 예전에 건설 당시에 설치된 그대로인지 잘 닫히지 않았다. 공간이 넓은 대신 베란다가 없이 세로로 된 콘크리트 루버를 통해 빛이 들어오게 했다.

방 구경을 하고 식당으로 다시 가서 저녁 식사를 했다. 미슐랭 별 하나 등급의 식당은 1950년대 콘셉트였다. 테이블과 의자도 죄다 복고풍. '건축가의 배'에서 배를 든든하게 채우는 것으로 일정을 마무리했다.

맑은 새소리에 잠을 깼다. 아침 식사를 하고 3층 로비부터 다시 시작해 건물을 둘러봤다. 집합주택은 외적으로는 거친 콘크리트이지만 내부는 개인과 공동체의 삶 모든 측면을 한 건물에 통합한다는 아이디어로 지어졌다. 원래 금속구조를 생각했지만, 전후 자재난으로 인해 대체 재료인 콘크리드로 지어졌다. 이 건축은 후에 브루탈리스트(Brutalist) 건축에 영향을 미쳤다. 육중한 콘크리트 건물이지만 필로티가 들어올리면서 가벼운 듯 착각을 일으킨다. 정면은 창문과 벽이 번갈아 가며 드러나는 것이 빛과 색깔이 유희를 펼치는 듯하다.

르코르뷔지에는 마르세유 집합주택의 이름을 '시테 라디외즈(빛나는 도시)'라고 지었다. 전쟁으로 주택난이 극심한 상황이었지만 그들에게 완벽한 현대적인 일상을 선사해주겠다는 구상을 담았다. 그것은 살기에 편리하며 가족 구성원의 사생활이 존중되면서 동시에 공동체 의식을 갖게 하는 그런 삶이 가능한 공간이었다. 그가 수십 년 동안 연구한 결과물을 이곳에 그대로 실현했다.

길이 165미터, 높이 56미터, 폭 24미터의 거대한 장방형 콘크리

유니테 다비타숑 3층에 있는 호텔의 객실 내부.

트 볼륨 건물은 공원 같은 녹지 한가운데 필로티 위에 세워져 있다. 받침 기둥 필로티 사이로 보행로와 주차공간 등 생활을 보조해주는 공간이 자리 잡고 있다. 17층의 건물 안에는 독신자부터 8명의 자녀가 있는 가족까지 수용할 수 있는 23가지 유형의 337개 아파트가 있으며 중간층인 7~8층에는 상점, 세탁소, 약국, 의료 및 학교 시설이 있고 3층에는 21개의 객실을 갖춘 호텔이 있다. '시테 라디외즈'라는 이름대로 그 자체가 하나의 도시로서 모든 시설을 갖춘 셈이다.

건물은 안에 3개 층마다 하나씩 있는 5개의 '내부 가로'를 통한다. 표준형은 4인으로 구성된 일가족이 거주하기 위한 공간으로 설계되

유니테 다비타숑 내부. 복도를 넓고 길게 만들어 마치 길을 걷는 것 같은 효과를 냈다.

었고 기본적으로 복층구조로 되어있다. 동향이거나 서향으로 서 있어서 각각 알프스와 지중해를 볼 수 있으며 당시엔 사치였을 욕실과 샤워실, 붙박이장, 주방 등의 설비를 갖춰 전쟁으로 집과 가구를 잃은 주민들에게 생활의 불편을 일거에 해결해주었다. 주방과 가구의 디자인은 사촌 피에르 자너레와 가구 디자이너 샤를로트 페리앙(Charlotte Perriand)이 중요한 역할을 했다. 르코르뷔지에는 거추장스러운 가구 대신 내부가 잘 짜인 수납장을 구상했다. 그는 1927년 독일에서 열린 '바이센호프 시범 주택단지 전시회' 때 현대 건축의 설비로서 가구에 대한 필요성을 절감하고 페리앙과 함께 현대인들의 인체 척도에 맞는

유니테 다비타숑의 옥상. 르코르뷔지에는 옥상을 커뮤니티를 위한 공원과 어린이 집으로
만들었다. 지금도 주민들이 즐겨 이용하고 있다.

가구의 표준 크기를 연구해왔다. 마르세유 집합주택의 아파트는 부엌 가구부터 붙박이장까지 모두 인체 척도를 고려해 디자인됐다. 아파트를 방문할 수 없었지만, 호텔 객실에서 어느 정도 짐작할 수 있었던 부분이었다. 파리 16구 트로카데로에 있는 건축과 문화유산의 도시(Cité de l'architecture et du patrimoine) 전시장에 마르세유 유니테 다비타숑 한 채를 재현했다고 하는데 아직 가보지 못했다.

장방형 건물 최상층인 옥상에 오르면 파란 하늘을 배경으로 조형성이 뛰어난 구조물들이 스카이라인을 이룬다. 조각 같은 통풍 탑과 보육원, 조깅 트랙, 작은 어린이 수영장 및 야외 강당, 옥상 공원이 있다. 마침 우리가 갔던 휴일 아침에 주민들이 옥상 공간에 모여 운동을 하고 있었다. 한쪽에선 매트를 깔고 요가를 하는 사람도 있고, 손주를 데리고 나와 시간을 보내는 할아버지도 있었다. 우리나라의 대표적 주거 형태인 아파트의 옥상은 접근하지 못하게 문을 잠가놓는 것이 태반인데 이곳의 옥상은 진정한 공공장소로서 옥상이었다.

육중한 필로티 위에 올려져 놓여 있는 콘크리트 건물인 마르세유 유니테 다비타숑은 지어질 당시 엄청난 반대에 부딪혔다. 프랑스 의학협회와 위생고등위원회, 공공건강성이 건립을 반대하고 재건성 장관이 일곱 차례나 교체되는 위기 속에서도 피카소가 공사현장을 방문해 극찬하는 등 힘을 실어준 덕분에 무사히 완공됐다. 건물을 둘러보며 사진을 찍는데 한국인인 듯한 부인이 와서 인사를 한다. 프랑스인과 결혼해서 그곳에 사는 한국인이었다. 그분은 이곳에서 생활하는게 너무 편하고 특히 옥상 공간에서 운동하는 것을 즐긴다고 했다. 여전히 이곳에선 삶이 이어지고 있었다.

르코르뷔지에의 주거 단위는 모두 '유니테 다비타숑'이라는 이름을 갖는다. 이 주거계획은 거의 완벽하게 유사한 다른 건물 4개에서 반복된다. 1955년 르제(Rezé), 1957년 베를린 (Berlin), 1963년 브리에 (Briey), 1965년 피르미니(Firminy)이다.

롱샹 성당 Notre-Dame du Haut, Ronchamp

종교건축 여부를 떠나 르코르뷔지에의 작품 중 가장 아름다운 건축물로 꼽히는 것은 롱샹 성당이다. 그만큼 미학적 평가가 뛰어나다. 실제로 가보니 그것은 과정이 아니었다. 롱샹 성당은 여러 번 보아도 질리지 않는 고귀한 자태를 지녔다. 근대 건축의 이름 아래 지어진 건축물 중 조형적으로 가장 아름답고 진중하고 극적인 내부공간을 지닌 최고의 걸작으로 꼽히는 이유를 알 것 같았다.

20세기 근대 건축의 거장 르코르뷔지에 대표작으로 꼽히는 롱샹 성당을 가보려고 마음먹은 것이 몇 번이나 되었던지 기억도 나지 않는다. 하지만 이런저런 이유로 가지 못하고 숙제처럼 남아 있었다. 그 이유 중 하나는 접근성 때문이다. 롱샹 성당은 스위스 바젤과 인접한 프랑스 동부 벨포르(Belfort)의 작은 시골 마을 롱샹의 언덕 위에 자리하고 있다. 스위스 국경에서 불과 40킬로미터 정도 떨어져 있다. 역사적으로 독일과 프랑스가 번갈아 지배했던 로렌 지방에 속해 있었다. 이번에는 꼭 가겠노라고 마음먹은 터라 마지막 여정으로 롱샹을 잡기는 했지만 사실 좀 무리였다. 그래도 가능했던 것은 마르세유에서 벨포르 몽벨리아르까지 가는 TGV가 있었던 덕분이었다. 그곳에서 파리까지 TGV로 연결된다.

롱샹 성당이 자리하는 부르레몽(Bourlémont) 언덕은 예로부터 '순례자를 위한 땅'으로 불리었다. 고대 이교 시대부터 신앙의 장소였던 곳에 4세기에 성당이 세워진다. 수많은 기적이 행해졌다는 이야기와 함께 성모 마리아에 봉헌하는 성당은 그리스도교의 성소로서 순례자의 발길이 끊이지 않았다. 그러나 국경지대의 언덕 위에 자리한다는 지리적 특성 때문에 샤를마뉴 대제 이래 소실과 재건을 반복했다. 15세기에 재건된 성당은 1913년 8월 30일 오전 11시경 내리친 벼락으로 소실되고, 그 후에 1920년대 초 네오고딕 양식으로 지어진 성당도 1944년 2차 대전 당시 폭격으로 소실된다. 하지만 중세 유물인 성모상은 기적적으로 남았다.

롱샹 성당은 폭격으로 소실된 곳에 불타지 않은 채 기적적으로 남은 성모상을 모시기 위해 지어진 성당이다. 유서 깊은 성당을 재건하는 프로젝트가 시작되었다. 도미니크 수도회 소속으로 전후 가톨릭 성당 재건 사업을 주도했던 쿠튀리에 신부는 무신론자인 르코르뷔지에에게 성당 재건을 맡긴다. 무신론자라는 점에서 반대가 극심했지만 쿠튀리에 신부는 "재주 없는 신자보다는 신앙 없는 예술가에게 맡기는 게 백배 낫다"라면서 도미니크회를 설득했다. 르코르뷔지에의 예술적 재능과 건축가로서 역량, 개인의 이익이 아니라 인간 삶의 개선을 위해 일하는 열정을 익히 알았고 그가 기념비적 작품을 만들어낼 수 있을 것이라 믿었다. 이렇게 해서 르코르뷔지에는 63세의 나이에 생애 첫 종교건축을 설계하게 된다.

나는 종교적으로 아무것도 믿지 않지만, 사방으로 지평선이
보이는 언덕에 섰을 때 거부할 수 없는 무언가를 느꼈다.
— 르 코르뷔지에

마을에서 가파른 언덕에 오르면 부르레몽 언덕 꼭대기의 평탄한 대지

르코르뷔지에의 최고 걸작으로 평가받는 롱샹 성당.

에 이른다. 르코르뷔지에는 사방이 지평선으로 트인 부르레몽 언덕의 매력에 반했다. 젊은 시절 동방 순례길에서 보았던 아테네 아크로폴리스 언덕과 백색의 파르테논 신전을 떠올리며 땅과 하늘을 자연스럽게 연결하면서 순례길의 정점에 있는 공간이 될 성당을 구상했다.

설계 조건은 단순했다. 200명을 수용하는 가톨릭 순례 성당으로 본당 회중석과 3개의 소예배당, 1년에 한 번 있는 정기 순례일에 1만 명 정도가 야외미사를 드릴 수 있는 공간을 확보해 달라는 것이었다. 마을 사람들은 전통적인 모양의 근엄한 성당을 기대했지만, 르코르뷔지에가 내놓은 디자인은 완전히 예상 밖이었다. 조가비를 닮은 비정형의 오브제였다. 지금까지 존재하지 않았던 새로운 모양의 종교건축물은 엄청난 비판을 받았다. 옛 성당의 모습대로 재건하기를 원했던 마을 사람들은 콘크리트 덩어리가 마치 대피소 같다고 비난했다. 전쟁으로 지긋지긋했던 마을 사람들이 받아들이기 어려운 건 당연했다. 그럼에도 1954년 4월 4일 첫 돌이 놓였고 1955년 6월 25일 헌당식이 열렸다. 이제껏 보지 못했던 자유로운 형태의 성당은 경이로움 그 자체였다. 둥근 백색의 성당은 성당으로서도 처음이었고, 그때까지 르코르뷔지에의 건축과도 완전히 다른 것이었다.

롱샹 성당은 가톨릭교회의 종교적 성소이지만 그보다는 르코르뷔지에 건축 순례의 필수 코스로 더 유명하다. 롱샹 성당을 볼 수 있는 시간적 여유가 없어서 아침 일찍 서둘러 대절 택시를 타고 사이트에 도착했다. 평일 이른 시간이었음에도 사람들이 하나둘씩 모여들었다. 우기로 접어들려는 시기여서 날씨는 흐리고 바람도 차갑게 느껴진다. 다듬어지지 않은 산책로에도 낙엽이 하나둘 쌓여가고 있었다. 주변 경관을 보면서 언덕에 올랐다. 흐린 하늘을 배경으로 정상의 평평한 땅에 올라앉은 백색의 성당이 보였다. 사진으로 숱하게 봐왔지만, 실제 눈앞에 나타난 성당은 생각했던 것보다 훨씬 아름다웠다. 사진에서는 느낄 수 없었던 부드러운 볼륨 때문이다. 사각인 듯하면서 둥근 곡선의 형태와 지붕의 곡선, 높고 낮음이 자연스러운 유기적인 형태를 한 성당은 마치 신기루를 보는 것 같았다.

북동쪽 측면은 보수공사가 진행 중이어서 완전한 건물을 볼 수 없었지만, 성당 입구가 있는 남서쪽과 야외미사를 드릴 수 있도록 디자인된 동쪽은 온전하게 볼 수 있었다. 성당 외관의 백색이 갑자기 더욱 눈부시게 느껴졌다. 하늘을 덮었던 구름이 놀랍게도 싹 걷히고 새파란 하늘로 바뀌어 있었다. 아침 햇살을 받으며 서 있는 성당은 믿기지 않을 정도로 아름다웠다. 언덕 위에 서 있는 부드러운 곡선의 성당은 주변의 자연과도 너무 잘 어울렸다.

원래 방문객들은 북서쪽의 문을 통해 입장하게 되어 있지만, 보수 중이어서 대신 정면의 회전문을 이용하고 있다. 문의 안팎에 알록달록한 색으로 그려진 상징적인 모티프들은 르코르뷔지에가 그린 것들이다. 안으로 들어가자 순간 숨이 멎는 것 같았다. 남쪽 벽에 난 작은 창문들과 초록, 파랑, 빨간색의 스테인드글라스가 끼워져 있는 바닥 쪽의 창문에서 들어오는 다양한 빛들이 침묵의 공간에서 성가를 부르는 것 같았다. 위대한 자연을 들여놓고 싶었을까. 틀도 없이 콘크리트에 그대로 박힌 스테인드글라스에 '하늘', '바다'라고 쓴 글씨가 선명하다. 그 모든 빛은 성모상이 있는 제단에서 한데 모였다 다시 반사되어 곡면의 벽과 천장으로 흩어졌다. 빛의 오케스트라는 경이로웠다. 이 아름다운 공간에서 우리는 차마 말을 잊게 되고, 빛이 전하는 메시지에 귀 기울이게 된다.

나무 벽돌로 촘촘히 채워져 만들어진 바닥도 외부처럼 부드럽게 경사져 있다. 내부공간을 둘러보고 나서 벽 가까이 놓여 있는 벤치에

롱샹 성당 내부. 스테인드글래스 창을 통해 빛이 쏟아져 들어온다.

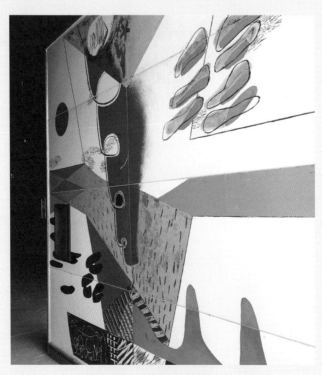

르코르뷔지에의 작품으로 만들어진 회전문.

한동안 앉아 숨을 골랐다. 거장의 상상력과 치밀한 설계에서 탄생한 경이로운 공간 안에 내가 있다는 것이 아무래도 비현실적이었기 때문이다.

르코르뷔지에는 폭격으로 파괴된 옛 성당의 잔해와 돌을 벽 안에 채워 과거의 기억을 현재에 불러오게 했다. 모진 세월 속에서도 살아남은 성모상을 야외미사 중 외부에서 볼 수 있도록 방향이 돌아갈 수 있게 배치했다. 두꺼운 남쪽 벽은 폐허의 잔해 속으로 빛이 들어오는 장면을 재현한 것이다. 과거에 없던 유기적 형태를 한 백색의 오브제, 자유로운 구조를 가진 건축은 과거의 형태를 따르지 않으면서도 과거와 현재를 연결하고 있었다. 그뿐 아니라 '순례자의 땅'이라는 장소성을 회복하고, 장소의 기억을 전승했다. 아름다운 건물은 아무리 보아도 질리지 않는다는 것을 롱샹에서 깨달았다. 스위스인으로 태어나 프랑스인으로 살다 간 르코르뷔지에는 롱샹 성당과 더불어 라투레트 수도원과 피르미니 성당 등 3개의 종교건축을 프랑스에 남겼다.

롱샹 성당과 부속 건물은 1965년 10월 5일 프랑스 정부로부터 '역사적 건물(Monument Historique)'로 지정됐다. 야외미사를 위한 콘크리트 테이블, 지하실, 평화의 피라미드, 순례자를 위한 집, 그리고 1975년 세워진 장 프루베의 종탑까지 포함하는 전체 사이트는 2004년 '20세기의 문화재'로 지정됐다. 평화의 피라미드는 예전의 성당에 사용됐던 돌을 이용해 참전용사들을 기리기 위해 르코르뷔지에가 디자인해 만든 것이다. 장 프루베가 만든 종탑의 큰 종 2개는 예전 성당의 종탑에 설치돼 있던 것이다.

도미니크회는 공간 부족을 해소하기 위해 아래쪽에 방문객 센터와 클라라 수녀회 수녀원을 이탈리아 건축가 렌초 피아노의 설계로 증축했다. 방문객 센터에는 티켓 부스, 서점, 기념품 가게, 레스토랑이

롱상 성당 내부 작은 예배당. 천장에서 자연광이 들어와
신비로움을 느끼게 한다.

롱상 성당 내부. 르코르뷔지에는 콘크리트를 재료로 아름다운
곡선이 물결치는 풍요로운 공간을 만들었다.

르코르뷔지에가 설계한 순례자의 집.

방문객 센터와 클라라 수녀회 수녀원은 렌초 피아노가 설계했다.

있고 그 옆으로 채플, 기도실, 회의실, 사무실을 갖춘 수녀원이 자리하고 있다. 고요한 순례지를 번잡한 관광지로 만들었다는 비판을 받기도 하지만 사람들은 살아가야 하니 어쩌겠나 싶었다.

아름다운 롱샹 성당을 답사하는 것으로 여행을 일단 마무리했다. 왜 이제야 왔을까. 몇 년을 벼르다 이제야 온 것은 그동안 절실하게 내어 줄 마음이 없었기 때문이었을 게다.

이제 본격적으로 시작했으니 르코르뷔지에 건축 답사를 이어갈 참이다. 그가 태어난 스위스의 코르소 호숫가에 어머니를 위해 설계한 작은 집(Petite villa au bord du lac Léman)도 가보고 싶다. 르코르뷔지에가 말년에 휴식처로 사용했던 4평짜리 오두막 '카바농 드 르코르뷔지에(Cabanon de Le Corbusier)'는 바로 근처 마르세유까지 갔지만, 일정이 빠듯해서 포기할 수밖에 없었던 것이 못내 아쉽다. 프랑스 남부 망통(Menton) 근처 로크브륀 카프 마르탱(Roquebrune Cap Martin)에 있는 이 집은 절대적인 인체공학과 기능주의적 접근 방식을 토대로 한 총체적인 예술작품이자 최소 주거 단위의 원형이다. 총 15제곱미터의 작은 집에는 휴게공간, 작업공간, 화장실 및 부엌이 있다. 일전에 예술의 전당에서 르코르뷔지에 전시를 할 때 그 실제 크기의 모형을 지어놓아서 본 적이 있는데 언젠가 꼭 그 오두막을 가보고 싶다. 세상은 넓고, 갈 곳은 많다. 알면 알수록 더욱 그렇다. 그래서 나는 또 지병이 도진 듯 다음 여행계획을 세우고 있는 것이다.

프랑스, 예술로 여행하기

초판 1쇄 인쇄	2025년 2월 7일
초판 1쇄 발행	2025년 2월 14일
지은이	함혜리
펴낸이	정해종
펴낸곳	(주)파람북
출판등록	2018년 4월 30일 제2018-000126호
주소	경기도 파주시 회동길 480 아트팩토리엔제이에프 B동 222호
전자우편	info@parambook.co.kr
인스타그램	@param.book
페이스북	www.facebook.com/parambook/
네이버 포스트	m.post.naver.com/parambook
대표전화	031-935-4049
편집	현종희
디자인	studio abb

ISBN 979-11-7274-034-4 03980